시험 전에
꼭 풀어봐야 할 문제

기술직 공무원

전기이론

PREFACE

'정보사회', '제3의 물결'이라는 단어가 낯설지 않은 오늘날, 과학기술의 중요성이 날로 증대되고 있음은 더 이상 말할 것도 없습니다. 이러한 사회적 분위기는 기업뿐만 아니라 정부에서도 나타났습니다.

기술직공무원의 수요가 점점 늘어나고 그들의 활동영역이 확대되면서 기술직에 대한 관심이 높아져 기술직공무원 임용시험은 일반직 못지않게 높은 경쟁률을 보이고 있습니다.

시험 전에 꼭 풀어봐야 할 문제 기술직공무원 시리즈는 기술직공무원 임용시험에 도전하려는 수험생들에게 도움이 되고자 발행되었습니다.

본서는 그동안 치러진 기출문제를 분석하여 출제가 예상되는 문제만을 엄선하여 단원별로 수록하였으며, 자신의 실력을 최종적으로 평가해 볼 수 있는 실력평가모의고사, 최신 출제경향을 파악할 수 있는 최근기출문제로 구성되어 있습니다.

신념을 가지고 도전하는 사람은 반드시 그 꿈을 이룰 수 있습니다. 서원각이 수험생 여러분의 꿈을 응원합니다.

STRUCTURE

출제예상문제

전기이론 전반에 대해 체계적으로 편장을 구분한 후 해당 단원에서 필수적으로 알아야 할 내용을 문제로 구성하여 수록하였습니다. 문제풀이만으로도 개념학습이 가능하도록 하였습니다.

실력평가모의고사

자신의 실력을 최종적으로 평가해 볼 수 있도록 실제 시험 유형과 유사한 실력평가모의고사 5회를 수록하였습니다. 모의고사 풀이 후 부족한 부분을 집중적으로 공부하시기 바랍니다.

최신기출문제분석

최근 시행된 기출문제를 상세한 해설과 함께 구성하였습니다. 최근 시험출제경향을 파악하여 시험에 완벽하게 대비할 수 있습니다.

전기에너지와 화학에너지

1 다음 중 물질이 양(+)전기나 음(−)전기를 가지게 되는 현상은?

① 전자 ② 대전
③ 전하 ④ 전류

2 보통 물질의 전기적인 상태로 옳은 것은?

① 중성상태 ② 양전기 상태
③ 방전상태 ④ 음전기 상태

3 자속밀도 $B=1.5[\mathrm{Wb/m^2}]$인 자로의 공극이 갖는 단위 체적당 에너지는?

출제예상문제

각 단원별로 출제가 예상되는 문제와 함께 상세한 해설을 수록하여 핵심 내용을 점검할 수 있도록 하였습니다.

제1회 실력평가모의고사

정답 및 해설 P.304

1 자체 인덕턴스가 4.5[H]의 코일에 2[A]의 전류를 흘리면 얼마만큼 에너지가 축적되는가?

① 9[J] ② 10[J]
③ 15[J] ④ 20[J]

2 변압기의 2차측에 흐르는 전류는 얼마인가? (단, I_1 = 1차 전류, I_2 = 2차 전류, N_1 = 1차 코일의 권수, N_2 = 2차측 코일의 권수)

① $I_2 = \frac{N_1}{N_2} I_2$ ② $I_2 = \frac{N_2}{N_1} I_1$
③ $I_2 = \frac{N_1}{N_2} I_1$ ④ $I_2 = \frac{N_1}{N_2 I_1}$

실력평가모의고사

실제 시험과 유사한 모의고사를 총 5회분 수록하여 최종적으로 실력을 점검할 수 있도록 하였습니다.

2016. 4. 9 인사혁신처 시행

1 다음 회로에서 3Ω에 흐르는 전류 i_o[A]는?

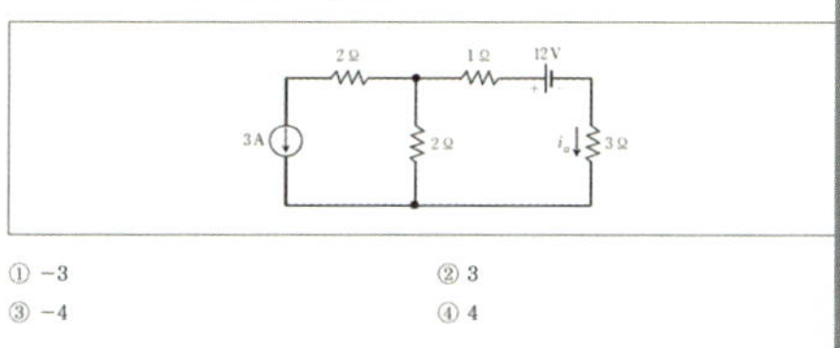

① −3 ② 3
③ −4 ④ 4

TIP | 중첩의 원리를 적용하여 푼다. 전류원 적용시에는 전압원을 단락시키고, 전압원 적용시에는 전류원을 개방시킨다.
• 전류원을 적용할 경우 회로도는 다음과 같다.

최신기출문제분석

최신기출문제를 상세한 해설과 함께 수록하여 최신 시험 경향을 파악할 수 있도록 하였습니다.

CONTENTS

PART 1 전기와 자기

PART 2 직류회로

PART 3 교류회로

PART 4 비정현파

PART 부록 I 실력평가모의고사

PART 부록 II 최근기출문제분석

전기와 자기

01. 전기에너지와 화학에너지
02. 커패시턴스
03. 인덕턴스
04. 자기장
05. 전기장

전기에너지와 화학에너지

1 **다음 중 물질이 양(+)전기나 음(−)전기를 가지게 되는 현상은?**

① 전자 ② 대전
③ 전하 ④ 전류

2 **보통 물질의 전기적인 상태로 옳은 것은?**

① 중성상태 ② 양전기 상태
③ 방전상태 ④ 음전기 상태

3 **자속밀도 $B=1.5$[Wb/m^3]인 자로의 공극이 갖는 단위 체적당 에너지는?**

① 7×10^5[J/m^2] ② 8×10^5[J/m^2]
③ 9×10^5[J/m^2] ④ 10×10^5[J/m^2]

Answer

1 대전 … 보통 양전하와 음전하의 양이 같아서 전기적인 중성상태에 있다가 두 전하 중에 한 쪽의 양이 많아지면 많아지는 쪽이 전기적 성질을 띠게 되는 현상을 말한다.

2 보통의 물질은 원자를 구성하고 있는 양성자 수와 전자 수가 같기 때문에 전체적으로 중성상태로 볼 수 있다.

3 $W=\dfrac{B^2}{2\mu}=\dfrac{1.5^2}{2\times4\pi\times10^{-7}}=\dfrac{2.25}{25.12\times10^{-7}}=895,700.6 \fallingdotseq 9\times10^5$[J/m^2]

※ 비투자율 $\mu=4\pi\times10^{-7}$

답 — 1.② 2.① 3.③

4 2[H]인 자기 인덕턴스에 10[A]의 전류가 흐를 경우 L에 축적되는 에너지는?

① 10[J] ② 100[J]

③ 5[J] ④ 50[J]

5 3[V]의 건전지로 동작하는 손전등을 5분간 켰을 때 흐르는 전류가 0.5[A]로 일정하였다고 할 때, 손전등에서 소비한 에너지 [J]는?

① 1.5 ② 1.5×10^2

③ 4.5 ④ 4.5×10^2

6 다음 중 절연체에 해당하는 것은?

① 구리 ② 게르마늄

③ 유리 ④ 실리콘

Answer

4 축적에너지 $W = \frac{1}{2}LI^2 = \frac{1}{2} \times 2 \times 10^2 = 100[J]$

5 줄의 법칙 $H = I^2Rt[J]$ 에서 $I = 0.5[A]$, $R = \frac{3}{0.5} = 6[\Omega]$ 이므로

$H = 0.5^2 \times 6 \times 5 \times 60 = 450[J]$

6 물질의 종류

㉠ 도체
- 전기가 잘 통하는 물질이다.
- 종류 : 금, 은, 동, 알루미늄, 구리 등과 같은 금속이 속한다.

㉡ 반도체
- 도체와 절연체의 중간정도의 물질이다.
- 종류 : 실리콘(Si), 게르마늄(Ge) 등이 속한다.

㉢ 절연체(부도체)
- 전기가 잘 통하지 않는 물질이다.
- 종류 : 유리, 고무 등이 속한다.

답 — 4.② 5.④ 6.③

7 비투자율 $\mu_R = 100$인 철심의 자속밀도 $B = 5$[Wb/m²]인 경우 철심 내에 축적된 에너지는?

① 10^3[J/m²] ② 10^4[J/m²]

③ 10^5[J/m²] ④ 10^6[J/m²]

8 다음 중 역률이 가장 좋은 부하의 종류는?

① 백열전구 ② 냉장고

③ 전동기 ④ 형광등

9 코일에 흐르는 전류가 $\frac{1}{2}$로 감소하면 축적되는 에너지는 어떻게 되는가?

① 2배 ② $\frac{1}{2}$배

③ $\frac{1}{4}$배 ④ 8배

10 100[V]용 100[W]의 전구와 200[W]의 전구가 있다. 이것을 직렬로 연결하여 100[V]의 전원에 접속하면 어떻게 되는가?

① 두 전구의 밝기는 같다. ② 100[W]의 전구가 더 밝다.

③ 200[W]의 전구가 더 밝다. ④ 두 전구가 모두 안 켜진다.

Answer

7 $W = \frac{B^2}{2\mu} = \frac{B^2}{2\mu_0\mu_R} = \frac{5^2}{2\times4\pi\times10^{-7}\times100} = \frac{25}{0.0002512} = 99,522 \fallingdotseq 10^5\,[\mathrm{J/m^2}]$

8 백열전구는 저항부하로서 역률이 100%이다.

9 $W = \frac{1}{2}LI^2$에서 $W \propto I^2 = \left(\frac{1}{2}\right)^2 = \frac{1}{4}$

10 $R_1 = \frac{100^2}{100} = 100\,[\Omega]$

$R_2 = \frac{100^2}{200} = 50\,[\Omega]$

직렬연결은 전류가 일정하므로 전력은 저항에 비례한다.

답 7.③ 8.① 9.③ 10.②

11 자속이 있는 면적 $A=2[m^2]$, 자속밀도 $B=0.5[Wb/m^2]$인 철판의 자기 흡인력은? (단, 진공 상태이므로 투자율은 $\mu=\mu_0\mu_s=4\pi\times10^{-7}\cdot1$)

① 1×10^4 [N] ② 2×10^4 [N]
③ 10×10^4 [N] ④ 20×10^4 [N]

12 히스테리시스 손에 대한 설명으로 옳지 않은 것은?

① 횡축과 만나는 점의 값을 보자력이라 한다.
② 종축과 만나는 점의 값을 잔류자기라 한다.
③ 주파수에 반비례한다.
④ 최대자속밀도의 1.6제곱에 비례한다.

13 1[kWh]는 몇 [J]인가?

① 3,600[J] ② 3.6×10^3[J]
③ 3.6×10^6[J] ④ 3.6×10^{-3}[J]

Answer

11 자기 흡인력 $F=\dfrac{B^2A}{2\mu_0}$

$=\dfrac{0.5^2\times2}{2\times4\pi\times10^{-7}}=\dfrac{0.5}{25.12\times10^{-7}}$[N]

$=199{,}044.5\fallingdotseq20\times10^4$

12 ③ 히스테리시스 손은 주파수에 비례한다.

13 $1[kWh]=10^3\times P\times3{,}600$

$=3.6\times10^6\times$전력$\times$초

$=3.6\times10^6\times$에너지

$=3.6\times10^6$[J]

답 — 11.④ 12.③ 13.③

14 1마력의 크기는 얼마인가?

① 330W ② 569W
③ 746W ④ 960W

15 무한장의 직선도체에 선전하밀도 $\rho[C/m]$로 전하가 충전될 때 이 직선 도체에서 r[m]만큼 떨어진 점의 전위는?

① 0 ② ρ
③ $\rho \cdot r$ ④ ∞

16 200[V]로 150[A]를 흐르게 하였을 경우 마력은 얼마인가?

① 40.2[HP] ② 300[HP]
③ 72[HP] ④ 7.2[HP]

17 10[A]의 전류가 흐르는 코일에 축적되는 에너지를 5[J]로 하려고 할 때 인덕턴스는?

① 0.1[H] ② 1[H]
③ 10[H] ④ 100[H]

Answer

14 1HP(1마력)=746W

15 $V=-\int_{\infty}^{r} E \cdot dr=\int_{r}^{\infty} E \cdot dr=\int_{r}^{\infty} \frac{\rho}{2\pi\varepsilon_o} dr=\frac{\rho}{2\pi\varepsilon_o}(\ln\infty-\ln r)=\infty$

16 $P=VI=200\times150=30,000[W]$

마력$=\frac{30,000}{746}=40.2[HP]$

17 $W=\frac{1}{2}LI^2$의 식을 L로 변경하면

$L=\frac{2W}{I^2}=\frac{2\times5}{10^2}=\frac{10}{100}=\frac{1}{10}=0.1[H]$

답 14.③ 15.④ 16.① 17.①

18 100[V], 500[W] 니크롬선이 $\frac{1}{3}$의 길이에서 끊어졌기 때문에 나머지 $\frac{2}{3}$의 길이를 늘여서 이용하였다. 이때의 소비전력은 얼마인가?

① 700[W] ② 750[W]
③ 800[W] ④ 850[W]

19 20[A]의 전류를 흘렸을 때의 전력이 60[W]인 저항에 30[A]의 전류를 흘렸을 경우 전력 [W]은?

① 70 ② 105
③ 135 ④ 175

20 100[V], 40[W] 전구 5개를 10시간 점등했을 때의 전력량은 몇 [kWh]인가?

① 1[kWh] ② 2[kWh]
③ 3[kWh] ④ 4[kWh]

Answer

18 R(니크롬선의 저항) $= \frac{V^2}{P} = \frac{100^2}{500} = 20[\Omega]$

소비전력 $P = \frac{V}{R} = \frac{100^2}{20 \times \frac{2}{3}} \fallingdotseq 750[W]$

19 R(니크롬선의 저항)$= \frac{P}{I^2} = \frac{60}{20^2} = 0.15[\Omega]$

$P' = I^2 R = 30^2 \times 0.15 = 135[W]$

20 $W = nPt = 40 \times 5 \times 10 = 2{,}000[Wh] = 2[kWh]$

답 18.② 19.③ 20.②

21 100[V], 500[W]의 전열기 2개를 그림과 같이 접속하였을 때 전력은 얼마인가?

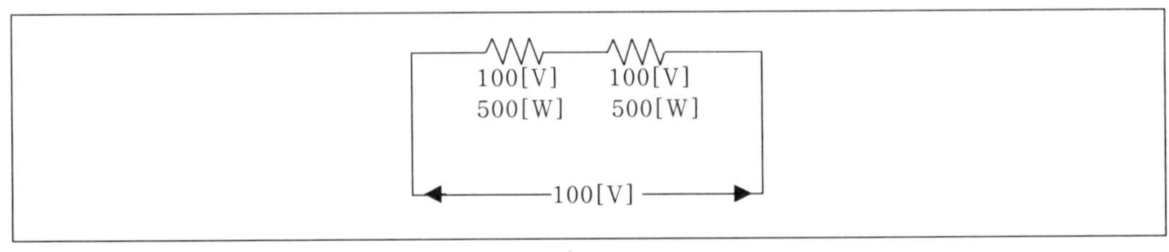

① 1,000[W] ② 500[W]
③ 250[W] ④ 5[W]

22 정격 소비전력이 50[W]인 TV를 정격상태로 하루에 3시간씩 사용할 때 1달간(30일) 사용한 전력량은 얼마인가?

① 4,500[kWh] ② 4.5[kWh]
③ 72[kWh] ④ 7.2[kWh]

23 2분 동안에 876,000[J]의 일을 할 때 전력은 몇 [kW]인가?

① 43.8 ② 7.3
③ 483 ④ 87.6

Answer

21 전열기 1개의 니크롬저항$=\dfrac{100^2}{500}=20[\Omega]$

직렬연결이므로, $P_2{}'=\dfrac{V^2}{R}=\dfrac{100^2}{(20+20)}=250[\text{W}]$

22 에너지×전력×시간$=50\times3\times30=4.5[\text{kWh}]$

23 $P(\text{전력})=\dfrac{\text{에너지}}{\text{초}}=\dfrac{876{,}000}{2\times60}=7.3[\text{kW}]$

답 21.③ 22.② 23.②

24 5[Ω]의 저항에 2[A]의 전류가 흐를 때 이 저항에서 소모되는 전력은 얼마인가?

① 10[W] ② 20[W]
③ 30[W] ④ 40[W]

25 다음 회로에서 4[Ω]에서 소비되는 전력 [W]은?

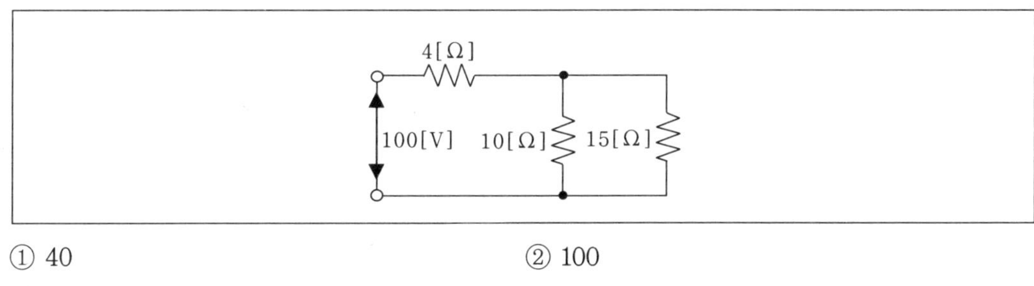

① 40 ② 100
③ 200 ④ 400

26 일정한 기전력이 가해지고 있는 회로의 저항값을 2배로 하면 소비전력은 몇 배가 되겠는가?

① 2배 ② 4배
③ $\frac{1}{2}$배 ④ $\frac{1}{4}$배

Answer

24 $P = I^2R = 2^2 \times 5 = 20[\text{W}]$

25 $R_T = 4 + \frac{10 \times 15}{10+15} = 10[\Omega]$, I(전류)$= \frac{100}{10} = 10[\text{A}]$

4[Ω]에서 소비되는 전력 $P_4 = I^2R = 10^2 \times 4 = 400[\text{W}]$

26 전력은 전압의 제곱에 비례하고 전기저항에 반비례한다. 따라서 $\frac{1}{2}$배이다.

답 — 24.② 25.④ 26.③

27 기전력 100[V]의 전지에 95[W]의 부하가 걸렸을 때 흐르는 전류는 몇 [A]인가?

① 9.5[A]
② 95[A]
③ 0.95[A]
④ 950[A]

28 체적 전하밀도가 $\rho[C/m^3]$로 V[m³]의 체적에 걸쳐서 분포되어 있는 전하분포에 의한 전위를 구하는 식으로 바른 것은?

① $V=\dfrac{Q}{\pi\varepsilon_0}\iint\dfrac{\rho}{r}dv[V]$
② $V=\dfrac{Q}{4\pi\varepsilon_0}\iiint\dfrac{\rho}{r}dv[V]$
③ $V=\dfrac{Q}{3\pi\varepsilon_0}\iint\dfrac{\rho}{r}dv[V]$
④ $V=\dfrac{Q}{2\pi\varepsilon_0}\iiint\dfrac{\rho}{r}dv[V]$

29 $\mu_0=4\pi\times10^{-7}$[H/m], $B=0.6$[Wb/m²], $A=0.5$[m²]일 때 자기흡인력은?

① 3.5×10^4[N]
② 4.7×10^4[N]
③ 5.3×10^4[N]
④ 7.1×10^4[N]

Answer

27 $P=VI,\ I=\dfrac{P}{V}=\dfrac{\text{전력}}{\text{전압}}=\dfrac{95}{100}=0.95[A]$

28 체적전하밀도 $\rho[C/m^3]$일 때 전 전하량 $Q=\rho\cdot v=\rho\cdot\int_v dv[C]$

전위 $V=\dfrac{Q}{4\pi\varepsilon_0}\iiint\dfrac{\rho}{r}dv[V]$

29 $F=\dfrac{1}{2}\dfrac{1}{\mu_0}B^2A$

$=\dfrac{1}{2}\times\dfrac{1}{4\pi\times10^{-7}}\times0.6^2\times0.5$

$=71{,}656.05$

$\fallingdotseq 7.1\times10^4[N]$

답 – 27.③ 28.② 29.④

30 자극의 단면적이 24[cm^2], 자속이 12×10^{-4}[Wb]일 때 자성밀도는?

① 0.2[Wb/m^2] ② 0.3[Wb/m^2]
③ 0.4[Wb/m^2] ④ 0.5[Wb/m^2]

31 자체 인덕턴스가 20[H]인 코일에 1[A]의 전류가 흐를 경우 코일에 축적되는 에너지는?

① 5[J] ② 10[J]
③ 50[J] ④ 100[J]

32 자체 인덕턴스가 5[H]인 코일에 20[J]의 에너지가 저장되어 있을 때 코일에 흐르는 전류는?

① 1.4[A] ② 2.82[A]
③ 4.2[A] ④ 5.64[A]

33 2[A]의 전류가 흐르는 코일에 저장된 에너지를 0.5[J]로 하기 위한 인덕턴스는?

① 0.25[H] ② 0.5[H]
③ 0.75[H] ④ 1[H]

Answer

30 자성밀도$=\dfrac{\Phi}{A}=\dfrac{12\times10^{-4}}{24\times10^{-4}}=0.5$[Wb/m^2]

31 $W=\dfrac{1}{2}LI^2=\dfrac{1}{2}\times20\times1^2=10$[J]

32 $W=\dfrac{1}{2}LI^2$를 전류 I에 대한 식으로 유도하면

$I=\sqrt{\dfrac{2W}{L}}=\sqrt{\dfrac{2\times20}{5}}\fallingdotseq2.82$[A]

33 $W=\dfrac{1}{2}LI^2$을 L에 대한 식으로 유도하면

$L=\dfrac{2W}{I^2}=\dfrac{2\times0.5}{2^2}=0.25$[H]

답 30.④ 31.② 32.② 33.①

34 자속밀도가 2[Wb/m²]인 철심에 축적된 에너지는? (단, 비투자율＝1,000)

① 400[J/m²]　　② 800[J/m²]

③ 1,200[J/m³]　　④ 1,600[J/m³]

35 히스테리시스 곡선의 횡축과 만나는 점의 힘의 크기를 나타내는 것은?

① 잔류자기　　② 자속밀도

③ 기자력　　④ 보자력

36 코일에 흐르는 전류를 10배 증가시키면 축적되는 전자에너지의 크기는?

① 10배　　② 20배

③ 50배　　④ 100배

Answer

34 $W_m = \dfrac{B^2}{2\mu} = \dfrac{2^2}{2 \times 4\pi \times 10^{-7} \times 1,000}$

$= 1,592.3$

$\fallingdotseq 1,600[\text{J/m}^3]$

35 히스테리시스 곡선의 횡축과 만나는 점의 힘을 보자력, 종축과 만나는 점의 힘을 잔류자기라 한다.

36 $W = \dfrac{1}{2}LI^2$

전류를 10배 증가시키므로

$W \propto I^2 = 10^2 = 100$[배]

답 — 34.④ 35.④ 36.④

커패시턴스

1 정전용량 10[μF]인 콘덴서 양단에 200[V]의 전압을 가했을 때 콘덴서에 축적되는 에너지는?

① 0.2[J] ② 2[J]
③ 4[J] ④ 20[J]

2 정전용량이 C인 콘덴서의 극판 사이에 비유전율이 4인 유전체를 제거하고 공기로 하였을 때 정전용량은?

① 4배가 된다. ② $\frac{1}{4}$배가 된다.
③ 2배가 된다. ④ $\frac{1}{2}$배가 된다.

3 정전용량이 1[μF]인 콘덴서 3개가 있다. 병렬접속시 합성 정전용량은?

① 0[μF] ② 0.5[μF]
③ 3[μF] ④ 1.5[μF]

Answer

1
$$W = \frac{1}{2}CV^2$$
$$= \frac{1}{2} \times 10 \times 10^{-6} \times 200^2$$
$$= 0.2[\text{J}]$$

2 정전용량 $C = \epsilon\frac{S}{d}$에서 비전율 ϵ와 C는 비례관계이므로 ϵ가 $\frac{1}{4}$로 줄면 C는 $\frac{1}{4}$배가 된다.

3 병렬접속시 합성 정전용량 $C_P = C_1 + C_2 + C_3 = 1+1+1 = 3[\mu\text{F}]$

답 1.① 2.② 3.③

4 2[μF]의 콘덴서에 1,000[V]의 직류전압을 가할 때 축적되는 전하는?

① 2×10^{-6}[C]
② 2×10^{-3}[C]
③ 2[C]
④ 2×10^{3}[C]

5 정전용량이 같은 콘덴서 10개를 병렬로 접속했을 때의 합성 정전용량은 직렬접속 때의 몇 배가 되는가?

① 0.1배
② 1배
③ 10배
④ 100배

6 다음 회로에서 콘덴서 C_1 양단의 전압 [V]은?

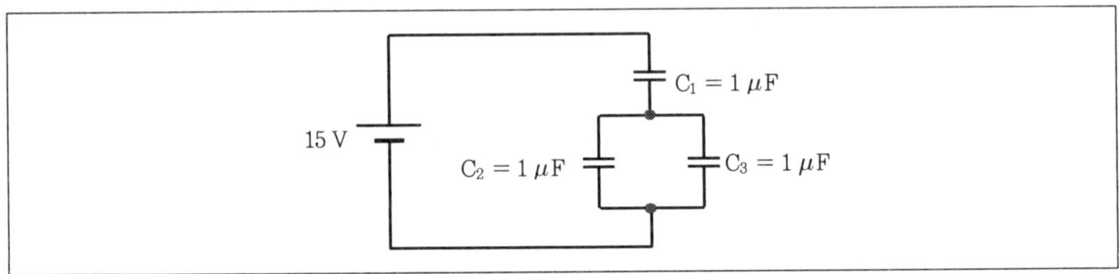

① 4
② 5
③ 10
④ 12

Answer

4 $C=\dfrac{Q}{V}$

$2\times10^{-6}=\dfrac{Q}{1,000}$

$Q=2\times10^{-3}$[C]

5 병렬접속시 합성 정전용량 $C=\dfrac{Q}{V}=\dfrac{(C_1+C_2+C_3)V}{V}$

직렬접속시 합성 정전용향 $C=\dfrac{Q}{V}=\dfrac{Q}{\left(\dfrac{1}{C_1}+\dfrac{1}{C_2}+\dfrac{1}{C_3}\right)Q}$

병렬연결 : 직렬연결 = 10 : $\dfrac{1}{10}$ 이므로 병렬이 100배 높다.

6 먼저 콘덴서 C_2, C_3의 합성 용량을 구하면 1+1=2[μF]

C_1 양단의 전압은 $\dfrac{2}{1+2}\times15=10[V]$

답 – 4.② 5.④ 6.③

7 **콘덴서의 선정시 고려해야 할 사항이 아닌 것은?**

① 커패시턴스 값　　② 허용오차의 특성
③ 누설전류의 특성　　④ 유전손의 규모

8 **다음 중 정전흡인력을 이용한 예가 아닌 것은?**

① 정전전압계　　② 정전집진장치
③ 정전기록계　　④ 정전검류계

9 **내원통의 반지름 a, 외원통의 반지름이 b인 동축원통 콘덴서의 내외 원통 사이에 공기를 넣었을 때 정전용량이 C_0이었다. 내외 반지름을 모두 4배로 하고 공기대신 비유전율 10인 유전체를 넣은 경우 정전용량은?**

① $\frac{C_0}{10}$　　② $\frac{C_0}{5}$
③ $5C_0$　　④ $10C_0$

Answer

7 콘덴서 선정시 고려해야 할 사항
㉠ 커패시턴스 값
㉡ 최대 전압
㉢ 허용오차 특성
㉣ 누설전류 특성
㉤ 정밀도

8 정전흡인력을 이용한 기기에는 전압계, 집진장치, 도장계, 기록계 등이 있다.

9 단위길이당 정전용량 $C=\frac{2\pi\epsilon_0\epsilon_s}{\ln\frac{b}{a}}[F/m]$

공기의 $\epsilon_x = 1$ 이므로 $C_0 = \frac{2\pi\epsilon_0}{\ln\frac{b}{a}}$

$$C_0' = \frac{2\pi\epsilon_0 \times 10}{\ln\frac{4b}{4a}} = \frac{2\pi\epsilon_0 \times 10}{\ln\frac{b}{a}} = 10C_0$$

답 — 7.④ 8.④ 9.④

10 2×10^{-2}[F]인 콘덴서에 150[V]의 전압을 가했을 경우 충전되는 전하는?

① 1[C] ② 2[C]
③ 3[C] ④ 4[C]

11 콘덴서에 50[V]의 전압을 가했을 경우 200[μC]전하가 축적되었다. 이때 축적되는 에너지는?

① 0.0025[J] ② 0.005[J]
③ 0.05[J] ④ 0.5[J]

12 다음 중 콘덴서의 종류가 다른 것은?

① 가변 콘덴서 ② 마일러 콘덴서
③ 세라믹 콘덴서 ④ 전해 콘덴서

Answer

10 $Q=CV=2\times10^{-2}\times150=3$[C]

11 $W=\frac{1}{2}QV=\frac{1}{2}\times50\times200\times10^{-6}=0.005$[J]

12 콘덴서의 종류
㉠ 가변 콘덴서 : 바리콘
㉡ 고정 콘덴서
- 마이카 콘덴서
- 전해 콘덴서
- 세라믹 콘덴서
- 마일러 콘덴서

답 10.③ 11.② 12.①

13 용량이 5[μF]인 콘덴서에 150[V]의 전압을 가했을 때 콘덴서에 저장되는 에너지는?

① 0.02[J] ② 0.04[J]
③ 0.06[J] ④ 0.1[J]

14 두 개의 콘덴서 $C_1=100$[F], $C_2=200$[F]가 직렬접속하고 있고, 양단에 100[V]의 전압이 가해질 때 C_1에 걸리는 전압은?

① 50[V] ② 67[V]
③ 100[V] ④ 200[V]

15 콘덴서에 50[V]의 전압을 가하였더니 200[μC]의 전하가 축적되었다면 정전용량은?

① 2[μF] ② 4[μF]
③ 6[μF] ④ 10[μF]

Answer

13 $W=\frac{1}{2}CV^2=\frac{1}{2}\times 5\times 10^{-6}\times 150^2=0.056 \fallingdotseq 0.06[\mathrm{J}]$

14 $V=\frac{C_2}{C_1+C_2}\times V=\frac{200}{100+200}\times 100=66.6 \fallingdotseq 67[\mathrm{V}]$

15 $Q=CV$를 정전용량 구하는 식으로 변환하면

$C=\frac{Q}{V}=\frac{200\times 10^{-6}}{50}=4\times 10^{-6}=4[\mu\mathrm{F}]$

답 13.③ 14.② 15.②

16 다음과 같은 콘덴서의 직렬접속에서 V_1에 걸리는 전압은?

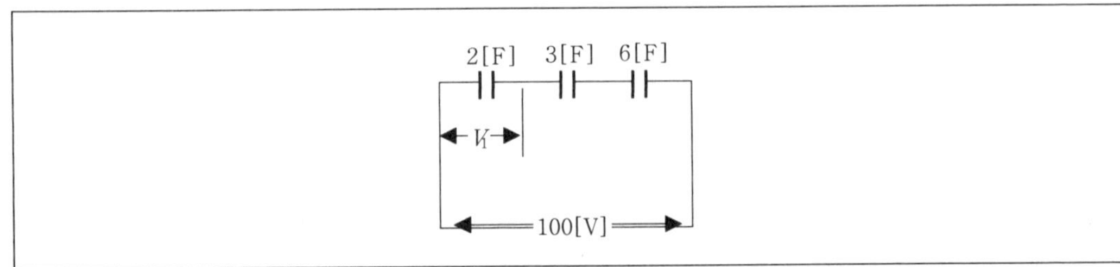

① 50[V]　　② $\frac{100}{3}$[V]

③ $\frac{50}{3}$[V]　　④ 25[V]

17 다음에서 6[μF]의 콘덴서에 걸리는 전압은 몇 [V]인가?

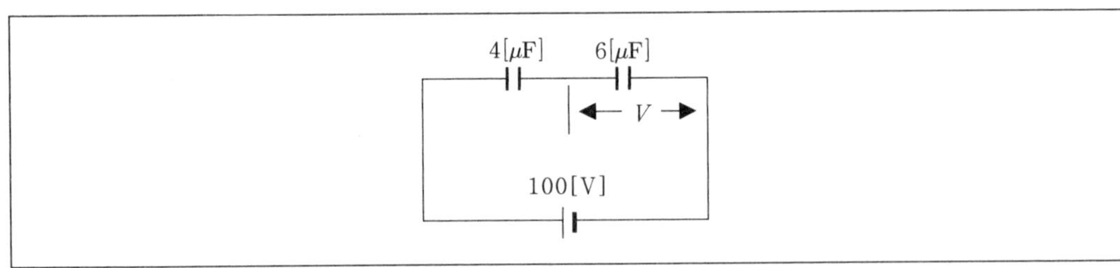

① 100[V]　　② 40[V]

③ 60[V]　　④ 20[V]

Answer

16 $V_1 : V_2 : V_3 = \frac{1}{2} : \frac{1}{3} : \frac{1}{6} = 3 : 2 : 1$

$Q = CV = 1 \times 10^{-6} \times 100 = 100[\mu F]$

$V_1 = \frac{Q}{C_1} = \frac{100 \times 10^{-6}}{2 \times 10^{-6}} = 50[V]$

17 $V_2 = \frac{C_1}{C_1 + C_2} E = \frac{4}{4+6} \times 100 = 40[V]$

답 16.① 17.②

18 정전용량이 5[F]인 콘덴서에 200[J]의 에너지를 축적하려고 할 때 콘덴서에 가해야 할 전압은?

① 5[V]
② 9[V]
③ 10[V]
④ 100[V]

19 다음과 같이 1, 2, 3[μF]의 콘덴서를 직렬로 연결하고 60[V]의 전압을 가할 때 1[μF]의 콘덴서에 걸리는 전압은?

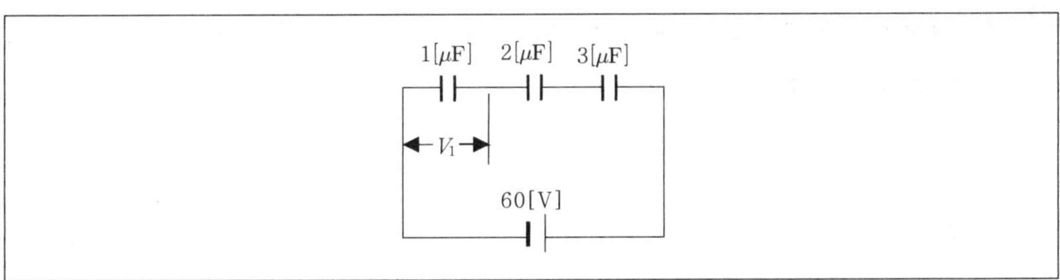

① 49.9[V]
② 16.4[V]
③ 20[V]
④ 32.7[V]

Answer

18 $W=\frac{1}{2}CV^2$ 을 전압 구하는 식으로 정리하면

$$V=\sqrt{\frac{2W}{C}}=\sqrt{\frac{2\times 200}{5}}=8.9 \fallingdotseq 9[V]$$

19 $V_1 : V_2 : V_3 = 1 : \frac{1}{2} : \frac{1}{3} = 6 : 3 : 2$

$$Q=CV=\frac{6}{11}\times 60 \fallingdotseq 32.7[\mu F]$$

$$V_1=\frac{32.7\times 10^{-6}}{1\times 10^{-6}}=32.7[V]$$

답 18.② 19.④

20 콘덴서 C_1, C_2의 직렬회로에 E [V]의 전압을 가할시 C_2에 걸리는 전압[V]의 값은?

① $\dfrac{C_1+C_2}{C_2}\times E$

② $\dfrac{C_1+C_2}{C_1}\times E$

③ $\dfrac{C_1}{C_1+C_2}\times E$

④ $\dfrac{C_2}{C_1+C_2}\times E$

21 정전용량 C의 평행판 콘덴서를 전압 V로 충전하고 전원을 제거한 다음 전극의 간격을 $\dfrac{1}{2}$로 접근시키면 전압은 몇 배로 되는가?

① $\dfrac{1}{2}$배

② 1배

③ 2배

④ 4배

22 4[μF]의 콘덴서에 직류전압 3,000[V]를 가할 때 축적되는 전하는?

① 7.5×10^{8}[C]

② 1.33×10^{-9}[C]

③ 1.2×10^{-6}[C]

④ 1.2×10^{-2}[C]

Answer

20 $E_1=\dfrac{C_2}{C_1+C_2}E$, $E_2=\dfrac{C_1}{C_1+C_2}E$

21 $V=\dfrac{Q}{C}=\dfrac{Q}{\frac{\epsilon s}{d}}=\dfrac{Qd}{\epsilon s}$

전압은 거리 d에 비례하므로 전압은 $\dfrac{1}{2}$로 감소한다.

22 $Q=CV=4\times10^{-6}\times3,000=1.2\times10^{-2}$ [C]

답 20.③ 21.① 22.④

23 다음 회로에서 a－b간의 용량은?

① $\dfrac{1}{\dfrac{1}{C_2}+\dfrac{1}{C_3}}$

② $C_2+\dfrac{1}{\dfrac{1}{C_1}+\dfrac{1}{C_2}}$

③ $C_3+\dfrac{1}{\dfrac{1}{C_1}+\dfrac{1}{C_2}}$

④ $\dfrac{1}{\dfrac{1}{C_1}+\dfrac{1}{C_2}+\dfrac{1}{C_3}}$

24 다음에서 a－b간의 합성 정전용량은?

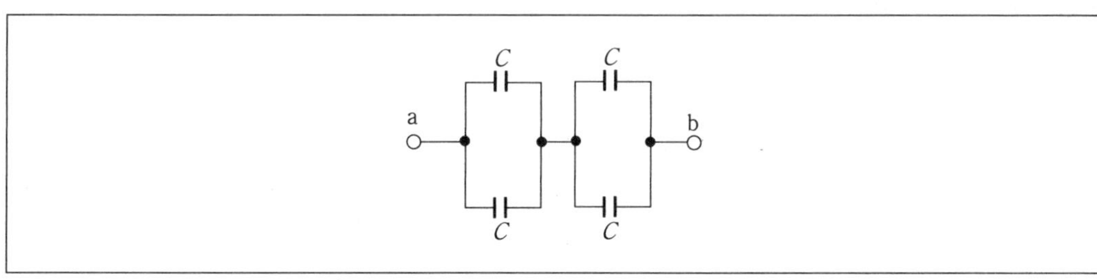

① C

② $2C$

③ $\dfrac{1}{4}C$

④ $4C$

Answer

23 콘덴서의 직렬연결시 합성 커패시턴스

$$C=\frac{Q}{V}=\frac{Q}{\dfrac{Q}{C_1}+\dfrac{Q}{C_2}+\dfrac{Q}{C_3}}=\frac{1}{\dfrac{1}{C_1}+\dfrac{1}{C_2}+\dfrac{1}{C_3}}$$

24 $C_{ab}=\dfrac{2C\times 2C}{2C+2C}=C$

답 23.④ 24.①

25 다음과 같은 회로의 합성용량은 얼마인가?

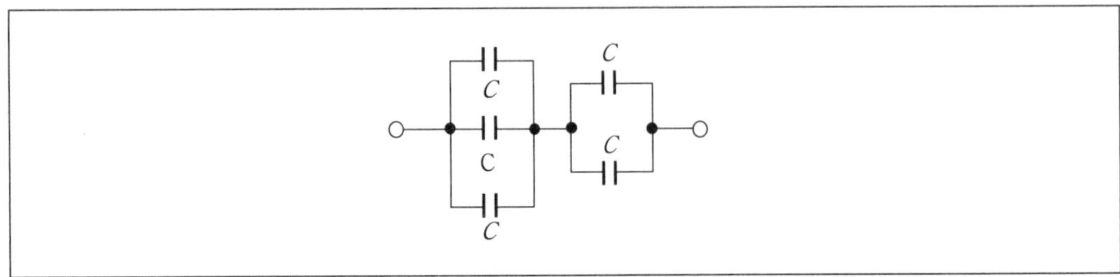

① $\frac{3}{2}C$　　② $2C$

③ $\frac{5}{6}C$　　④ $\frac{6}{5}C$

26 다음에서 C_x 의 정전용량은 얼마인가? (단, $C_1=3[\mu F]$, $C_2=2[\mu F]$, $C_3=2.8[\mu F]$, a−b간 합성 정전용량 $C_0=5[\mu F]$)

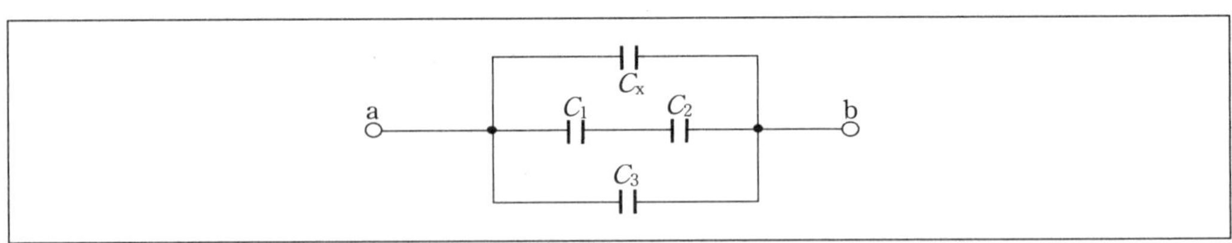

① $1[\mu F]$　　② $2[\mu F]$

③ $3[\mu F]$　　④ $4[\mu F]$

Answer

25 $C_0=\frac{2C\times 3C}{2C+3C}=\frac{6C^2}{5C}=\frac{6}{5}C$

26 $C_0=C_3+\frac{C_1\times C_2}{C_1+C_2}+C_x$

$C_x=C_0-C_3-\frac{C_1C_2}{C_1+C_2}=5-2.8-\frac{3\times 2}{3+2}=1[\mu F]$

답 — 25.④ 26.①

27 콘덴서를 다음과 같이 접속했을 때 C_x의 정전용량은? (단, $C_1 = 2[\mu F]$, $C_2 = 3[\mu F]$, a-b간의 합성 정전용량 $C_0 = 3.4[\mu F]$)

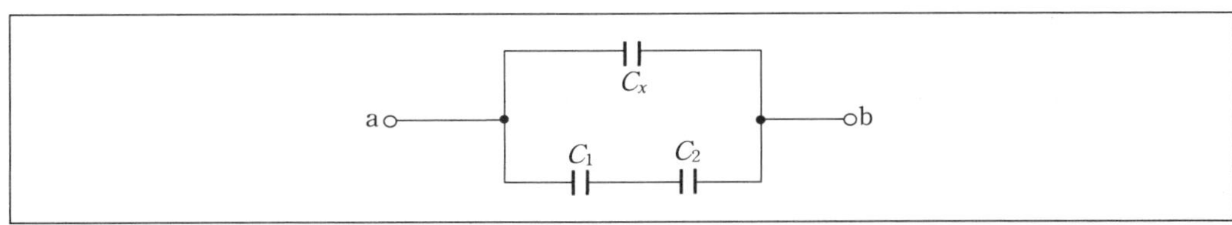

① 0.2[μF]
② 1.2[μF]
③ 2.2[μF]
④ 3.2[μF]

28 2[μF]의 콘덴서 2개를 직렬로 연결한 후 여기에 다시 2[μF]의 콘덴서 1개를 병렬로 연결했을 때 합성용량은 얼마인가?

① 3 [μF]
② 6 [μF]
③ 2 [μF]
④ 1 [μF]

Answer

27 $C_0 = \dfrac{C_1 C_2}{C_1 + C_2} + C_x$

$C_x = C_0 - \dfrac{C_1 C_2}{C_1 + C_2} = 3.4 - \dfrac{2 \times 3}{2+3} = 2.2[\mu F]$

28 $C_t = \dfrac{2 \times 2}{2+2} + 2 = 3[\mu F]$

답 27.③ 28.①

29 반지름이 각각 a[m], b[m], c[m]인 독립구도체가 있다. 이들 도체를 병렬로 연결하면 합성정전용량은 몇 [F]인가?

① $4\pi\varepsilon_0\sqrt{a^2+b^2+c^2}$　　② $4\pi\varepsilon_0(a+b+c)$

③ $6\pi\varepsilon_0(a+2b+c)$　　④ $\pi\varepsilon_0\dfrac{abc}{a+b+c}$

30 정전용량 C의 축전기를 3개로 조합하여 얻어지는 가장 작은 용량은?

① $\dfrac{1}{3}C$　　② $3C$

③ $\dfrac{2}{3}C$　　④ $\dfrac{3}{2}C$

31 C_1, C_2 콘덴서가 직렬로 연결되어 있다. 합성 정전용량을 C라 하면 C는 C_1, C_2와 어떤 관계가 있는가?

① $C < C_1$　　② $C = C_1 + C_2$

③ $C > C_2$　　④ $C > C_1$

Answer

29 병렬접속이므로 합성정전용량은

$C = C_1 + C_2 + C_3 = 4\pi\varepsilon_0 a + 4\pi\varepsilon_0 b + 4\pi\varepsilon_0 c = 4\pi\varepsilon_0(a+b+c)$

30 축전기 연결

㉠ 직렬연결 : $C+C+C=3C$

㉡ 병렬연결 : $\dfrac{1}{\frac{1}{C}+\frac{1}{C}+\frac{1}{C}} = \dfrac{1}{\frac{3}{C}} = \dfrac{C}{3}$

31 직렬로 접속할 때의 합성용량은 어느 한 개의 용량값보다 작아진다.

$C < C_1$ 또는 $C < C_2$

답 29.② 30.① 31.①

32 100[pF]의 콘덴서와 직렬로 미지의 콘덴서를 연결하여 측정하였더니 50[pF]를 지시하였을 경우 이 미지의 콘덴서의 정전용량은?

① 24[pF]
② 50[pF]
③ 100[pF]
④ 200[pF]

33 동심구형 콘덴서의 내외 반경을 각각 3배로 증가시키면 정전용량은 몇 배로 증가되는가?

① 1/3배
② 변화 없다.
③ 3배
④ 9배

34 두 판 사이의 거리가 d인 평행판 축전기를 전지에 연결하여 충전시켰다. 축전기를 전지로부터 분리하고 절연된 손잡이로 두 판 사이의 거리를 증가시킬 때 다음 중 바른 것은?

① 판에 저장된 전하가 감소한다.
② 판 사이의 전위차는 일정하게 보존된다.
③ 판 사이의 전기장은 일정하다.
④ 전기용량이 증가한다.

Answer

32 $50 = \dfrac{100C_2}{100+C_2}$ 에서 C_2의 값을 구하면

$C_2 = 100[\text{pF}]$

33 동심구형 콘덴서의 정전용량 $C=\dfrac{4\pi\varepsilon}{\dfrac{1}{a}-\dfrac{1}{b}}$ 이므로 이 때 a, b를 모두 3배로 증가시키면 정전용량도 3배로 증가한다.

34 축전기에 전하를 충전시킨 후 전원을 떼어내면 충전된 전하량 Q는 일정하고 극판사이의 거리를 벌리면 $C=\dfrac{\varepsilon_0 A}{d}$ 에서 전기용량은 감소하게 된다. $Q=CV$에서 Q는 일정하고 C가 감소하면 축전기의 판사이의 전압은 증가하게 된다. 전기장 $E=\dfrac{V}{d}$ 는 일정하게 유지된다.

답 — 32.③ 33.③ 34.①

35 1[F]의 정전용량을 갖는 구의 반지름은?

① 9×10^6[km]
② 9×10^4[km]
③ 9×10^3[km]
④ 9[km]

36 공기 중에 고립된 반지름 R [m]인 금속구의 정전용량 [F]은? (단, ϵ_0 : 진공의 유전율)

① $\epsilon_0 R$
② $\dfrac{\epsilon_0 R}{4\pi}$
③ $4\pi\epsilon_0 R$
④ $8\pi\epsilon_0 R$

37 다음 중 1[pF]와 같은 크기를 갖는 것은?

① 10^{-3}[F]
② 10^{-6}[F]
③ 10^{-9}[F]
④ 10^{-12}[F]

38 평행판 콘덴서에 있어서 판의 면적이 일정하고 판 사이의 거리가 2배로 되면 콘덴서의 정전용량은 어떻게 되는가?

① $\dfrac{1}{2}$배
② 2배
③ $\dfrac{1}{4}$배
④ 4배

Answer

35 $C=4\pi\epsilon_0 r=\dfrac{1}{9\times10^9}r$

$r=9\times10^9=9\times10^6$[km]

36 고립된 도체구의 정전용량$=4\pi\epsilon_0 R$

37 $10^{-6}=1$[μF], $10^{-9}=1$[nF], $10^{-12}=1$[pF]

38 $C=\dfrac{\epsilon A}{d}=\dfrac{\text{유전율}\times\text{단면적}}{\text{극판 사이의 거리}}$

$=\dfrac{\epsilon A}{2d}=\dfrac{1}{2}$

답 — 35.① 36.③ 37.④ 38.①

39 평행판과 콘덴서의 면적을 $\frac{1}{2}$로 줄이고 간격을 $\frac{1}{2}$로 줄였다면 용량은 처음의 몇 배로 되는가?

① 변하지 않는다.
② $\frac{1}{2}$배
③ 2배
④ 4배

40 면적이 0.25[m^2], 두께가 8.855×10^{-3}인 종이 양면에 같은 넓이의 전극을 붙여 만든 콘덴서의 정전용량은 얼마인가? (단, $\epsilon_R=2$)

① 5×10^{-9}[pF]
② 5×10^{-5}[pF]
③ 500[pF]
④ 5[pF]

41 0.03[μF]의 콘덴서에 24[μC]의 전하를 공급하면 몇 [V]의 전위차가 나타나는가?

① 600[V]
② 800[V]
③ 1,200[V]
④ 2,400[V]

Answer

39
$C=\frac{\epsilon}{d}=$ 유전율 $\times\frac{\text{단면적}}{\text{두 극판 사이의 거리}}=\frac{\epsilon\frac{1}{2}A}{\frac{1}{2}d}=\frac{\epsilon A}{d}$ 이므로 변하지 않는다.

40
$$C=\epsilon\frac{A}{d}=\frac{\epsilon_0\epsilon_R A}{d}=\frac{8.855\times10^{-12}\times2\times0.25}{8.855\times10^{-3}}=0.5\times10^{-9}=500\times10^{-12}=500[\text{pF}]$$

41
$$V=\frac{Q}{C}=\frac{24\times10^{-6}}{0.03\times10^{-6}}=\frac{24}{0.03}=800[\text{V}]$$

답 – 39.① 40.③ 41.②

42 최대 정전용량이 C_0[F]인 그림과 같은 콘덴서의 정전용량이 각도에 비례하여 변화한다. 이 콘덴서를 전압V[V]로 충전한 경우 회전자에 작용하는 토크는?

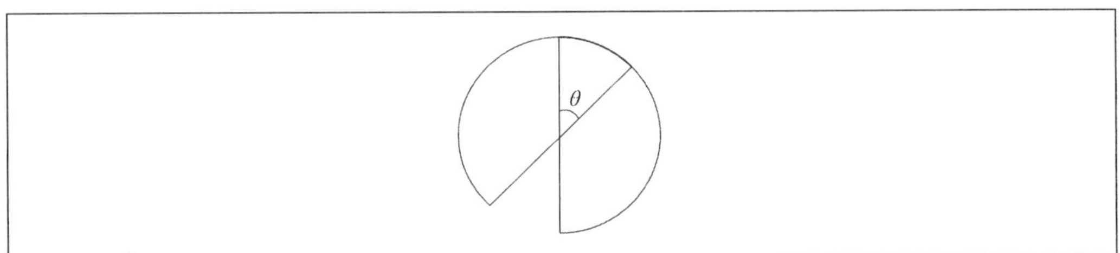

① $\frac{C_0 V^2}{2\pi}[N \cdot m]$　　② $\frac{C_0 V^2}{2}[N \cdot m]$

③ $\frac{C_0 V}{\pi}[N \cdot m]$　　④ $\frac{2C_0 V^2}{\pi}[N \cdot m]$

43 다음 중 콘덴서의 정전용량을 크게 할 수 있는 방법이 아닌 것은?

① 극판의 면적을 크게 한다.
② 극판 사이에 삽입하는 절연물은 ϵ_R이 큰 것을 사용한다.
③ 극판 사이의 간격을 넓게 한다.
④ 극판 사이의 간격을 좁게 한다.

Answer

42 회전각도 θ일 때 용량을 C_θ, 그 때의 에너지를 W_θ라 하면

$C_\theta = C_0 \frac{\theta}{\pi}$, $W_\theta = \frac{1}{2}CV^2 = \frac{C_0 V^2}{2\pi}\theta$

따라서, 회전력 $T = \frac{dW_\theta}{d\theta} = \frac{d}{d\theta}(\frac{C_0 V^2}{2\pi}\theta) = \frac{C_0 V^2}{2\pi}$

θ가 증가하는 방향으로 인가전압의 제곱에 비례하는 회전력이 작용한다.

43 콘덴서의 정전용량을 크게 하는 방법
㉠ 극판 사이의 간격을 좁게 한다.
㉡ 극판 사이에 삽입하는 절연물은 ϵ_R이 큰 것을 사용한다.
㉢ 극판의 면적을 크게 한다.

답 — 42.① 43.③

44 극판의 면적이 5[cm^2], 정전용량이 10[pF]인 종이콘덴서를 만들고자 한다. 비유전율이 4.0, 두께 0.3[mm]의 종이를 사용하면 약 몇 장을 겹쳐야 되는가?

① 3장 ② 6장
③ 8장 ④ 10장

45 0.004[μF] 1개, 0.005[μF] 2개를 직렬로 연결하고 전체 회로에 100[V]의 전압을 인가했을 경우 합성 정전용량은?

① 0.0015[μF] ② 0.003[μF]
③ 0.0025[μF] ④ 0.005[μF]

Answer

44 $C=\epsilon\dfrac{S}{d}=\epsilon_0\epsilon_s\dfrac{S}{d}$ 에서 두께

$$d=\frac{\epsilon_0\epsilon_s S}{C}=\frac{9.0\times10^{-12}\times4.0\times5\times10^{-4}}{10\times10^{-12}}=1.8\times10^{-3}[m]=1.8[mm]$$

$\dfrac{1.8}{0.3}=6$장

45 합성 정전용량 $C=\dfrac{1}{C}$(직렬이므로)

$$=\frac{1}{C_1}+\frac{1}{C_2}+\frac{1}{C_3}=\frac{1}{0.004}+\frac{1}{0.005}+\frac{1}{0.005}$$

$$=\frac{5}{0.02}+\frac{4}{0.02}+\frac{4}{0.02}$$

$$=\frac{13}{0.02}$$

$$C=\frac{0.02}{13}=0.0015[\mu F]$$

답 44.② 45.①

46 50[μF]의 콘덴서에 500[V]의 전압을 인가하여 충전한 후 저항을 통하여 방전시킬 때 저항에 발생하는 열량은?

① 1[cal] ② 1.2[cal]
③ 2[cal] ④ 1.5[cal]

47 5[μF]과 7[μF]이 콘덴서를 직렬로 연결하고 200[V]의 전압을 인가했을 경우 7[μF]의 콘덴서에 걸리는 단자전압은?

① 47.7[V] ② 55.6[V]
③ 83.3[V] ④ 88.9[V]

48 3[μF]과 4[μF]이 직렬로 연결된 회로에서 4[μF]의 양단에 걸리는 전압이 80[V]일 때 이 회로의 전 전기량은?

① 80[μC] ② 160[μC]
③ 240[μC] ④ 320[μC]

Answer

46 $W = \frac{1}{2}CV^2$

$= \frac{1}{2} \times 50 \times 10^{-6} \times 500^2$

$= 6.25[\mathrm{J}]$

$1[\mathrm{J}] = 0.24[\mathrm{cal}]$

$H = 0.24 \times 6.25 = 1.5[\mathrm{cal}]$

47 $V_2 = \frac{C_1}{C_1 + C_2} V$

$= \frac{5}{5+7} \times 200 \fallingdotseq 83.3[\mathrm{V}]$

48 $Q = CV$

$= 4 \times 10^{-6} \times 80$

$= 320 \times 10^{-6}[\mathrm{C}]$

$= 320[\mu\mathrm{C}]$

답 — 46.④ 47.③ 48.④

49 극판의 거리가 3[mm], 정전용량이 5[μF]인 평형판 콘덴서에 450[μC]의 전하를 줄 경우 절연물 내의 전위의 기울기는?

① 15[V/mm] ② 30[V/mm]
③ 25[V/mm] ④ 60[V/mm]

50 비유전율이 $\varepsilon_A = 8$인 유전체A와 비유전율이 $\varepsilon_B = 12$인 유전체B를 접합시키고 전압을 가하자 A에 180[V]가 발생하였다. 이 때 B에 발생하게 되는 전압[V]은?

① 40 ② 80
③ 120 ④ 160

51 평형판 전극에 일정전압을 인가하면서 극판의 거리를 $\frac{1}{2}$배로 할 경우 내부 전기장의 세기 변화로 옳은 것은?

① $\frac{1}{2}$배 ② 2배
③ 3배 ④ $\frac{1}{4}$배

Answer

49 $Q = CV$

$$V = \frac{Q}{C} = \frac{450\times10^{-6}}{5\times10^{-6}} = 90[V]$$

전위의 기울기 $S = \frac{V}{d} = \frac{90}{3} = 30[V/mm]$

50 $Q = CV = C_A V_A = C_B V_B$

$$VR = \frac{C_A}{C_B} V_A = \frac{\frac{\varepsilon_A S}{d}}{\frac{\varepsilon_B S}{d}} V_A = \frac{\varepsilon_A}{\varepsilon_B} V_A = \frac{8}{12}\times 180 = 120[V]$$

51 $C = \epsilon \frac{A}{d}$

$Q = CV$

$$E = \frac{1}{4\pi\epsilon_0}\cdot\frac{Q}{r^2} = \frac{1}{4\pi\epsilon_0}\cdot\frac{CV}{r^2}$$

$$= \frac{1}{4\pi\epsilon_0}\cdot\frac{\epsilon\frac{A}{d}V}{r^2} = \frac{1}{d} = \frac{1}{\frac{1}{2}} = \frac{2}{1} = 2[배]$$

답 — 49.② 50.③ 51.②

52 무한히 넓은 2개의 평행 도체판 사이의 거리는 d이며 V의 전위차를 갖는다. 이 때 도체판의 단위면적에 발생하는 힘의 크기는?

① $\varepsilon_0(\frac{V}{d})$
② $\frac{1}{2}\varepsilon_0(\frac{V}{d})$
③ $\frac{1}{2}\varepsilon_0(\frac{V}{d})^2$
④ $\frac{1}{4}\varepsilon_0(\frac{V}{d})^2$

53 4[μF]의 콘덴서에 100[V]의 전압을 인가하면 콘덴서에 저장되는 에너지는?

① 0.1[J]
② 0.01[J]
③ 0.2[J]
④ 0.02[J]

54 1,000[V]로 충전된 콘덴서의 에너지가 5[J]일 때 콘덴서의 용량은?

① 2[μF]
② 5[μF]
③ 4[μF]
④ 10[μF]

Answer

52 단위면적에 작용하는 정전흡입력 $F_o = \frac{1}{2}\varepsilon_o E^2 = \frac{1}{2}\varepsilon_o(\frac{V}{d})^2 [N/m^2]$

53 $W = \frac{1}{2}CV^2 = \frac{1}{2} \times 4 \times 10^{-6} \times 100^2$

$= 0.02[J]$

54 $W = \frac{1}{2}CV^2$

$C = \frac{2W}{V^2} = \frac{2 \times 5}{1,000^2} = 0.00001 = 10 \times 10^{-6} = 10[\mu F]$

답 – 52.③ 53.④ 54.④

55 절연물을 사이에 끼운 양측 전극에 1[μC]의 전하를 충전시킨 결과 두 전극판에 2[kV]의 전위차가 발생하였다. 이 때 양전극 사이의 정전용량[μF]의 크기는?

① 2.5×10^{-4} [μF]　　② 5×10^{-4} [μF]

③ 7.5×10^{-4} [μF]　　④ 9×10^{-4} [μF]

Answer

55 $C = \frac{Q}{V} = \frac{1 \times 10^{-6}}{2000} = 5 \times 10^{-4} [\mu F]$

답 — 55.②

인덕턴스

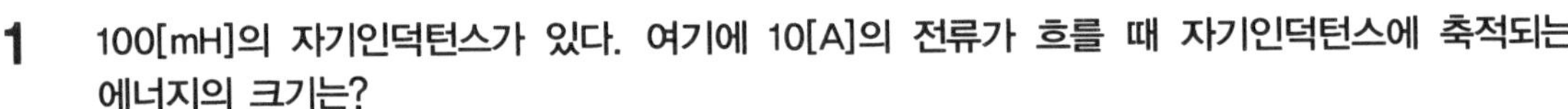

1 **100[mH]의 자기인덕턴스가 있다. 여기에 10[A]의 전류가 흐를 때 자기인덕턴스에 축적되는 에너지의 크기는?**

① 0.5[J] ② 1[J]
③ 5[J] ④ 10[J]

2 **20[V/m]의 전기장에 어떤 전하를 놓으면 4[N]의 힘이 작용한다. 전하의 양 [C]은?**

① 80 ② 10
③ 5 ④ 0.2

3 **다음 중 유도기전력이 생기지 않는 경우로 옳은 것은?**

① 자력선의 세기가 변할 때
② 도선이 자력선과 평행하게 움직일 때
③ 도선이 자력선과 수직으로 움직일 때
④ 도선이 자력선과 50°방향으로 움직일 때

Answer

1 에너지[W]$= \frac{1}{2}LI^2$ [J]

$= \frac{1}{2} \times 100 \times 10^{-3} \times 10^2$

$= 5$[J]

2 $F=4$[N], $E=20$[V/m]에서 $F=QE$이므로 $Q=\frac{F}{E}=\frac{4}{20}=0.2$[C]

3 전자기유도는 코일 속의 자기장이 변화할 때 유도전류가 흐른다는 내용이며 관계식은 다음과 같다.
유도기전력은 $\frac{N_2}{N_1}=\frac{V_2}{V_1}=\frac{I_2}{I_1}$로 주어지며, 유도기전력의 크기는 $e=Bl\,V\sin\theta$(θ : 코일과 자기장 사이의 각)이므로 코일과 자기장의 방향이 나란하다면 $\theta=0°$이므로 $e=0$이 됨을 알 수 있다.

답 — 1.③ 2.④ 3.②

4 100회 감은 코일과 쇄교하는 자속이 $\frac{1}{10}$초 동안에 0.5[Wb]에서 0.3[Wb]로 감소했다. 유도기전력은 얼마인가?

① 20[V] ② 200[V]
③ 80[V] ④ 800[V]

5 N회 감긴 환상코일의 단면적이 S [m^2]이고 평균 길이가 L [m]이다. 이 코일의 권수를 반으로 줄이고 인덕턴스를 일정하게 하기 위한 방법으로 옳은 것은?

① 길이를 $\frac{1}{4}$배로 한다. ② 단면적을 2배로 한다.
③ 길이를 4배로 한다. ④ 단면적을 $\frac{1}{2}$배로 한다.

6 "유도기전력의 방향은 자속의 변화를 방해하는 방향으로 발생한다."라는 법칙은 다음 중 어느 것인가?

① 렌츠의 법칙 ② 패러데이의 법칙
③ 플레밍의 오른손 법칙 ④ 키르히호프의 법칙

Answer

4 유도기전력 $e = N\frac{\Delta\Phi}{\Delta t} = 100\times\frac{(0.5-0.3)}{\frac{1}{10}} = 100\times\frac{0.2}{\frac{1}{10}} = 200[\mathrm{V}]$

5 환상코일에서 자체 인덕턴스 구하는 공식은 $L = \mu\frac{A}{l}N^2$

권수 N을 $\frac{1}{2}$로 줄였을 때

인덕턴스를 일정하게 하기 위해선 길이를 $\frac{1}{4}$배로 하면 된다.

6 ② 자속변화에 의한 유도기기전력의 크기를 결정하는 법칙이다.
③ 유도기전력의 방향은 도체운동에 의해 결정된다.
④ 복잡한 회로의 전압과 전류 사이의 관계를 옴의 법칙으로 풀기 어려울 때 이용하는 법칙으로 제1법칙과 제2법칙이 있다.

답 — 4.② 5.① 6.①

7 정전용량이 $C=2[\mu F]$인 콘덴서의 5[MHz]의 주파수에 대한 용량성 리액턴스 $X_c[\Omega]$의 크기는 얼마인가?

① 0.012
② 0.016
③ 0.020
④ 0.024

8 권수 N인 코일에 I[A]의 전류가 흘러 자속 Φ[Wb]가 발생할 때의 인덕턴스는 몇 [H]인가?

① $L=\dfrac{N\Phi}{I}$
② $L=\dfrac{I\Phi}{N}$
③ $L=\dfrac{NI}{\Phi}$
④ $L=\dfrac{\Phi}{NI}$

9 플레밍의 오른손 법칙에 대한 설명으로 옳지 않은 것은?

① 도체운동에 의해 유도기전력의 방향을 결정할 수 있다.
② 주로 발전기에 사용한다.
③ 엄지는 도체의 운동방향을 가리킨다.
④ 검지는 자기장의 방향을 가리킨다.

Answer

7 $X_c=\dfrac{1}{2\pi fC}=\dfrac{1}{2\times3.14\times5\times10^6\times2\times10^{-6}}=0.016$

8 $L=\dfrac{N\Phi}{I}$[H]

9 ④ 플레밍의 왼손 법칙에 대한 설명이다.
※ 플레밍의 오른손의 법칙
㉠ 엄지 : 도체운동의 방향
㉡ 검지 : 자속의 방향
㉢ 중지 : 유도기전력의 방향

답 — 7.② 8.① 9.④

10 권수가 100회인 코일에 10[A]의 전류를 흘렸더니 0.5[Wb]의 자속이 발생하였다면 코일의 자체 인덕턴스는?

① 5[H] ② 10[H]
③ 100[H] ④ 1[H]

11 두 개의 코일의 자기 인덕턴스가 각각 100[H], 200[H]이고 상호 인덕턴스가 200[H]라면 결합계수는 얼마인가?

① 0.7 ② 1.41
③ 1.73 ④ 2

12 권수가 400인 코일에 1초 사이에 10[Wb]의 자속이 변화할 경우 코일에 발생하는 유도기전력은?

① 1,000[V] ② 2,000[V]
③ 3,000[V] ④ 4,000[V]

13 권수가 100인 코일에 10[A]의 전류가 5초 동안에 5[A]으로 감소하였을 경우 유도기전력이 100[V]일 때 자체 인덕턴스는?

① 100[H] ② 200[H]
③ 500[H] ④ 1,000[H]

Answer

10 $L=\frac{N\Phi}{I}=\frac{100\times0.5}{10}=5[\mathrm{H}]$

11 $k=\frac{M}{\sqrt{L_1L_2}}=\frac{200}{\sqrt{100\times200}}\fallingdotseq 1.41$

12 1초에 10[Wb]로 자속이 변하므로 변화율은 10[Wb/s]이다.

유도기전력 $e=N\frac{\Delta\Phi}{\Delta t}=400\times10=4{,}000[\mathrm{V}]$

13 $e=L\frac{\Delta\Phi}{\Delta t}$ 이 식을 L에 대해 정리하면

$L=e\frac{\Delta t}{\Delta\Phi}=100\times\frac{5}{10-5}=100[\mathrm{H}]$

답 10.① 11.② 12.④ 13.①

14 권수가 200회인 코일에 5[A]의 전류를 통과시켰을 때 0.005[Wb]의 자속이 쇄교하였다면 이 코일의 자체 인덕턴스는?

① 0.1[H] ② 0.2[H]
③ 10[mH] ④ 20[mH]

15 100회 감은 코일의 인덕턴스가 5[mH]인 코일에 10^{-5}[Wb]의 자속을 발생시키려고 할 때 전류는?

① 0.1[A] ② 0.2[A]
③ 1[A] ④ 2[A]

16 권수가 500인 환상 솔레노이드의 단면적이 10[cm^2], 자로 평균길이가 30[cm]일 때 자체 인덕턴스는 얼마인가?

① 1.04[mH] ② 2.05[mH]
③ 3.51[mH] ④ 2.51[mH]

17 L_1 = 2.1[H], L_2 = 2.4[H]인 자체 인덕턴스를 직렬접속할 경우 합성 인덕턴스는? (단, $k=1$)

① 6.8[H] ② 7.2[H]
③ 8.9[H] ④ 9.6[H]

Answer

14 $L=\dfrac{N\Phi}{I}=\dfrac{200\times0.005}{5}=0.2[\text{H}]$

15 $L=\dfrac{N\Phi}{I}$ 에서 I에 대해 정리하면

$I=\dfrac{N\Phi}{L}=\dfrac{100\times10^{-5}}{5\times10^{-3}}=0.2[\text{A}]$

16 $L=\dfrac{\mu AN^2}{l}=\dfrac{4\pi\times10^{-7}\times10\times10^{-4}\times500^2}{30\times10^{-2}}\fallingdotseq 1.04[\text{mH}]$

17 상호 인덕턴스 $M=k\sqrt{L_1L_2}\fallingdotseq 2.2[\text{H}]$

합성 인덕턴스 $L=L_1+L_2+2M=2.1+2.4+2\times2.2=8.9[\text{H}]$

답 — 14.② 15.② 16.① 17.③

18 자체 인덕턴스 L_1 = 50[mH], L_2 = 200[mH]인 두 개의 코일 사이에 누설자속이 없을 경우 상호 인덕턴스는?

① 50[mH]
② 100[mH]
③ 150[mH]
④ 200[mH]

19 다음 중 맴돌이 전류손에 대한 설명으로 옳은 것은?

① 주파수에 비례한다.
② 최대 자속밀도에 비례한다.
③ 주파수의 2승에 비례한다.
④ 최대 자속밀도의 3승에 비례한다.

20 비투자율이 1,500인 자로의 평균 길이가 50[cm], 단면적 30[cm^2]인 철심에 감긴 권수가 425인 코일에 0.5[A]의 전류가 흐를 때 저장되는 전자에너지는 얼마인가?

① 0.5[A]
② 0.15[J]
③ 0.3[A]
④ 0.25[J]

Answer

18 $M = k\sqrt{L_1 L_2}$ [H]

누설자속이 없을 경우 $k = 1$이므로

상호 인덕턴스 $M = \sqrt{L_1 L_2} = \sqrt{50 \times 200} = 100$[mH]

19 맴돌이 전류손은 주파수의 제곱에 비례, 최대 교번자속밀도의 제곱에 비례한다.

20 $L = \frac{\mu A N^2}{l} = \frac{4\pi \times 10^{-7} \times 1,500 \times 30 \times 10^{-4} \times 425^2}{50 \times 10^{-2}} = 2$[H]

$W = \frac{1}{2} LI^2 = \frac{1}{2} \times 2 \times 0.5^2$

$= 0.25$[J]

답 — 18.② 19.③ 20.④

21 다음 중 자체 인덕턴스 10[mH]의 코일에 0.5[J]의 전자에너지를 축적시키기 위해 흘려야 할 전류는 몇 [A]인가?

① 1[A] ② 10[A]
③ 12[A] ④ 15[A]

22 임의의 코일에 일정한 전자에너지를 축적하려고 할 경우 전류를 2배로 늘렸을 때 자기 인덕턴스는 몇 배로 하여야 좋은가?

① $\frac{1}{2}$ ② $\frac{1}{4}$
③ 2 ④ 4

23 1차 코일의 권수가 400회, 2차 코일의 권수가 50회인 변압기의 1차 코일에 100[V], 60[Hz]의 전압을 가했을 때 2차 코일에 유기되는 전압은?

① 12.5[V] ② 25[V]
③ 40[V] ④ 50[V]

Answer

21 $I=\sqrt{\frac{2W}{L}}=\sqrt{\frac{2\times 0.5}{10\times 10^{-3}}}=10[\text{A}]$

22 $W=\frac{1}{2}LI^2=\frac{1}{2}\times L\times(2I)^2=\frac{1}{2}\times L\times 4I^2$에서 L은 $\frac{1}{4}$이 되어야 한다.

23 권수비$=\frac{V_1}{V_2}=\frac{N_1}{N_2}$

$V_2=\frac{N_2}{N_1}V_1=\frac{50}{400}\times 100=12.5[\text{V}]$

답 – 21.② 22.② 23.①

24 서로 결합된 두 개의 코일을 직렬로 연결하면 합성 인덕턴스는 20[mH]가 되고, 한쪽 코일의 연결을 반대로 하면 합성 인덕턴스는 8[mH]가 된다. 이때 두 코일간의 상호 인덕턴스는 몇 [mH]인가?

① 3　　② 5
③ 6　　④ 7

25 다음 중 리액턴스가 주파수에 비례하는 특성을 갖는 소자는?

① 콘덴서　　② 코일
③ 저항　　④ 트랜지스터

26 자체 인덕턴스 L_1, L_2 상호 인덕턴스 M의 코일을 반대방향으로 직렬연결하면 합성 인덕턴스는?

① L_1+L_2+M　　② L_1+L_2-M
③ L_1+L_2+2M　　④ L_1+L_2-2M

27 권수 각각 150회, 200회인 코일 A, B가 있다. A 코일에 의한 자속의 80[%]가 B 코일과 쇄교한다면 A 코일에 2[A]를 흘리면 두 코일의 상호 인덕턴스[H]는? (단, 코일에 의한 자속 = 0.1[Wb])

① 3　　② 6
③ 8　　④ 10

Answer

24
$20=L_1+L_2+2M$
$-8=L_1+L_2-2M$

$20-8=4M$

$M=\frac{12}{4}=3$

25 코일의 리액턴스값은 주파수에 비례한다.

26 반대방향의 접속이므로 L_1+L_2-2M이다.

27 상호 인덕턴스 $M=\frac{N_2\Phi}{I_1}=\frac{200\times0.1\times0.8}{2}=8[\mathrm{H}]$

답 – 24.① 25.② 26.④ 27.③

28 20[mH]의 코일에 $i = \sqrt{2}\, sinwt$의 교류전류가 흐르는 경우 주파수값이 $f = 2[kHz]$이면 이 때 전압의 실효값은 얼마인가?

① 184.3 ② 216.4
③ 251.2 ④ 286.3

29 상호 유도회로에서 결합계수 k는? (단, M : 상호 인덕턴스, $L_1 \cdot L_2$: 자기 인덕턴스)

① $k = \sqrt{L_1 L_2}$ ② $k = \sqrt{M \cdot L_1 L_2}$
③ $k = \dfrac{M}{\sqrt{L_1 L_2}}$ ④ $k = \dfrac{\sqrt{L_1 L_2}}{M}$

30 코일의 자기 인덕턴스는 다음 어느 매질의 상수에 따라 변화하는가?

① 도전율 ② 투자율
③ 유전율 ④ 전연저항

28 $X_L = 2\pi f L = 2\pi \times 2000 \times 20 \times 10^{-3} = 251.2[\Omega]$

$I = \dfrac{I_m}{\sqrt{2}} = 1[A]$

$V = I \cdot X_L = 1 \times 251.2 = 251.2[V]$

29 결합계수(k) … 누설자속에 의한 상호 인덕턴스의 감소비율로 나타낸다$(0 < k \leq 1)$.
누설자속의 상호 인덕턴스 $M = k\sqrt{L_1 L_2}$

결합계수 $k = \dfrac{M}{\sqrt{L_1 L_2}}$

30 인덕턴스 $L = \dfrac{\text{투자율} \times \text{단면적} \times (\text{코일의 감은 권수})^2}{\text{길이}}$

답 – 28.③ 29.③ 30.②

31 유한장 단층 솔레노이드의 권수를 2배로 하면 자체 인덕턴스의 값은 몇 배가 되는가?

① 2　　② 4
③ 8　　④ $\sqrt{2}$

32 비투자율 600, 단면적 4[cm^2], 길이 50[cm]의 쇠막대를 환상으로 구부려서 이것에 코일을 감고 2[H]의 자체 인덕턴스를 얻고자 한다. 코일의 감은 횟수는 얼마로 하면 되겠는가?

① 3,642[회]　　② 1,821[회]
③ 912[회]　　④ 600[회]

33 어느 철심에 도선을 5회 감고 여기에 전류를 흘릴 때 0.01[Wb]의 자속이 발생하였다. 자체 인덕턴스를 1[mH]로 하려면 도선의 전류 [A]는?

① 50　　② 150
③ 100　　④ 250

Answer

31 $L = \frac{\mu_R \mu_0 4\pi r^2 \times N^2}{l} = \frac{\mu_R \times 4\pi \times 10^{-7} \times 4\pi r^2 \times N^2}{l}$ 이므로 N^2을 2배로 증가시면 자체 인덕턴스는 4배가 된다.

32 $L = \frac{\mu A N^2}{l}$

$N^2 = \frac{Ll}{\mu_0 \mu_R A} = \frac{2 \times 0.5}{4\pi \times 10^{-7} \times 600 \times 4 \times 10^{-4}}$

$N^2 = 3,317,409$

$N = \sqrt{3,317,409} = 1,821$

33 $L = \frac{N\Phi}{I}$

$I = \frac{N\Phi}{L} = \frac{5 \times 0.01}{1 \times 10^{-3}} = 50[A]$

답 31.② 32.② 33.①

34 다음 중 전자석의 흡인력을 나타내는 식은?

① $\dfrac{BA_0}{2\mu}$ ② $\dfrac{B^2A_0}{2\mu_0}$

③ $\dfrac{BA_0^2}{2\mu_0}$ ④ $\dfrac{B^2A_0}{\mu_0}$

35 인덕턴스의 단위 [H]와 같은 것은?

① [Ω · sec] ② [V/A]

③ [Ω · A] ④ [V · sec]

36 어느 코일의 전류가 0.05[sec]동안 2[A]변화하여 기전력 2.4[V]를 유기하였다고 하면 이 회로의 자기 인덕턴스 [H]는?

① 0.02 ② 0.06

③ 0.042 ④ 0.24

Answer

34 흡인력 $F=\dfrac{1}{2}\times\dfrac{1}{\mu_0}\times B^2\times A_0$[N]

(μ_0 : 투자율, B : 자속밀도, A_0 : 단면적)

35 $V=L\dfrac{di}{dt}$

$L=\dfrac{\text{전압}\times\text{시간의 변화량}}{\text{전류의 변화량}}=\left[\dfrac{V\cdot s}{A}\right]=[\Omega\cdot \text{sec}]$

$V=L\dfrac{dI}{dt}$

$L=\dfrac{dt}{dI}\times V\Rightarrow L=\dfrac{t}{I}\times V=\left[\dfrac{\text{sec}\cdot V}{A}\right]=[\text{sec}\cdot\Omega]$

36 $L=\dfrac{\Delta t}{\Delta I}V=\dfrac{0.05\times 2.4}{2}=0.06$[H]

답 – 34.② 35.① 36.②

37 인덕턴스가 10[H]인 코일에 흐르는 전류가 매 초당 5[A]의 비율로 변화할 때 이 코일 양단에 유도되는 기전력의 크기는?

① 500[V]　　② 250[V]
③ 50[V]　　④ 2[V]

38 코일을 통과하는 자속의 변화가 1[Wb/sec]일 때 이 코일에 유기되는 기전력은?

① 4[V]　　② 0.5[V]
③ 1[V]　　④ 2[V]

39 다음 중 유도전류의 방향과 관계가 깊은 것은?

① Lenz의 법칙
② Kirchhoff의 법칙
③ Ohm의 법칙
④ Biot-Savart의 법칙

Answer

37 $V(\text{전압}) = L\dfrac{\text{전류의 변화량}}{\text{시간의 변화량}} = 10 \times \dfrac{5}{1} = 50[\text{V}]$

38 $1[\text{V}] = -N\dfrac{d\Phi}{dt} = -1 \times \dfrac{1}{1} = -1[\text{V}]$

(−의 부호는 유도기전력의 발생방향을 나타내는 것이다)

39 $e = -N\dfrac{\Delta\Phi}{\Delta t}$ 에서 자속의 변화에 의해 유도가전력의 방향을 결정하는 것은 Lenz의 법칙이다.

답 − 37.③ 38.③ 39.①

40 인덕턴스 $L = 0.5[H]$인 코일에 220[V], 60[Hz]의 사인파 전원을 가할 경우 유도이랙턴스 X_L은 얼마인가?

① 15π　　② 30π
③ 45π　　④ 60π

41 "전자유도에 의하여 생긴 기전력의 방향은 그 유도전류가 만든 자속이 원래의 자속의 증가 또는 감소를 방해하는 방향이다."라는 법칙을 만든 사람은?

① 렌츠　　② 패러데이
③ 플레밍　　④ 볼타

42 다음 중 전자유도에 의하여 회로에 유도되는 기전력은 이 회로와 쇄교하는 자속이 증가 또는 감소하는 정도에 비례한다는 법칙은?

① 렌츠의 법칙
② 패러데이의 법칙
③ 키르히호프의 법칙
④ 플레밍의 왼손 법칙

Answer

40 $X_L = wL = 2\pi fL = 2\pi \times 60 \times 0.5 = 60\pi$

41 Lenz의 법칙 $\cdots V = -N\frac{d\Phi}{dt}$

자속변화에 의해 발생하는 유도기전력의 방향을 결정하는 법칙이다.

42 $V = -N\frac{d\Phi}{dt}$

※ 유도기전력의 방향을 결정하는 것은 렌츠의 법칙이고, 유도기전력의 크기를 결정하는 것이 패러데이의 법칙이다.

답 — 40.④ 41.① 42.②

43 다음 중 히스테리시스 곡선에 대한 설명으로 옳지 않은 것은?

① 히스테리시스 곡선 면적이 크면 히스테리시스 손실이 크다.
② 자속밀도가 크면 히스테리시스 손실이 크다.
③ 주파수가 높으면 히스테리시스 손실이 크다.
④ 자성체의 체적이 작으면 히스테리시스 손실이 크다.

44 히스테리시스 손은 최대 자속밀도의 몇 승에 비례하는가?

① 1　　② 1.6
③ 2　　④ 3

45 그림과 같은 히스테리시스의 루프에서 H_c가 나타내는 것은?

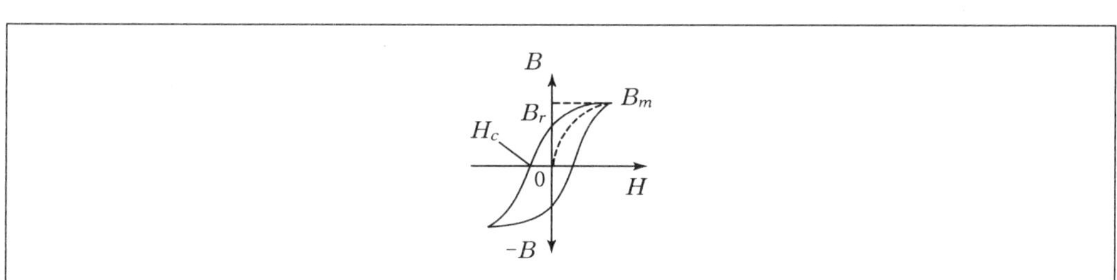

① 잔류자기　　② 보자력
③ 기자력　　④ 자속밀도

Answer

43 히스테리시스 곡선의 특성
㉠ 히스테리시스 손은 최대자속밀도의 1.6곱에 비례하므로 자속밀도가 크면 손실이 증가한다.
㉡ 히스테리시스 손은 주파수에 비례하므로 주파수가 높으면 손실은 증가한다.
㉢ 히스테리시스 곡선의 면적은 체적당 에너지 손실이 되므로 면적이 크면 손실도 크다.
㉣ 히스테리시스 곡선의 종축과 만나는 점은 잔류자기, 횡축과 만나는 점은 보자력을 나타내므로 자성체의 체적이 크면 손실도 커진다.

44 $P=$효율×주파수×(최대 교번자속밀도)$^{1.6}$

45 H_c은 보자력(잔류자기를 없애는 데 필요한 자기장)을, B_r는 잔류자기(자기장이 없을 때의 자속밀도)를 나타낸다.

답 — 43.④ 44.② 45.②

46 히스테리시스 곡선에 있어서 자속밀도가 0이 되도록 역방향으로 가한 자장을 무엇이라 하는가?

① 초투자율　　② 보자력
③ 감자력　　④ 잔류자기

47 자기 인덕턴스가 100[mH], 400[mH]인 코일이 2개가 있다. 이 두 코일 사이에 상호 인덕턴스를 측정한 결과 70[mH]였다면 두 코일의 결합계수는?

① 0.0035　　② 0.035
③ 0.35　　④ 3.5

48 다음 중 자기유도계수를 구하는 방법에 해당되지 않는 것은?

① 자속쇄교법　　② 자기에너지법
③ 스칼라 포텐셜법　　④ 벡터포텐셜법

46 ① 자성체에서 외부로부터 인가되는 자기장의 세기에 대한 자속발생능력을 말한다.
② 코일을 제거하여도 철심에 남아있는 자력의 정도를 말한다.
④ 철심의 자화특성에서 전류를 0으로 하여도 남아있는 자속밀도의 정도를 말한다.

47 결합계수 $k = \dfrac{M}{\sqrt{L_1 L_2}} = \dfrac{70}{\sqrt{100 \times 400}} = 0.35$

48 자기유도계수를 구하는 방법
㉠ 자속쇄교법 : $LI = N\phi$
㉡ 자기에너지법 : $W = \dfrac{1}{2}LI^2$
㉢ 벡터포텐셜법 : $W = \dfrac{1}{2}LI^2 = \dfrac{1}{2}\int A \cdot idv$

답 — 46.③ 47.③ 48.③

49 두 개의 코일의 상호 인덕턴스가 1[H]일 때 한 코일의 전류가 0.1초 동안 10[A]에서 5[A]로 변하였다면 다른 쪽 코일에 발생하는 유도기전력은?

① 10[V] ② 25[V]
③ 30[V] ④ 50[V]

50 코일의 권수가 300회인 코일면에 수직으로 자속 1.2[Wb]가 통과하고 있을 때 이 자속을 0.5초 동안 없애면 코일의 유도기전력은?

① 180[V] ② 360[V]
③ 480[V] ④ 720[V]

51 플레밍의 오른손 법칙에서 둘째 손가락이 가리키는 것은?

① 자력선의 방향 ② 유도기전력의 방향
③ 힘의 방향 ④ 자속의 방향

52 다음 중 플레밍의 왼손 법칙에 의해 기전력이 발생하는 것은?

① 교류 정류기 ② 교류 전동기
③ 교류 용접기 ④ 교류 발전기

Answer

49 $e_2 = M\dfrac{\Delta I_1}{\Delta t} = 1 \times \dfrac{10-5}{0.1} = 50[V]$

50 $e = N\dfrac{\Delta\Phi}{\Delta t} = 300 \times \dfrac{1.2}{0.5} = 720[V]$

51 플레밍의 오른손 법칙에서 엄지는 운동의 방향, 검지는 자속의 방향, 중지는 유도기전력의 방향을 가리킨다.

52 플레밍의 왼손 법칙은 전동기, 오른손 법칙은 발전기에 기전력을 발생시킨다.

답 49.④ 50.④ 51.④ 52.②

53 자속밀도가 5[Wb/m^2] 중 길이 3[m]의 도체가 직각으로 20[m/sec]의 속도로 운동할 경우 도선에 유기되는 기전력은?

① 100[V] ② 200[V]
③ 300[V] ④ 400[V]

54 자기장과 직각으로 놓여진 도체에 5[A]의 전류를 흘릴 경우 3[N]의 힘이 작용하였다면 이 도체를 5[m/sec]의 속도로 자기장과 직각으로 운동시킬 때 발생하는 기전력은?

① 1[V] ② 2[V]
③ 3[V] ④ 4[V]

55 10[mH]의 자기 인덕턴스에 5[A]의 전류가 흘러 $\frac{1}{20}$초 사이에 0이 될 때 기전력은?

① 0.5[V] ② 1[V]
③ 1.5[V] ④ 3[V]

Answer

53 $e = BIv$
$= 5 \times 3 \times 20 = 300[V]$

54 $F = BlI\sin\theta$
$Bl = \frac{F}{I\sin\theta} = \frac{3}{5 \times \sin 90°} = 0.6$
$e = Blv\sin\theta = 0.6 \times 5 \times \sin 90°$
$= 3[V]$

55 $e = L\frac{\Delta I}{\Delta t} = 10 \times 10^{-3} \times \frac{5}{\frac{1}{20}}$
$= 1[V]$

답 — 53.③ 54.③ 55.②

56 코일에 흐르는 전류가 0.6×10^{-3}[sec] 동안 10[A]의 전류를 변화시킬 경우 30[V]의 전압이 발생한다면 자체 인덕턴스의 크기는?

① 1.2×10^{-3}[H] ② 1.6×10^{-3}[H]
③ 1.8×10^{-3}[H] ④ 2.4×10^{-3}[H]

57 권수가 40회인 코일에 5[A]의 전류를 흘렸을 때 10^{-2}[Wb]의 자속이 코일과 쇄교하였다면 자체 인덕턴스의 값은?

① 20[mH] ② 40[mH]
③ 60[mH] ④ 80[mH]

58 권수가 60회인 코일과 쇄교하는 자속이 0.5초 동안 0.3[Wb]에서 0.15[Wb]로 변화하였을 때의 기전력은 얼마인가?

① 7[V] ② 9[V]
③ 14[V] ④ 18[V]

Answer

56 $e=L\dfrac{\Delta I}{\Delta t}$를 자체 인덕턴스 L에 대해 정리하면

$$L=e\frac{\Delta t}{\Delta I}$$

$$=30\times\frac{0.6\times10^{-3}}{10}=1.8\times10^{-3}[\mathrm{H}]$$

57 $$L=\frac{N\Phi}{I}=\frac{40\times10^{-2}}{5}$$

$$=80\times10^{-3}$$

$$=80[\mathrm{mH}]$$

58 $$e=N\frac{\Delta\Phi}{\Delta t}=60\times\frac{(0.3-0.15)}{0.5}=18[\mathrm{V}]$$

답 – 56.③ 57.④ 58.④

59 환상 솔레노이드에 20회의 코일을 감았을 경우의 자체 인덕턴스는 100회 감았을 때의 몇 배인가?

① 25배　　② 5배

③ $\frac{1}{5}$배　　④ $\frac{1}{25}$배

60 자로의 평균길이가 100[cm], 단면적이 10[cm^2], 비투자율이 3,000인 환상 철심에 권수가 2,000회, 3,000회인 두 코일을 감았을 경우의 상호 인덕턴스는?

① 11.3[H]　　② 16.9[H]

③ 22.6[H]　　④ 33.9[H]

Answer

59 $L=\dfrac{\mu A N^2}{l}$에서 $L \propto N^2$이므로

$$L = N^2 = \left(\frac{20}{100}\right)^2 = \frac{1}{25}\text{배}$$

60 $\mu = \dfrac{\mu_0 \mu_R A N_1 N_2}{l}$

$$= \frac{4\pi \times 10^{-7} \times 3{,}000 \times 10 \times 10^{-4} \times 2{,}000 \times 3{,}000}{100 \times 10^{-2}}$$

$= 22.608 ≒ 22.6$[H]

답 — 59.④ 60.③

61 다음 그림과 같이 철심에 A, B 코일이 감겨있다. 전류 I가 150[A/s]로 변화할 때 코일 A에 90[V], 코일 B에 50[V]의 기전력이 유도된 경우, 코일 A의 자기인덕턴스 L1[H]과 상호인덕턴스 M[H]의 값은 얼마인가?

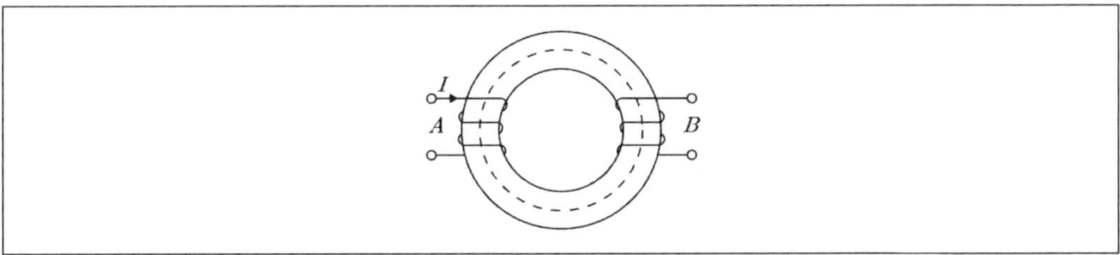

① $L_1 = 0.6,\ M = 0.33$

② $L_1 = 0.8,\ M = 0.52$

③ $L_1 = 0.9,\ M = 0.64$

④ $L_1 = 1.0,\ M = 0.32$

Answer

61 1차측 유기기전력 $e_1 = L_1 \frac{di_1}{dt},\ L_1 = \frac{e_1}{\frac{di_1}{dt}} = \frac{90}{150} = 0.6[H]$

2차측 유기기전력 $e_2 = M\frac{di_1}{dt},\ M = \frac{e_2}{\frac{di_1}{dt}} = \frac{50}{150} = 0.33[H]$

답 — 61.①

자기장

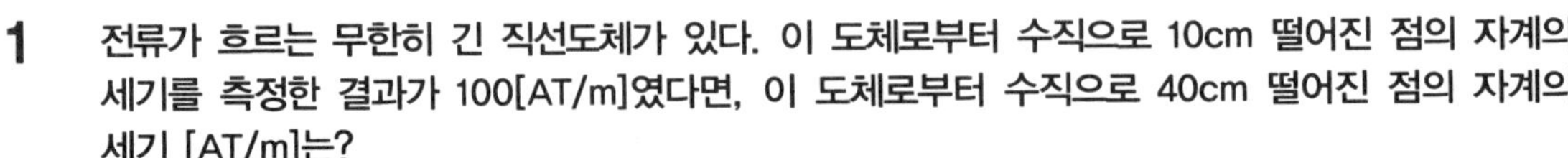

1 전류가 흐르는 무한히 긴 직선도체가 있다. 이 도체로부터 수직으로 10cm 떨어진 점의 자계의 세기를 측정한 결과가 100[AT/m]였다면, 이 도체로부터 수직으로 40cm 떨어진 점의 자계의 세기 [AT/m]는?

① 0 ② 25
③ 50 ④ 100

2 환상 철심에 감은 코일에 5[A]의 전류를 흘리면 200[AT]의 기자력이 발생하도록 한다면 코일의 권수는 얼마인가?

① 5 ② 20
③ 40 ④ 200

3 전자석의 흡인력은 자속밀도를 B라 할 때 어떻게 되는가?

① B에 비례한다. ② B^2에 비례한다.
③ B에 반비례한다. ④ B^2에 반비례한다.

Answer

1 자계의 세기는 거리에 반비례하므로 $\frac{100}{4}$[AT/m] = 25[AT/m]

2 기자력 $F = NI$

$N = \frac{F}{I} = \frac{200}{5} = 40$

3 자기흡인력 $F = \frac{1}{2} \cdot \frac{1}{\mu_0} \cdot B^2 A$[N] ($\mu_0$: 진공의 투자율, B : 자속밀도, A : 단면적)

따라서 자기의 흡인력은 자속밀도의 제곱, 단면적에 비례한다.

답 1.② 2.③ 3.②

4 **반지름이 r [m]인 원형코일에 I [A]의 전류가 흐를 때 코일 중심의 자계는 어떻게 되는가?**

① r에 비례한다. ② r^2에 비례한다.
③ r에 반비례한다. ④ r^2에 반비례한다.

5 **어느 자기장에 의하여 생기는 자기장의 세기를 $\frac{1}{2}$로 하려면 자극으로부터의 거리를 몇 배로 하면 되는가?**

① $\sqrt{2}$배 ② 2배
③ $\frac{1}{\sqrt{2}}$배 ④ $\frac{1}{4}$배

6 **길이 1[m]의 도체를 0.2[Wb/cm^2]의 자기장 중에서 30°의 방향으로 100[m/s]의 속도로 운동하면 몇 [V]의 기전력이 발생하는가?**

① 10[V] ② 50[V]
③ 75[V] ④ 100[V]

Answer

4 원형코일의 자기장의 세기 $H = \frac{NI}{2r}$ [AT/m]이므로 $H \propto \frac{1}{r}$이다.

5 $H = \frac{1}{4\pi\mu_0} \cdot \frac{m}{\mu_R r^2}$ [A/m]

$H = \frac{m}{4\pi\mu r^2}$

$\frac{1}{2} = \frac{1}{r^2}$이므로

$r^2 = 2,\ r = \sqrt{2}$

6 $e = Blv\sin\theta = 0.2 \times 1 \times 100 \times \sin 30° = 10$[V]

답 4.③ 5.① 6.①

7 2×10^{-2}[Wb], 5×10^{-2}[Wb]인 두 자극이 비투자율이 10인 매질 중에서 10[cm]의 거리에 있을 때 두 자극 사이에 작용하는 힘 [N]은?

① 0.633[N]　② 6.33[N]
③ 63.3[N]　④ 633[N]

8 다음 중 반지름 20[cm], 권수 30회인 원형코일에 2[A]의 전류를 흘릴 때 코일 중심의 자기장의 세기 [AT/m]는?

① 90[AT/m]　② 120[AT/m]
③ 150[AT/m]　④ 180[AT/m]

9 길이가 1[cm], 권수가 50인 솔레노이드에 10[mA]의 전류를 흘릴 때 내부 자계의 세기 [AT/m]는?

① 50　② 30
③ 20　④ 10

Answer

7 $F=k\frac{m_1 m_2}{r^2}=\frac{1}{4\pi\mu_0\mu_R}\cdot\frac{m_1 m_2}{r^2}$

$=\frac{1}{4\pi\times4\pi\times10^{-7}\times10}\cdot\frac{2\times10^{-2}\times5\times10^{-2}}{0.1^2}\fallingdotseq 633[\text{N}]$

8 $H=\frac{NI}{l}=\frac{30\times2}{0.2\times2}=150[\text{AT/m}]$

9 $H=\frac{NI}{l}=\frac{50\times10\times10^{-3}}{1\times10^{-2}}=50[\text{AT/m}]$

답 – 7.④ 8.③ 9.①

10 무한장 직선전류에서 5[cm] 떨어진 점의 자장의 세기가 3[AT/m]였다면 전류의 크기는 얼마인가?

① 0.54[A] ② 0.94[A]

③ 1.54[A] ④ 19.4[A]

11 자기회로의 길이 l [m], 단면적 A [m], 투자율 μ [H/m]일 때 자기저항 [AT/Wb]은?

① $R=\frac{A}{\mu l}$ ② $R=\frac{l}{\mu A}$

③ $R=\frac{\mu A}{l}$ ④ $R=\frac{\mu l}{A}$

12 자속밀도의 단위는 다음 중 어느 것인가?

① [Wb/m^2] ② [Wb]

③ [AT/Wb] ④ [Wb · m]

Answer

10 $H=\frac{I}{2\pi r}$ 에서 $3=\frac{I}{2\pi\times5\times10^{-2}}$

$I=2\pi\times5\times10^{-2}\times3=0.942$[A]

11 자기저항 … 자기회로의 길이에 비례하고, 자기회로의 단면적과 투자율의 곱에 반비례한다.

$R=\frac{l}{\mu A}=\frac{NI}{\Phi}$ [AT/Wb]

12 자속밀도의 단위 … [Wb/m^2], [T]

답 10.② 11.② 12.①

13 다음 자석의 성질에 대한 설명 중 옳지 않은 것은?

① 흡인력은 자석의 양끝인 극쪽이 제일 강하다.
② 두 자극이 가지는 자기량은 동일하다.
③ 자석은 항상 두 종류의 극성을 지니고 있다.
④ 같은 극성끼리 흡인력이 작용한다.

14 비투자율이 4,000인 매질에서 자기장의 세기가 1,000[AT/m]인 지점의 자속밀도는?

① 2[Wb/m^2]　② 5[Wb/m^2]
③ 7[Wb/m^2]　④ 10[Wb/m^2]

15 공기 중의 자기장의 크기가 20[AT/m]인 점에 6×10^{-3}[H]의 자극을 가할 때 이 자극에 작용하는 자기력은 얼마인가?

① 0.06[N]　② 0.08[N]
③ 0.12[N]　④ 0.16[N]

16 공기 중에 20[cm]의 거리에 있는 두 자극의 세기가 각각 5.0×10^{-3}[Wb], 7.0×10^{-3}[Wb]일 때 두 자극 사이에 작용하는 힘은?

① 43[N]　② 55[N]
③ 98[N]　④ 100[N]

Answer

13 ④ 자석은 같은 극끼리는 반발력이, 다른 극끼리는 흡인력이 작용한다.

14 $B=\mu_0\,\mu_R H= 4\pi\times10^{-7}\times4{,}000\times1{,}000=5.024 \fallingdotseq 5[\mathrm{Wb/m^2}]$

15 $F=mH=6\times10^{-3}\times20=0.12[\mathrm{N}]$

16 $F=\dfrac{m_1\,m_2}{4\pi\mu_0\,r^2}=\dfrac{5\times10^{-3}\times7\times10^{-3}}{4\pi\times4\pi\times10^{-7}\times(20\times10^{-2})^2}$

$=\dfrac{0.000035}{0.00001577536\times0.04}=\dfrac{0.000035}{0.00000063101}=55.46 \fallingdotseq 55[\mathrm{N}]$

답 ─ 13.④ 14.② 15.③ 16.②

17 진공 중의 비투자율은?

① 0.1　　② 1
③ 10^2　　④ ∞

18 자기장의 세기가 50[AT/m]인 점의 자극을 높였을 때 60[N]의 힘이 작용했다면 자극의 세기는?

① 1[Wb]　　② 1.2[Wb]
③ 2[Wb]　　④ 5[Wb]

19 공심 솔레노이드의 내부 자기장의 세기가 5,000[AT/m]일 때 자속밀도는? (단, 비투자율 $\mu_R = 1$)

① 5.02×10^{-3}[Wb/m²]　　② 6.28×10^{-3}[Wb/m²]
③ 10.4×10^{-3}[Wb/m²]　　④ 12.5×10^{-3}[Wb/m²]

20 자기장 내 철심을 넣으니 철 내부 자기장의 세기가 600[AT/m]이었다. 철 내부의 자속밀도가 0.314[Wb/m²]일 때 철의 비투자율은?

① 390　　② 416
③ 512　　④ 620

Answer

17 진공 중의 비투자율은 1이다.

18 $F = mH$에서 $m = \frac{F}{H} = \frac{60}{50} = 1.2$[Wb]

19 $B = \mu_0 \mu_R H = 4\pi \times 10^{-7} \times 1 \times 5{,}000 = 0.00628 = 6.28 \times 10^{-3}$ [Wb/m²]

20 $B = \mu_0 \mu_R \mathrm{H}$

$$\mu_R = \frac{B}{\mu_0 H} = \frac{0.314}{4\pi \times 10^{-7} \times 600} = 416$$

답 17.② 18.② 19.② 20.②

21 자기저항이 200[AT/Wb]인 회로에 600[AT]의 기자력을 가할 때 발생하는 자속은?

① 1[Wb] ② 2[Wb]
③ 3[Wb] ④ 4[Wb]

22 단면적이 9[cm^2]인 자로에 공극이 2[mm]일 때 자기저항은? (단, $\mu_R=1$)

① 1.77 ② 1.77×10^3
③ 1.77×10^6 ④ 1.77×10^{-6}

23 자속밀도 0.5[Wb/m^2]인 자로의 공극이 갖는 단위 체적당 에너지 [J/m^2]는?

① 10^5 ② 2×10^5
③ 5×10^5 ④ 7×10^5

24 자속밀도 B [Wb/m^2], 자장의 세기 H [AT/m]인 자장 내에 단위 부피마다 축적되는 에너지 [J/m^2]는?

① BH ② $\frac{BH}{2}$
③ $\frac{\mu H}{2}$ ④ $\frac{1}{2}\mu B^2$

Answer

21 $\Phi=\frac{F}{R}=\frac{600}{200}=3$[Wb]

22 $R=\frac{l}{\mu_0\mu_R A}=\frac{2\times10^{-3}}{4\pi\times10^{-7}\times9\times10^{-4}}=\frac{0.002}{0.00000000113}\fallingdotseq1.77\times10^6$

23 단위 체적당 에너지$=\frac{(\text{자속밀도})^2}{2\times\text{투자율}}=\frac{0.5^2}{2\times4\pi\times10^{-7}}\fallingdotseq10^5$[J/m^2]

24 $W=\frac{\text{자속밀도}\times\text{자기장}}{2}=\frac{BH}{2}=\frac{\mu H^2}{2}=\frac{B^2}{2\mu}$

답 – 21.③ 22.③ 23.① 24.②

25 자기 인덕턴스 1[H]의 코일에 10[A]의 전류를 흘렸을 때 축적되는 에너지는?

① 25[J] ② 50[J]
③ 75[J] ④ 100[J]

26 자기장의 세기가 10^5[AT/m]의 공기 중에서 길이가 40[cm]의 도체를 자기장과 직각으로 25[m/s]의 속도로 이동시켰을 때 발생하는 유기기전력은?

① 2.83[V] ② 4.85[V]
③ 3.27[V] ④ 1.26[V]

27 1[Wb/m^2]의 자기장 내에 길이 40[cm]의 도선을 자기장과 직각으로 놓고 v [m/s]의 속도로 이동할 때 생기는 기전력이 7.2[V]였다면 속도 v [m/s]는?

① 8 ② 12
③ 16 ④ 18

28 길이 0.5[m]의 쇠막대가 자속밀도 1[Wb/m^2]인 자기장과 직각방향으로 25[m/s]로 이동할 때 유기기전력은 얼마인가?

① 1.25[V] ② 50[V]
③ 12.5[V] ④ 125[V]

Answer

25 $W=\frac{1}{2}LI^2=\frac{1}{2}\times1\times10^2=50[J]$

26 $B=\mu H=\mu_0\mu_R H=4\pi\times10^{-7}\times1\times10^5=0.1256[Wb/m^2]$

$V=Blv\sin\theta=0.1256\times40\times10^{-2}\times25\times1\fallingdotseq1.26[V]$

27 전압 $V=Blv(\text{속도})\times\sin\theta$

$$v=\frac{V}{Bl\sin\theta}=\frac{7.2}{1\times40\times10^{-2}\times1}=18[m/s]$$

28 전압 $V=Blv\sin\theta=1\times0.5\times25\times1=12.5[V]$

답 25.② 26.④ 27.④ 28.③

29 다음은 자석의 성질에 관한 사항들이다. 이 중 바르지 않은 것은?

① 자석의 같은 극끼리는 서로 반발하고 다른 극끼리는 끌어당긴다.
② 자력선은 N극에서 나와 S극으로 향한다.
③ 자력이 강할수록 자기력선의 수가 많다.
④ 자석은 고온이 되면 자력이 증가한다.

30 공기 중에서 자속밀도가 3[Wb/m²]인 평등 자기장 중에 길이 10[cm]의 직선 도선을 자기장의 방향과 직각으로 놓고 여기에 4[A]의 전류를 흐르게 하면 도선이 받은 힘은 얼마가 되겠는가?

① 1.2[N]
② 2.4[N]
③ 3[N]
④ 12[N]

31 [Ohm · sec]와 같은 단위는 다음 중 어느 것인가?

① [F]
② [F/m]
③ [H]
④ [H/m]

Answer

29 자석의 성질
㉠ 자석에는 N극과 S극이 있다.
㉡ 자석의 같은 극끼리는 서로 반발하고 다른 극끼리는 끌어당긴다.
㉢ 자극은 자력선부터 나온다.
㉣ 자력선은 N극에서 나와 S극으로 향한다.
㉤ 자력이 강할수록 자기력선의 수가 많다.
㉥ 발생되는 자기력선은 아무리 사용해도 기본적으로 감소하지 않는다.
㉦ 자기력선은 비자성체를 투과한다.
㉧ 자기력선에는 고무줄과 같은 장력이 존재한다.
㉨ 자석은 고온이 되면 자력이 감소되고 저온이 되면 자력이 증가한다.
㉩ 자석은 임계온도 이상으로 가열하면 자석의 성질이 없어진다.

30 $F = BlI\sin\theta = 3 \times 10 \times 10^{-2} \times 4 \times 1 = 1.2[\mathrm{N}]$

31 $e = \dfrac{\text{전압} \times \text{시간의 변화량}}{\text{전류의 변화량}} = \dfrac{V \cdot s}{I}[\mathrm{Ohm \cdot sec}]\left(R = \dfrac{V}{I}\text{이므로}\right)$

답 29.④ 30.① 31.③

32 다음은 MKS단위와 CGS단위를 짝지은 것이다. 이 중 서로 다른 것을 의미하는 것끼리 짝지은 것은?

① 1[C] : 3 × 10^9[esu]
② 1[tesla] : 10^4[gauss]
③ 1[wb] : 10^4[maxwell]
④ 1[A] : 3 × 10^9[sec]

33 공기 중에 간격이 r [cm]인 2개의 평행도선이 있다. 각 도선에 20[A]의 전류가 흐를 때 도선 1[km]에 작용하는 힘이 0.16[N]이었다면 두 도선의 거리 [m]는?

① 1
② 0.8
③ 0.5
④ 0.3

34 공기 중에서 길이 1[m]의 두 도선이 1[m]의 거리에서 평행으로 놓였을 때 작용하는 힘이 18×10^{-7}[N]이었다. 두 도선에 같은 크기의 전류가 흐르고 있다면 전류는 몇 [A]인가?

① 1[A]
② 2[A]
③ 3[A]
④ 4[A]

Answer

32 1[wb] = 10^8[emu] = 10^8[maxwell]
1[C] = 3 × 10^9[esu] = 0.1[emu]

33

$$F=\frac{2I_1 I_2 l}{r}\times 10^{-7}$$

$$r=\frac{2I_1 I_2 l\times 10^{-7}}{F}=\frac{2\times 20\times 20\times 1{,}000\times 10^{-7}}{0.16}=0.5[\text{m}]$$

34

$$F=\frac{2I_1 I_2 l}{r}\times 10^{-7}$$

$$I_1 I_2=\frac{F\cdot r}{2\times 10^{-7}}=\frac{18\times 10^{-7}\times 1}{2\times 10^{-7}}=9$$

$$I_1=I_2$$

$$I=\sqrt{9}=3[\text{A}]$$

답 32.③ 33.③ 34.③

35 두 평행 도선의 거리를 $\frac{1}{2}$배로 하면 두 도선 사이에 작용하는 힘은 몇 배가 되는가?

① $\frac{1}{4}$배　② $\frac{1}{2}$배
③ 4 배　④ 2 배

36 단면적이 6[cm^2]인 자로에 길이 1[mm]의 공극(갭)이 있을 때 자기저항은?

① 1.33×10^6[AT/Wb]　② 1.33×10^5[AT/Wb]
③ 1.33×10^7[AT/Wb]　④ 1.33×10^8[AT/Wb]

37 막대모양의 철심이 있다. 단면적은 0.5[m^2], 길이 31.4[cm]이며, 철심의 비투자율이 20이다. 이 철심의 자기저항은?

① 1.2×10^4[AT/Wb]　② 2.5×10^4[AT/Wb]
③ 1.2×10^5[AT/Wb]　④ 3.4×10^5[AT/Wb]

Answer

35 $F=\frac{2I_1 I_2}{r}\times10^{-7}$

거리에 반비례하므로 2배가 된다.

36 $R=\frac{\text{길이}}{\text{투자율}\times\text{단면적}}=\frac{1\times10^{-3}}{4\pi\times10^{-7}\times6\times10^{-4}}\fallingdotseq1.33\times10^6$[AT/Wb]

37 $R=\frac{l}{\mu_0\mu_R A}=\frac{31.4\times10^{-2}}{4\pi\times10^{-7}\times20\times0.5}=2.5\times10^4$[AT/Wb]

답 35.④ 36.① 37.②

38 자기저항 2,300[AT/Wb]의 회로에서 40,000[AT]의 기자력을 가할 때 생기는 자속은 얼마나 되는가?

① 1.7[Wb]　　② 26.4[Wb]
③ 17.4[Wb]　　④ 2.64[Wb]

39 길이 10[cm]의 균일한 자기회로에 도선을 200회 감고 2[A]의 전류를 흘릴 때 자기회로의 자기장의 세기 [AT/m]는?

① 200　　② 400
③ 600　　④ 4,000

40 전기회로와 자기회로의 대응관계를 나타낸 것으로 옳지 않은 것은?

① 기자력 $F \leftrightarrow$ 기전력 E　　② 자속 $\Phi \leftrightarrow$ 전류 I
③ 자기저항 $R \leftrightarrow$ 전기저항 R　　④ 투자율 $\mu \leftrightarrow$ 고유저항 ρ

41 길이 L [m], 단면적 A [m²], 비투자율 μ_R 인 자기회로의 자기저항 [AT/Wb]를 구하는 공식은 다음 중 어느 것인가?

① $\dfrac{l}{\mu_0 \mu_R A}$　　② $\dfrac{A}{\mu_0 \mu_R l}$
③ $\dfrac{\mu_0 \mu_R l}{A}$　　④ $\dfrac{\mu_0 \mu_R A}{l}$

Answer

38 $\Phi\,(\text{자속}) = \dfrac{\text{기자력}}{\text{자기저항}} = \dfrac{40,000}{2,300} \fallingdotseq 17.4[\text{Wb}]$

39 자기장 $H = \dfrac{\text{코일의 감은 권수} \times \text{전류}}{\text{길이}} = \dfrac{200 \times 2}{10 \times 10^{-2}} = 4,000[\text{AT/m}]$

40 투자율 ↔ 도전율

41 $R = \dfrac{\text{길이}}{\text{투자율} \times \text{단면적}} = \dfrac{l}{\mu_0 \mu_R A}$

투자율 μ = 진공투자율 × 비투자율 = $\mu_0 \mu_R$

답 – 38.③ 39.④ 40.④ 41.①

42 다음 중 자기저항의 단위는?

① [Wb/AT] ② [Ω]
③ [℧] ④ [AT/Wb]

43 50회 감은 코일에 10[A]의 전류를 흐르게 할 때 기자력은 얼마인가?

① 5[AT] ② 60[AT]
③ 500[AT] ④ 1,000[AT]

44 다음 중 평균길이 1[m], 권수 100회의 솔레노이드 코일에 비투자율이 1,000인 철심을 넣고 자속밀도가 0.1[Wb/m²]를 얻기 위해서 코일에 흘려야 할 전류 [A]는?

① 0.2 ② 0.4
③ 0.6 ④ 0.8

45 단면적 5[cm²], 길이 1[m], 비투자율이 10^3인 환상철심에 600회의 권선을 행하고 이것에 0.5[A]의 전류를 흐르게 한 경우의 기자력은?

① 100[AT] ② 200[AT]
③ 300[AT] ④ 400[AT]

Answer

42 자기저항 $= \dfrac{\text{기자력}}{\text{자속}}$ [AT/Wb]

43 $F = NI = 50 \times 10 = 500$[AT]

44 $H = NI =$ 단위길이당 코일의 감은 권수×전류

$B = \mu_0 \mu_R H = \mu_0 \mu_R NI$

$$I = \frac{B}{\mu_0 \mu_R N} = \frac{0.1}{4\pi \times 10^{-7} \times 1{,}000 \times 100} = 0.8[\text{A}]$$

45 $F = NI = 600 \times 0.5 = 300$[AT]

답 — 42.④ 43.③ 44.④ 45.③

46 자장 속에 어떤 철심을 넣었더니 철 내부의 자장의 세기가 600[AT/m]이었다. 이때 철 내부의 자속밀도가 0.3[Wb/m^2]이라면 철심의 비투자율은 얼마인가?

① 216　　② 278
③ 321　　④ 398

47 자계의 세기 $H = 2{,}000$[AT/m]이고, 자속밀도 $B = 0.5$[Wb/m^2]일 때 철심의 투자율은 얼마인가?

① 2.5×10^{-4}[H/m]　　② 4×10^3[H/m]
③ 10×10^2[H/m]　　④ 10×10^3[H/m]

48 비투자율이 800, 단면적이 25[cm^2]인 환상철심에 500[AT/m]의 자기장을 가할 때 전자속은?

① 12.56×10^4[Wb]　　② 12.56×10^{-4}[Wb]
③ 15.26×10^4[Wb]　　④ 15.26×10^{-4}[Wb]

Answer

46 $B = \mu_0 \mu_R H$

$$\mu_R = \frac{B}{\mu_0 H} = \frac{0.3}{4\pi \times 10^{-7} \times 600} = 398$$

47 $B = \mu H$

$$\mu = \frac{B}{H} = \frac{0.5}{2{,}000} = 2.5 \times 10^{-4}\,[\text{H/m}]$$

48 $B = \mu H = \mu_0 \mu_S H = 4\pi \times 10^{-7} \times 800 \times 500 = 5.024 \times 10^{-1}\,[\text{Wb/m}^2]$

Φ = 자속밀도×단면적 $= 25 \times 10^{-4} \times 5.024 \times 10^{-1} = 12.56 \times 10^{-4}$ [Wb]

답 46.④ 47.① 48.②

49 다음과 같은 환상 솔레노이드의 평균 길이 l 이 40[cm]이고, 감은 횟수가 200회일 때 0.5[A]의 전류를 흘리면 자기장의 세기는 얼마인가?

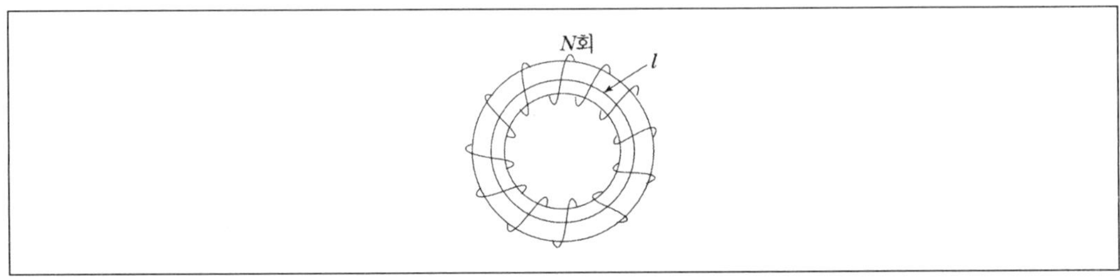

① 125[AT/m] ② 150[AT/m]
③ 200[AT/m] ④ 250[AT/m]

50 무한히 긴 직선 도선에 40[A]의 전류가 흐르고 있을 때 생기는 자장의 세기가 20[AT/m]인 점은 도선으로부터 얼마나 떨어져 있는가?

① 10[cm] ② 30[cm]
③ 50[cm] ④ 100[cm]

51 철심을 넣은 평균 반지름이 20[cm]인 환상 솔레노이드에 10[A]의 전류를 통하여 내부 자장의 세기를 1,000[AT/m]로 하려고 할 때 코일의 권수는?

① 126 ② 250
③ 500 ④ 800

Answer

49 $H=\frac{NI}{2\pi r}=\frac{NI}{l}=\frac{200\times0.5}{40\times10^{-2}}=250[\text{AT/m}]$

50 $H=\frac{I}{2\pi r}$ 에서 r에 대해 정리하면

$r=\frac{I}{H\cdot2\pi}=\frac{40}{20\times2\pi}=0.3[\text{m}]$

51 $H=\frac{NI}{2\pi r}$ 에서 N에 대해 정리하면 $N=\frac{H2\pi r}{I}=\frac{1,000\times2\pi\times20\times10^{-2}}{10}\fallingdotseq126$

답 49.④ 50.② 51.①

52 길이 1[cm]당 5회 감은 무한장 솔레노이드가 있다. 여기에 전류를 흘렸을 경우 솔레노이드 내부 자장의 세기가 100[AT/m]이었다면 솔레노이드에 흐른 전류는 얼마인가?

① 0.1[A] ② 0.2[A]
③ 0.3[A] ④ 2[A]

53 다음 중 무한장 직선 도선에서 50[cm] 떨어진 점의 세기가 100[AT/m]일 때 도선에 흐르는 전류 [A]는 얼마인가?

① 63.7[A] ② 157[A]
③ 31.8[A] ④ 314[A]

54 다음 금속 중 자화강도가 가장 큰 금속(강자성체)은?

① 코발트 ② 알루미늄
③ 망간 ④ 은

Answer

52 1[cm]당 5회이므로 $N=500$

$H=NI$에서 I에 대해 정리하면 $I=\frac{H}{N}=\frac{100}{500}=0.2[\text{A}]$

53 $H=\frac{I}{2\pi r}[\text{AT/m}]$

$I=H2\pi r=100\times2\times3.14\times0.5=314[\text{A}]$

54 강자성체 : 상자성체 중 자화강도가 큰 금속 (철, 니켈, 코발트)
상자성체 : 자석에 접근시킬 때 반대의 극이 생겨 서로 당기는 금속 (알루미늄, 망간, 텅스텐)
반자성체 : 자석에 접근시킬 때 같은 극이 생겨 서로 반발하는 금속 (금, 은, 구리, 비스무트, 안티몬)

답– 52.② 53.④ 54.①

55 다음 중 자기쌍극자에 의한 자계의 공식으로 바른 것은?

① $H=\dfrac{2M}{\pi\mu_0 r^3}\sqrt{1+3\cos^2\theta}\,[AT/m]$

② $H=\dfrac{M}{2\pi\mu_0 r^3}\sqrt{1+3\cos^2\theta}\,[AT/m]$

③ $H=\dfrac{M}{3\pi\mu_0 r^2}\sqrt{1+\cos^2\theta}\,[AT/m]$

④ $H=\dfrac{M}{4\pi\mu_0 r^3}\sqrt{1+3\cos^2\theta}\,[AT/m]$

56 권수 450회이고 평균 반지름 25[cm]인 원형 코일에 전류를 흘렸을 때 코일 중심의 자계의 세기는 3,000[AT/m]이었다고 한다. 이때 코일에 흐르는 전류는 얼마인가?

① 5[A]　　② 15[A]
③ 3.3[A]　　④ 9.9[A]

57 반지름이 3[cm]이고, 권수가 2회인 원형 코일에 1[A]의 전류가 흐르고 있을 때 이 코일의 중심에서 축 위쪽 4[cm]인 점의 자장의 세기는 얼마인가?

① 72[AT/m]　　② 27[AT/m]
③ 7.2[AT/m]　　④ 2.7[AT/m]

Answer

55 자기쌍극자에 의한 자계 ⋯ $H=\dfrac{M}{4\pi\mu_0 r^3}\sqrt{1+3\cos^2\theta}\,[AT/m]$

56 원형코일의 전류 $H=\dfrac{NI}{2a}$

$I=\dfrac{H\cdot 2a}{N}=\dfrac{3,000\times2\times25\times10^{-2}}{450}\fallingdotseq 3.3[A]$

57 $H=\dfrac{NIr^2}{2(a^2+r^2)^{\frac{3}{2}}}=\dfrac{2\times1\times(0.03)^2}{2(0.04^2+0.03^2)^{\frac{3}{2}}}=7.2[AT/m]$

답 55.④ 56.③ 57.③

58 다음 중 전류 I [A]에 대한 점 P의 자계 H [A/m]의 방향이 바르게 표시된 것은?

①
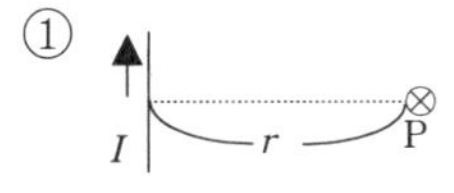

②
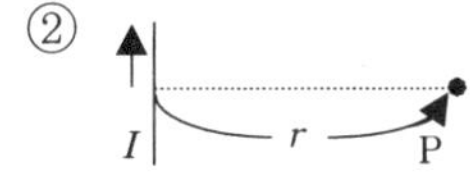

③
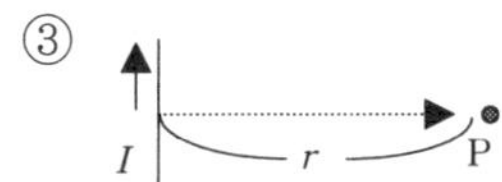

④
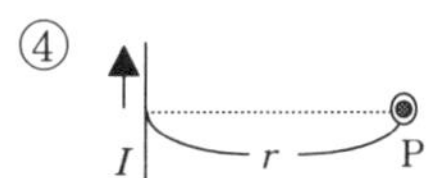

59 다음 중 지름이 1[m]이고, 권수 1회인 원형 코일에 1[A]의 전류가 흐를 때 중심 자장의 세기는 몇 [AT/m]인가?

① 1　　② 2

③ 3　　④ 4

60 자기모멘트 $M[Wb \cdot m]$ 인 막대자석이 평등자계 $H[A/m]$ 내에 자계의 방향과 θ 의 각도로 놓여있을 때 이것에 작용하는 회전력 $T[N \cdot m/rad]$ 의 크기는?

① $MHsin\theta$　　② $MH^2\cot\theta$

③ $MHtan\theta$　　④ $M^2Hcos\theta$

Answer

58 자속의 방향은 ⊗ 들어가는 방향, ◉ 나가는 방향으로 표시한다.

59 $H = \frac{NI}{2a} = \frac{1 \times 1}{2 \times 0.5} = 1[\mathrm{AT/m}]$

60 막대자석에 의한 회전력의 크기 : $T = mlHsin\theta = MHsin\theta$

답 — 58.① 59.① 60.①

61 다음 중 비오-사바르의 법칙을 바르게 나타낸 것은?

① $\Delta H = \dfrac{I\Delta l\sin\theta}{4\pi r}$　　② $\Delta H = \dfrac{I\Delta l\sin\theta}{4\pi r^2}$

③ $\Delta H = \dfrac{I\Delta l\cos\theta}{4\pi r}$　　④ $\Delta H = \dfrac{I\Delta l\cos\theta}{4\pi r^2}$

62 자침이 지시하는 방향은?

① 자북(磁北)　　② 진북(眞北)

③ 도북(図北)　　④ 지구자장(地球磁場)

63 평등자장 내에 자기 모멘트가 4[Wb · m]의 자석이 자장과 30°의 각도로 놓여 있을 때 80[N · m]의 회전력을 받았다. 자장의 세기 [AT/m]는?

① 20　　② 40

③ 120　　④ 240

64 자극의 세기가 4×10^{-3}[Wb]인 막대자석의 모멘트가 16×10^{-5}[Wb/m]일 때 막대자석의 길이[cm]는 얼마인가?

① 14　　② 4

③ 40　　④ 400

Answer

61 비오-사바르의 법칙 … $\Delta H = \dfrac{I\Delta l}{4\pi r^2} sin\theta$ [A/m]

62 자침 … 바늘 모양의 영구자석을 자유로이 회전할 수 있도록 한 것으로 자기장의 방향 및 세기 측정에 사용한다. 자침의 방향은 항상 북쪽을 가리킨다.

63 $T = MH\sin\theta$

$H = \dfrac{T}{M\sin\theta} = \dfrac{80}{4\times0.5} = 40$[AT/m]

64 $M = ml$에서 l에 대해 정리하면 $l = \dfrac{M}{m} = \dfrac{16\times10^{-5}}{4\times10^{-3}} = 4$[cm]

답 — 61.② 62.① 63.② 64.②

65 다음 중 자기모멘트의 단위는 어느 것인가?

① [Wb] ② [Wb · m]
③ [AT/m] ④ [N · m]

66 비투자율이 μ_R 인 물체에서 자극의 세기가 m [Wb]인 점자극으로부터 나오는 총 자력선의 수는 얼마인가?

① $\dfrac{m}{\mu_0 \mu_R}$ ② $\dfrac{m\mu_R}{\mu_0}$
③ $\mu_0 \mu_R m$ ④ $\mu_R m$

67 자장의 세기가 10[AT/m]인 점에 자극을 놓았을 때 50[N]의 힘이 작용하였다. 이 자극의 세기 [Wb]는 얼마인가?

① 5 ② 10
③ 15 ④ 25

68 3×10^{-3}[Wb]의 N극과 6×10^{-3}[Wb]의 S극이 공기 중에서 6[m]의 거리에 놓였을 때 두 극의 중앙점의 자계의 세기는 얼마인가?

① 21.1[AT/m] ② 42.2[AT/m]
③ 63.3[AT/m] ④ 86.6[AT/m]

Answer

65 자기모멘트 … 자극의 자기량과 자극간의 거리와의 곱을 나타낸 것으로 단위는 [Wb · m]를 사용한다.

66 자기력선 수 $N_0 = \dfrac{m}{\mu_0 \mu_R}$ (μ_0 : 투자율)

67 자기장 $F = Hm$, $m = \dfrac{F}{H} = \dfrac{50}{10} = 5$[Wb]

68 $H = H_1 + H_2 = \dfrac{6.33\times10^4 \times 3\times10^{-3}}{3^2} + \dfrac{6.33\times10^4 \times 6\times10^{-3}}{3^2} = 21.1 + 42.2 = 63.3$[AT/m]

답 — 65.② 66.① 67.① 68.③

69 MKS 단위계에서 자장의 세기의 단위는?

① [AT/m]
② [AT/Wb]
③ [Wb/m^2]
④ [AT]

70 m [Wb]의 점자극에서 r [m] 떨어진 점의 자계의 세기는 공기 중에서 얼마인가?

① $\frac{m}{r^2}$ [AT/m]
② $\frac{m}{4\pi r^2}$ [AT/m]
③ $6.33\times10^4\times\frac{m}{r^2}$ [AT/m]
④ $\frac{m}{4\pi r}$ [AT/m]

71 자극의 세기가 10[Wb], 길이가 20[cm]의 막대자석의 자기모멘트는 얼마인가?

① 2[Wb · cm]
② 20[Wb · cm]
③ 2[Wb · m]
④ 20[Wb · m]

72 다음 중 공기 중에서 1[cm]의 거리에 있는 부호가 같은 두 자극의 세기가 6×10^{-4}[Wb]이면 자기력은 몇 [N]인가?

① 2.28[N]의 흡인력
② 6.67[N]의 흡인력
③ 2.28[N]의 반발력
④ 6.67[N]의 반발력

Answer

69 ② 자기저항의 단위
③ 자속밀도의 단위
④ 기자력의 단위

70 자기장의 세기 $H=\frac{1}{4\pi\mu_0}\times\frac{m}{r^2}=6.33\times10^4\times\frac{m}{r^2}$ [AT/m]

71 자기쌍극자모멘트 M= 전자극×길이 $=10\times20\times10^{-2}=2$[Wb · m]

72 $F=6.33\times10^4\times\frac{6\times10^{-4}\times6\times10^{-4}}{1\times10^{-2}}\fallingdotseq 2.28$[N]

답 — 69.① 70.③ 71.③ 72.③

73 진공속의 투자율 μ_0 [H/m]는 얼마인가?

① 6.33×10^4　② 8.855×10^{-12}
③ 9×10^9　④ $4\pi\times10^{-7}$

74 공기 속에서 1.6×10^{-4}[Wb]와 2×10^{-3}[Wb]의 두 자극 사이에 작용하는 힘이 12.66[N]이었다. 두 자극 사이의 거리는 몇 [cm]인가?

① 4[cm]　② 3[cm]
③ 2[cm]　④ 1[cm]

75 두 자극 사이에 작용하는 힘을 나타내는 식으로 옳은 것은?

① $9\times10^9\dfrac{m_1 m_2}{\mu_R r^2}$　② $6.33\times10^4\dfrac{m_1 m_2}{\mu_R r^2}$
③ $9\times10^9\dfrac{m}{\mu_R r^2}$　④ $6.33\times10^4\dfrac{m}{\mu_R r^2}$

Answer

73 진공 투자율 $\mu_0 = 4\pi\times10^{-7} = 1.256\times10^{-6}$[H/m]
진공 유전율 $\epsilon_0 = 8.555\times10^{-12}$[H/m]

74
$$F = 6.33\times10^4\times\frac{m_1 m_2}{r^2}$$
$$r^2 = \frac{6.33\times10^4\times m_1 m_2}{F} = \frac{6.33\times10^4\times1.6\times10^{-4}\times2\times10^{-3}}{12.66}$$
$$= 0.0016 = 16\times10^{-4}$$
$$= \sqrt{16\times10^{-4}}$$
$$= 4\times10^{-2}[\text{m}]$$
$$= 4[\text{cm}]$$

75 두 자극 사이의 힘
$$F = \frac{m_1 m_2}{4\pi\mu r^2}$$
$$= \frac{1}{4\pi\mu_0}\cdot\frac{m_1 m_2}{\mu_R r^2} = \frac{1}{4\pi\times4\pi\times10^{-7}}\cdot\frac{m_1 m_2}{\mu_R r^2} = 63,325.7\times\frac{m_1 m_2}{\mu_R r^2}$$
$$= 6.33\times10^4\times\frac{m_1 m_2}{\mu_R r^2}$$

답 – 73.④ 74.① 75.②

76 다음 중 두 자극 사이에 작용하는 힘의 크기를 설명한 것으로 옳은 것은?

① 두 자극의 세기의 곱에 비례하고, 두 자극 사이의 거리의 제곱에 반비례한다.
② 두 자극의 세기의 곱에 비례하고, 두 자극 사이의 거리의 제곱에 비례한다.
③ 두 자극의 세기의 곱에 반비례하고, 두 자극 사이의 거리의 제곱에 비례한다.
④ 두 자극의 세기의 곱에 반비례하고, 두 자극 사이의 거리의 제곱에 반비례한다.

77 쿨롱의 법칙을 바르게 나타낸 식은? (단, F : 힘 [N], K : 상수, $m_1 \cdot m_2$: 자극의 세기 [Wb], r : 점 자극 사이의 거리 [m])

① $F = r^2 \dfrac{m_1 m_2}{K}$　　② $F = K \dfrac{r^2}{m_1 m_2}$
③ $F = K \dfrac{m_1 m_2}{r^2}$　　④ $F = r \dfrac{K^2}{m_1 m_2}$

78 자석의 N극 부분에 작은 물체를 놓았더니 가까운 곳에 N극, 먼 곳에 S극이 유도되었다. 이렇게 자화되는 물체를 무엇이라 하는가?

① 상자성체　　② 반자성체
③ 강자성체　　④ 약자성체

Answer

76 $F = 6.33 \times 10^4 \times \dfrac{m_1 m_2}{r^2}$

77 두 점 자극 사이에 작용하는 힘 $F = K \dfrac{\text{점 자극} \times \text{점 자극}}{\text{거리}^2}$

78 자성체의 종류
㉠ 상자성체 : 자석의 N극에 가까운 곳이 S극, 먼 곳이 N극으로 자화되는 물체를 말한다.
㉡ 반자성체 : 자석의 N극에 가까운 곳이 N극, 먼 곳이 S극으로 자화되는 물체를 말한다.
㉢ 강자성체 : 자기유도에 의해 강하게 자화되는 것으로 상자성체와 같은 극으로 자화된다.

답 – 76.① 77.③ 78.②

79 다음 중 강자성체인 것은?

① C
② Pb
③ Zn
④ Ni

80 원통좌표계에서 길이 d의 짧고 가는 도선에 일정크기의 전류 I를 흘릴 경우 벡터전위 A의 값은? (단, $R \gg d$이며 $r \approx R$로 본다.)

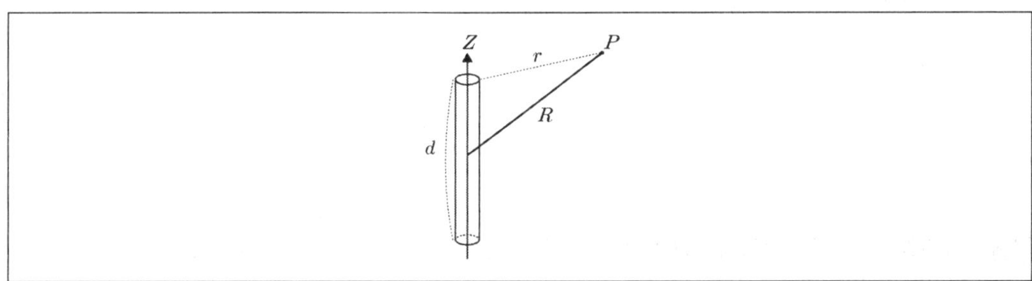

① $A = \dfrac{\mu_0 I}{2\pi dr} a_z$
② $A = \dfrac{\mu_0 Id}{4\pi r} a_z$
③ $A = \dfrac{2\mu_0 I}{\pi dr^2} a_z$
④ $A = \dfrac{\mu_0 Idr}{4\pi} a_z$

Answer

79 강자성체 … 자기유도에 의해 강하게 자화되어 자석이 되기 쉬운 물질을 말하며 자석의 N극에 가까운 곳이 S극, 먼 곳이 N극으로 자화된다.
예 Fe(철), Ni(니켈), Co(코발트), Mn(망간)

80 $dA = \dfrac{\mu_0 Idl}{4\pi r}$, $A = \dfrac{\mu_0 I}{4\pi}\displaystyle\int_l \dfrac{dl}{r} = \dfrac{\mu_0 I}{4\pi r}\int_0^d da_z = \dfrac{\mu_0 I}{4\pi r}$

이므로 $A = \dfrac{\mu_0 Id}{4\pi r} a_z$

답 79.④ 80.②

81 지름이 5[cm]인 원형 코일에 2[A]의 전류를 흘릴 경우 코일 중심의 자기장을 1,000[AT/m]으로 하려고 할 때 감아야 하는 코일의 권수는?

① 5회　　② 10회
③ 15회　　④ 25회

82 단위길이당 권수가 400회인 무한장 솔레노이드의 코일에 30[A]의 전류가 흐를 경우 솔레노이드 내부 자기장의 세기는?

① 4,000[AT/m]　　② 6,000[AT/m]
③ 8,000[AT/m]　　④ 12,000[AT/m]

83 2,000[AT/m]의 자기장 내에 임의의 자극을 놓았을 때 400[N]의 힘을 얻었을 경우 자극의 세기는 얼마인가?

① 0.1[Wb]　　② 0.2[Wb]
③ 0.3[Wb]　　④ 0.4[Wb]

Answer

81 $H = \dfrac{NI}{2r}$

$N = \dfrac{2rH}{I}$

$= \dfrac{2 \times \dfrac{5}{2} \times 10^{-2} \times 1,000}{2}$

$= 25$

82 $H = NI = 400 \times 30 = 12,000$[AT/m]

83 $F = mH$

$m = \dfrac{F}{H} = \dfrac{400}{2,000} = 0.2$[Wb]

답 81.④ 82.② 83.②

84 무한장 원주형 도체에 전류가 표면에만 흐르고 있다면 원주 내부의 자계의 세기는 몇 [AT/m]인가? (단, $r[m]$은 원주의 반지름이다.)

① $\dfrac{I^2}{4\pi r}$　　② 0

③ $\dfrac{I}{2\pi r}$　　④ $\dfrac{I}{\pi r^2}$

85 자극의 세기가 20[Wb], 길이가 30[cm]인 막대자석의 자기모멘트는?

① 3[Wb · m]　　② 6[Wb · m]

③ 4[Wb · m]　　④ 8[Wb · m]

86 자극의 세기가 $\pm 10^{-4}$[Wb]인 막대자석의 자기모멘트가 2×10^{-5}[Wb · m]일 때 자석의 길이는?

① 0.1[m]　　② 0.2[m]

③ 1[m]　　④ 2[m]

87 철심의 단면적이 49[cm^2], 자속이 15.12×10^{-5}[Wb]일 때 자속밀도는?

① 1.54×10^{-2}[Wb/m^2]　　② 2.0×10^{-2}[Wb/m^2]

③ 3.09×10^{-2}[Wb/m^2]　　④ 4.62×10^{-2}[Wb/m^2]

Answer

84 전류가 표면에만 흐르는 경우 원주 내부의 자계의 세기는 0이 된다.

85 $M = mI = 20\times30\times10^{-2} = 6$[Wb · m]

86 $M = mI$에서 I에 대해 정리하면

$$I = \frac{M}{m} = \frac{2\times10^{-5}}{10^{-4}} = 0.2[m]$$

87
$$B = \frac{\Phi}{A} = \frac{15.12\times10^{-5}}{49\times10^{-4}} = 3.08\times10^{-2}[Wb/m^2]$$

답 84.② 85.② 86.② 87.③

88 공심 솔레노이드의 내부자장의 세기가 5,000[AT/m]일 경우 자속밀도는? (단, $\mu_R = 1$)

① 1.57×10^{-3}[Wb/m^2] ② 3.14×10^{-3}[Wb/m^2]
③ 4.71×10^{-3}[Wb/m^2] ④ 6.28×10^{-3}[Wb/m^2]

89 자기장 내부에 철심을 넣으니 철 내부의 자기장 세기가 400[AT/m]이었을 때 철의 비투자율은? (단, 철 내부의 자속밀도 = 3.14×10^{-2}[Wb/m^2])

① 20.8 ② 62.5
③ 41.6 ④ 83.3

90 다음 중 자기장의 세기에 대한 설명으로 옳지 않은 것은?

① 단위 자극에 작용하는 힘의 크기와 동일하다.
② 자속밀도와 투자율의 곱이다.
③ 단위 길이당 기자력과 동일하다.
④ 수직단면의 자력선 밀도와 동일하다.

Answer

88 $B = \mu_0\,\mu_R\,H$
$= 4\pi\times10^{-7}\times1\times5{,}000$
$= 6.28\times10^{-3}$ [Wb/m^2]

89 $B = \mu_0\,\mu_R\,H$에서 μ_R에 대해 정리하면

$$\mu_R = \frac{B}{\mu_0\,H} = \frac{3.14\times10^{-2}}{4\pi\times10^{-7}\times400} = 62.5$$

90 ② 자속밀도를 투자율로 나눈 것이다.

답 — 88.④ 89.② 90.②

91 길이가 $l[m]$인 도체로 원형코일을 만든 후 일정 크기의 전류를 흐르게 할 경우 이 도선을 M회를 감았을 때의 중심자계는 N회를 감았을 때의 중심자계의 몇 배인가?

① $N\sqrt{M}$ ② $\sqrt{MN}$

③ $\dfrac{N^2}{M^2}$ ④ $\dfrac{M^2}{N^2}$

92 단면적 1.2[m^2], 길이가 31.4[cm]인 막대모양 철심의 자기저항은? (단, 철심의 비투자율=18.84)

① 0.7×10^4[AT/Wb] ② 1.1×10^4[AT/Wb]

③ 1.5×10^4[AT/Wb] ④ 2.1×10^4[AT/Wb]

93 2,000[AT]의 기자력에서 10[Wb]의 자속이 발생하는 자기회로의 저항은?

① 100[AT/Wb] ② 200[AT/Wb]

③ 300[AT/Wb] ④ 400[AT/Wb]

Answer

91 권수비가 동일하지 않아도 전체 길이가 같기 때문에

$l=2\pi r_1 N=2\pi r_2 N$에서 $r_1=\dfrac{l}{2\pi N}$, $r_2=\dfrac{l}{2\pi M}$

$$\frac{H_2}{H_1}=\frac{\dfrac{MI}{2r_2}}{\dfrac{NI}{2r_1}}=\frac{r_1}{r_2}\times\frac{M}{N}=\frac{M^2}{N^2}$$

92 $R=\dfrac{l}{\mu_0\,\mu_R\,A}=\dfrac{31.4\times10^{-2}}{4\pi\times10^{-7}\times18.84\times1.2}$

$=1.1\times10^4$[AT/Wb]

93 $R=\dfrac{F}{\Phi}=\dfrac{2,000}{10}=200$[AT/Wb]

답 91.④ 92.② 93.②

94 한 변의 길이가 l인 정육각형 회로에 $I[A]$의 전류가 흐를 때 육각형 중심에서의 자계의 세기 [AT/m]는?

① $H=\dfrac{\sqrt{3}\,I}{\pi l}[AT/m]$　② $H=\dfrac{9I}{2\pi l}[AT/m]$

③ $H=\dfrac{3I}{\pi l}[AT/m]$　④ $H=\dfrac{2\sqrt{2}\,I}{\pi l}[AT/m]$

95 무한장 직선도선에 20[A]의 전류가 흐를 경우 이 도선에서 30[cm] 떨어진 점의 자기장의 세기는?

① 10.6[AT/m]　② 17.1[AT/m]

③ 19.4[AT/m]　④ 21.2[AT/m]

96 무한장 직선도체에 8[A]의 전류가 흐를 경우 발생하는 자기장의 세기가 20[AT/m]인 점의 거리는 얼마인가?

① 3[cm]　② 6[cm]

③ 9[cm]　④ 12[cm]

Answer

94 정삼각형 중심의 자계 $H=\dfrac{9I}{2\pi l}[AT/m]$

정사각형 중심의 자계 $H=\dfrac{2\sqrt{2}\,I}{\pi l}[AT/m]$

정육각형 중심의 자계 $H=\dfrac{\sqrt{3}\,I}{\pi l}[AT/m]$

95 $H=\dfrac{I}{2\pi r}=\dfrac{20}{2\pi\times 30\times 10^{-2}}=10.6[AT/m]$

96 $H=\dfrac{I}{2\pi r}$에서 r에 대해 정리하면

$$r=\frac{I}{2\pi H}$$

$$=\frac{8}{2\times 3.14\times 20}\fallingdotseq 0.06=6[cm]$$

답 94.① 95.① 96.②

97 권수가 20회인 원형 코일에 10[A]의 전류를 흘릴 때 코일 중심의 자기장의 세기는? (단, 평균 반지름 = 5[cm])

① 500[AT/m] ② 1,000[AT/m]
③ 1,500[AT/m] ④ 2,000[AT/m]

98 그림과 같이 권수가 N회이며 평균반지름이 $r[m]$ 인 환상솔레노이드에 $I[A]$ 의 전류가 흐를 때 중심 O점의 자계의 세기는 몇[AT/m]인가?

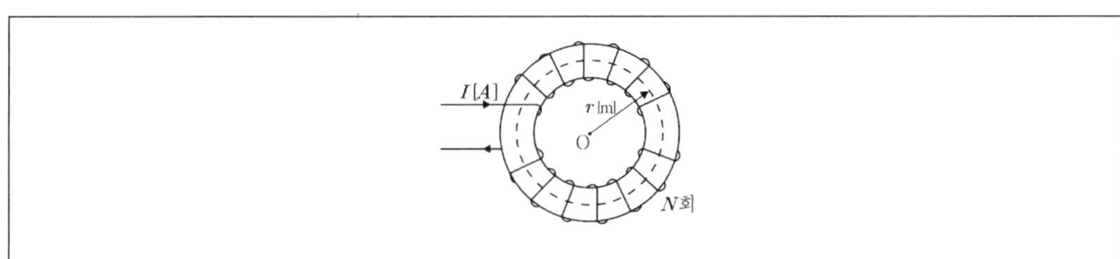

① NI ② $\frac{NI}{\pi r}$
③ $\frac{N}{l}$ ④ 0

Answer

97 $H=\frac{NI}{2a}=\frac{20\times 10}{2\times 5\times 10^{-2}}=2,000[\text{AT/m}]$

98 환상솔레노이드 코일의 내부의 자계는 $H=\frac{\ni}{2\pi r}[AT/m]$ 이며 외부의 자계는 $H=0$

답 97.④ 98.④

전기장

1 **전기력선의 성질에 대한 설명으로 옳지 않은 것은?**

① 전기력선은 도체 내부에 존재한다.

② 전속밀도는 전하와의 거리 제곱에 반비례한다.

③ 전기력선은 등전위면과 수직이다.

④ 전하가 없는 곳에서 전기력선 발생은 없다.

2 **다음 그림과 같이 어떤 자유공간(free space)내의 A점 (3, 0, 0) [m]에 4×10^{-9}[C]의 전하가 놓여 있다. 이 때 P점 (6, 4, 0) [m]의 전계의 세기 E [V/m]는?**

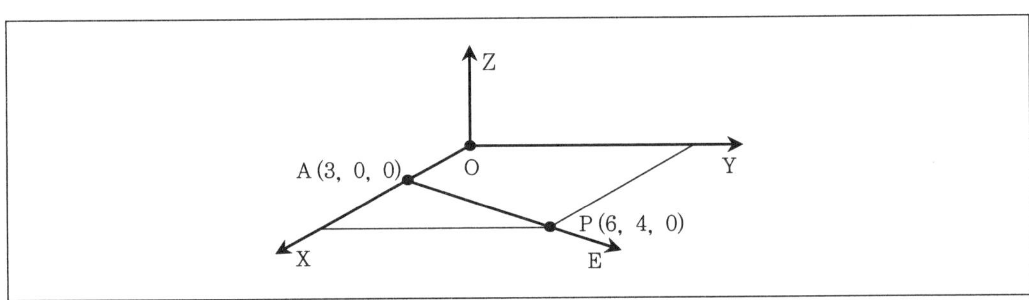

① $E = \frac{36}{25}$　　② $E = \frac{25}{36}$

③ $E = \frac{36}{5}$　　④ $E = \frac{5}{36}$

Answer

1 전기력선은 도체 외부에 존재하며 양(+)전하에서 시작하여 음(-)전하에서 끝난다.

2 x축으로는 3, y축으로는 4 이므로 피타고라스 정리에 의해 z 축으로 5이다.
따라서 p점(6, 4, 0)에서의 전계의 세기 E는 $E = \frac{6^2}{5^2} = \frac{36}{25} \times 4 \times 10^{-9} [C]$

답 – 1.① 2.①

3 다음 중 전계 E와 전속밀도 D의 관계식으로 옳은 것은?

① $D=\frac{\epsilon}{E}$ ② $D=\frac{\epsilon^2}{E}$

③ $D=\epsilon E$ ④ $D=\frac{E}{\epsilon}$

4 전계 E [V/m]내의 한 점에 Q [C]의 점전하가 놓여질 때 이 전하에 작용하는 힘은 몇 [N]인가?

① $\frac{E}{Q}$ ② $\frac{Q}{E}$

③ QE ④ Q

5 접지 구도체와 점전하간에 작용하는 힘은?

① 항상 반발력이다. ② 항상 흡인력이다.

③ 조건적 반발력이다. ④ 조건적 흡인력이다.

6 다음 전기력선에 대한 설명 중 옳지 않은 것은?

① 전기력선의 크기는 그 접점의 전기장의 세기와 동일하다.

② 전위는 높은 곳에서 낮은 곳으로 이동한다.

③ 전기력선의 접선방향은 접점의 수직방향을 가리킨다.

④ 도체내부의 전기력선은 없다.

Answer

3 전속밀도 $D=\epsilon E$ (ϵ : 유전율, E : 전기장의 세기)

4 전기력 $F=QE$

5 다른 종류의 전하 사이에는 항상 흡인력이 발생하고, 같은 종류의 전하 사이에는 항상 반발력이 발생한다.

6 ③ 전기력선의 접선방향은 접점의 전기장의 방향을 가리킨다.

답— 3.③ 4.③ 5.② 6.③

7 **다음 중 정전기의 전기력선에 대한 설명으로 옳지 않은 것은?**

① 전기력선은 양전하에서 나와 음전하에서 끝난다.

② 전기력선의 방향과 등전위면의 방향은 평행이다.

③ 전기력선에 수직한 단면적 $1[m^2]$당 전기력선의 수는 그 곳 전장의 세기와 같다.

④ 전체 전하량의 Q[C]에서 나온 전기력선의 수는 $\frac{Q}{\epsilon}$이다.

8 **진공 중에 $Q_1=10^{-6}$[C], $Q_2=10^{-8}$[C]인 두 전하가 2[m]의 거리에 존재할 때 두 전하 사이에 작용하는 힘은?**

① 1.2×10^{-6}[N]
② 2.2×10^{-5}[N]
③ 1.2×10^{-5}[N]
④ 2.2×10^{-6}[N]

9 **동일한 양을 가진 2개의 점전하가 진공 중에 1.5[m] 간격으로 존재할 때 9.8×10^9[N]의 힘이 작용한다면 점전하의 전기량은?**

① 1[C]
② 1.2[C]
③ 2.0[C]
④ 2.5[C]

Answer

7 전기력선의 특성

㉠ 단위전하당 $\frac{1}{\epsilon_0}$개의 전기력선이 출입하므로 전체 전하량이 Q이면 전기력선의 수는 $\frac{Q}{\epsilon_0}$이다.

㉡ 전기력선의 밀도는 전기장의 세기와 같다.

㉢ 전기력은 양전하에서 음전하로 흐른다.

㉣ 전기력선의 방향은 접점의 전기장의 방향과 같다.

㉤ 도체표면에 수직으로 출입하며 도체내부에는 존재하지 않는다.

8 $F=\frac{Q_1Q_2}{4\pi\epsilon r^2}=\frac{10^{-6}\times10^{-8}}{4\pi\times8.855\times10^{-12}\times2^2}$

$=2.2\times10^{-5}$[N]

9 $F=\frac{Q_1Q_2}{4\pi\epsilon_0 r^2}$에서

$Q_1Q_2=F4\pi\epsilon_0 r^2$

$=9.8\times10^9\times4\pi\times8.855\times10^{-12}\times1.5^2$

$=2.452$

$\fallingdotseq 2.5$[C]

답 — 7.② 8.② 9.④

10 다음 중 Q [C] 전하에서 나오는 전기력선의 총 수를 나타내는 것은?

① $\frac{\epsilon}{Q}$ ② ϵQ

③ $\sqrt{Q\epsilon}$ ④ $\frac{Q}{\epsilon}$

11 평행판 콘덴서의 전기장의 세기가 1,500[V/m]이고, 극판간격이 5[cm]일 때 극판 사이의 전압은?

① 60[V] ② 75[V]

③ 600[V] ④ 750[V]

12 3×10^{-8}[C] 전하에 2.4×10^{-3}[N]의 힘을 가하려고 할 경우 필요한 전기장의 세기는?

① 2×10^{4}[V/m] ② 4×10^{4}[V/m]

③ 8×10^{4}[V/m] ④ 10×10^{4}[V/m]

Answer

10 전기력선의 수는 $\frac{Q}{\epsilon}$로 나타낸다.

11 $V=Ed=1{,}500\times5\times10^{-2}=75$[V]

12 $F=QE$에서

$$E=\frac{F}{Q}=\frac{2.4\times10^{-3}}{3\times10^{-8}}=80{,}000=8\times10^{4}\,[\text{V/m}]$$

답 — 10.④ 11.② 12.③

13 공기 중에서 9×10^{-10}[C]의 전하로부터 90[mm] 떨어진 점의 전위는?

① 45[V] ② 90[V]
③ 180[V] ④ 420[V]

14 비유전율이 5인 물질의 유전물은?

① 4.4×10^{-12}[F/m] ② 8.8×10^{-12}[F/m]
③ 44×10^{-12}[F/m] ④ 88×10^{-12}[F/m]

15 다음 중 비유전율이 가장 큰 것은?

① 석면 ② 진공
③ 고무 ④ 에틸알코올

13 $V=\dfrac{Q}{4\pi\epsilon_0 r}=\dfrac{9\times10^{-10}}{4\pi\times8.855\times10^{-12}\times90\times10^{-3}}\fallingdotseq 90[V]$

14 $\epsilon=\epsilon_0\epsilon_R=8.855\times10^{-12}\times5$
$=44.275\times10^{-12}$
$\fallingdotseq 44\times10^{-12}$[F/m]

15 물질의 비유전율

물질	비유전율
진공	1
고무	2 ~ 3
석면	4.8
에틸알코올	25

답 — 13.② 14.③ 15.④

16 진공 중에 놓여 있는 5[C]의 점전하로부터 15[cm] 떨어진 점의 전속밀도는?

① 15.6[C/m^2]
② 16.9[C/m^2]
③ 17.7[C/m^2]
④ 19.7[C/m^2]

17 두 점 사이의 전위차를 바르게 설명한 것은?

① 두 점 사이에 작용한 전기적인 힘을 말한다.
② 두 점 사이의 단위전기량을 이동시키는 데 필요한 일량을 말한다.
③ 단위시간에 흐르는 전기량을 말한다.
④ 전기량이 단위시간에 하는 일량을 말한다.

18 E [V]의 전위차로 I [A]의 전류가 t [min]동안 흘렀을 때 전기가 한 일 [J]은?

① EIt
② $60EIt$
③ $\frac{EIt}{60}$
④ $3,600EIt$

19 전류의 정의를 바르게 설명한 것은?

① 단위시간에 이동한 전기량
② 단위시간에 발생한 기전력
③ 단위기전력으로 수행한 일
④ 단위시간에 수행한 일

Answer

16 $D = \frac{\Psi}{A} = \frac{Q}{4\pi r^2} = \frac{5}{4\pi \times (15 \times 10^{-2})^2} = 17.69 \fallingdotseq 17.7[\mathrm{C/m^2}]$

17 $W = V \cdot Q$

두 점의 전위차 $V = \frac{\text{에너지}}{\text{전하량}} = \frac{W}{Q}$

18 W = 에너지 = 전압×전하량 = $V \times I \cdot t$(분) = $VI \cdot 60$초$(t) = 60EIt$

19 $I = \frac{Q}{t}$

단위시간 동안에 이동한 전기량

답 16.③ 17.② 18.② 19.①

20 어떤 도체에 10[A]의 전류가 4분간 흘렀다면 도체를 통과한 전기량 [C]은 얼마인가?

① 1,500
② 1,800
③ 2,200
④ 2,400

21 1[C]의 전기량이란 몇 개의 전자 과부족으로 생기는 전하의 전기량이라고 할 수 있는가?

① 1
② 1.602×10^{-19}
③ 0.624×10^{19}
④ 9.1095×10^{-31}

22 10분 동안에 600[C]의 전기량이 이동했다고 할 때 전류의 크기 [A]는?

① 1
② 10
③ 60
④ 600

23 다음 중 전자가 갖는 전하량은?

① 2×10^{-19}[C]
② -1.6×10^{-19}[C]
③ 1.6×10^{-21}[C]
④ -1.2×10^{-17}[C]

Answer

20 Q=전기량$= It = 10 \times 4 \times 60 = 2,400$[C]

21 1[C]은 $\dfrac{1}{1.602 \times 10^{-19}} = 0.624 \times 10^{19}$ 개의 전자의 과부족으로 생기는 전하의 전기량이다.

22 $I = \dfrac{Q}{t} = \dfrac{600}{10 \times 60} = 1$[A]

23 전자 및 양자의 전기량의 절대값은 1.602×10^{-19}[C]

답 – 20.④ 21.③ 22.① 23.②

24 기계적인 힘과 전기현상이 서로 변화될 수 있는 압전기 현상을 이용한 고주파 진동자, 기록 전압계, 압력계 등에 이용되는 결정체가 아닌 것은?

① 수정 ② 전기석
③ 니켈 ④ 로셀염

25 평행판 콘덴서에서 전계의 크기가 1[V/m]이고, 평판의 면적이 1[m^2], 거리가 1[m]일 때 축적되는 에너지는 얼마인가? (단, ϵ : 유전체의 유전율)

① $\frac{1}{2}\epsilon$ [J] ② $\frac{1}{4}\epsilon$ [J]
③ $\frac{1}{6}\epsilon$ [J] ④ $\frac{1}{8}\epsilon$ [J]

26 전체의 세기 50[V/m], 전속밀도 100[C/m^2]인 유전체의 단위체적당 축적되는 에너지는?

① 2[J/m^3] ② 250[J/m^3]
③ 2,500[J/m^3] ④ 5,000[J/m^3]

Answer

24 압전현상 … 결정판의 일정한 방향에서 압력을 가하면 판의 양면에 외력에 비례하는 양·음의 전하가 나타나는 현상으로, 수정, 전기석, 로셀염, 티탄산바륨, 인산이수소암모늄, 타르타르산에틸렌디아민 등의 결정형 소자가 사용된다.

25 $W=\frac{1}{2}CV^2$

$C=\frac{\epsilon A}{d}$

$E=\frac{V}{d}$

$V=Ed$

$W=\frac{1}{2}\frac{\epsilon\times 1}{1}\times(E\cdot d)^2=\frac{1}{2}\times\frac{\epsilon\times 1}{1}\times(1\times 1)^2=\frac{1}{2}\epsilon$ [J]

26 $W=\frac{1}{2}ED=\frac{1}{2}\times 50\times 100=2,500$[J/$m^3$]

답 24.③ 25.① 26.③

27 정전 콘덴서의 전위차와 축적된 에너지와의 관계식을 나타낸 곡선의 형태는?

① 직선　　② 타원

③ 쌍곡선　　④ 포물선

28 공기 콘덴서에 전압을 인가하여 충전한 다음 전극간에 유전체를 넣어 정전용량을 5배로 하였다면 축적된 정전에너지는 몇 배로 되는가?

① $\frac{1}{5}$ 배　　② $\frac{1}{25}$ 배

③ 5배　　④ 25배

29 콘덴서의 전압 V 로 전기량 Q 를 충전시켰을 때의 에너지는 얼마인가?

① $\frac{1}{2}QV$　　② $\frac{1}{2}QV^2$

③ $2Q^2V = \frac{CV^2}{2}$　　④ $2QV$

Answer

27 $W = \frac{1}{2}CV^2$ 즉, 포물선이다.

28 $W = \frac{1}{2}CV^2 = \frac{1}{2}\frac{Q^2}{C}$

$C = \frac{\epsilon S}{d}$ 유전율에 반비례한다.

29 $W = \frac{V}{2} = \frac{VQ}{2} = \frac{1}{2}CV^2[\text{J}]$

답 — 27.④ 28.① 29.①

30 10[μF]의 콘덴서에 45로 [J]의 에너지를 축적하기 위해서 필요한 충전전압 [V]은?

① 300　　② 3,000

③ 30,000　　④ 300,000

31 C [F]의 콘덴서에 100[V]의 직류전압을 가했더니 축적된 에너지가 100[J]이었다면 콘덴서는 몇 [F]인가?

① 0.01　　② 0.02

③ 0.03　　④ 0.04

32 전계의 세기 E [V/m], 유전율이 ϵ 일 때의 전속밀도는?

① $\dfrac{\epsilon}{E}$　　② $\dfrac{E}{\epsilon}$

③ ϵE^2　　④ ϵE

Answer

30 $W=\frac{1}{2}CV^2$에서 V^2에 대해 정리하면

$$V^2=\frac{2W}{C}$$

$$V=\sqrt{\frac{2W}{C}}=\sqrt{\frac{2\times 45}{10\times 10^{-6}}}=3{,}000[\mathrm{V}]$$

31 $W=\frac{1}{2}CV^2$에서 C에 대해 정리하면

$$C=\frac{2W}{V^2}=\frac{2\times 100}{100^2}=0.02[\mathrm{F}]$$

32 전속밀도 $=$ 유전율$\times$전계 $=\epsilon_0\,\epsilon_R\,E$

답 30.② 31.② 32.④

33 정전용량 10[μF], 극판 유효면적 100[cm^2], 유전체의 비유전율 10인 평행판 콘덴서에 10[V]의 전압을 가할 때 유전체 내의 전장의 세기는?

① 1.13×10^8[V/m]
② 1.13×10^7[V/m]
③ 1.13×10^6[V/m]
④ 1.13×10^5[V/m]

34 다음 중 평행평판의 정전용량의 간격을 d, 평행판의 면적을 S라 할 때 정전용량 구하는 공식으로 옳은 것은? (단, ϵ : 유전율)

① $C = \epsilon Sd$
② $C = \dfrac{d}{\epsilon S}$
③ $C = \dfrac{\epsilon S}{d}$
④ $C = \dfrac{S}{\epsilon d}$

35 전장속의 한 점에 +1[C]의 전하를 놓았을 때 이 전하에 작용하는 힘을 무엇이라고 하는가?

① 전기력선
② 전위
③ 전장의 세기
④ 전위경로

33 $E = \dfrac{V}{d}$, $C = \dfrac{\epsilon A}{d}$

$$E = \frac{V \cdot C}{\epsilon_0 \epsilon_R A} = \frac{10 \times 10 \times 10^{-6}}{8.855 \times 10^{-12} \times 10 \times 100 \times 10^{-4}} \fallingdotseq 1.13 \times 10^8 \text{[V/m]}$$

34 정전용량 $C = \epsilon \dfrac{S}{l}$[F]

35 ① 전기장의 상태를 나타내는 가상의 선을 말한다.
② 양 전하를 먼 곳에서 임의의 점까지 가져오는 데 필요한 전압을 말한다.
④ 양전자에 대한 두 점간의 거리를 말한다.

답 — 33.① 34.③ 35.③

36 실용상 영전위의 기준은?

① 새시(chassis) ② 대지
③ 자유공간 ④ 무한원점

37 공기 중에 6[μC]의 점전하를 놓았을 때 전하로부터 2[m]의 거리에 있는 점과 3[m]의 거리에 있는 점 사이의 전위차 [V]는?

① 1.5×10^3 ② 6×10^3
③ 6×10^{-3} ④ 9×10^3

38 평등 전기장 중에 5[C]의 전하를 자기장의 방향과 반대로 10[cm]만큼 이동시키는 데 400[J]의 일이 필요하다고 할 때 두 점간의 전위차 [V]는?

① 5 ② 50
③ 80 ④ 100

39 다음 중 1[V]와 동일한 크기를 가지는 것은?

① 1[Wb/m] ② 1[Ω /m]
③ 1[C/J] ④ 1[J/C]

Answer

36 영전위 기준 … 전위의 기준을 무한원점이라 하며 그 점의 전위를 영전위라 한다. 영전위는 정전현상이 미치지 않는 곳을 기준으로 하며 실제 대지를 영전위로 한다.

37 $V=9\times10^9\times\dfrac{6\times10^{-6}}{1}\times\left(\dfrac{1}{2}-\dfrac{1}{3}\right)=54\times10^3\left(\dfrac{1}{2}-\dfrac{1}{3}\right)=9\times10^3[\mathrm{V}]$

38 $V=\dfrac{W}{Q}=\dfrac{400}{5}=80[\mathrm{V}]$

39 $V[V]=\dfrac{W[\mathrm{J}]}{Q[\mathrm{C}]}$

답 — 36.② 37.④ 38.③ 39.④

40 진공 중에 있는 반지름 10[cm]인 도체에 10^{-8}[C]의 전하를 줄 때 도체표면상의 전장의 세기는 얼마인가?

① 9×10[V/m]　② 9×10^2[V/m]
③ 9×10^3[V/m]　④ 9×10^4[V/m]

41 어느 점전하에 의하여 생기는 전위를 처음 전위의 $\frac{1}{2}$이 되게 하려면 점전하로부터의 거리를 몇 배로 하여야 하는가?

① 3배　② 4배
③ 2배　④ 5배

42 공기 중에 10[μC]의 전하가 있을 때 이로부터 100[cm] 떨어진 점의 전위는 몇 [V]인가?

① 3×10^4　② 6×10^4
③ 9×10^4　④ 12×10^4

Answer

40 $E=\frac{Q}{4\pi\epsilon_0 r^2}=9\times10^9\times\frac{10^{-8}}{(10\times10^{-2})^2}=9\times10^3$ [V/m]

41 $V=9\times10^9\times\frac{Q}{r}$

전압은 거리에 반비례한다.

42 $V=9\times10^9\frac{Q}{r}$

$=9\times10^9\times\frac{10\times10^{-6}}{100\times10^{-2}}=9\times10^4$[V]

답 40.③　41.③　42.③

43 Q [C]로부터 r [m] 떨어진 점의 전위를 나타내는 식은?

① $9\times10^9\times\dfrac{Q}{\epsilon_R r}$　　② $9\times10^9\times\dfrac{r}{Q}$

③ $9\times10^9\times\dfrac{Q}{r^2}$　　④ $6.33\times10^4\times\dfrac{Q}{r}$

44 무한장 동축 케이블 중심 도체에 q [C/m]의 전하를 줄 때 중심에서 x [m]인 점의 유전속 밀도 [C/m^2]는 얼마인가?

① $\dfrac{q}{2\pi x}$　　② $9\times10^9\times\dfrac{q}{x}$

③ $9\times10^9\times\dfrac{q}{\pi x^2}$　　④ $9\times10^9\times\dfrac{q}{2\pi x}$

45 공기 중에서 1.5×10^{-6}[C]의 점전하로부터 0.5[m] 떨어진 점의 전속밀도는 몇 [C/m^2]인가?

① 4.8×10^{-7}　　② 2.4×10^{-7}

③ 4.8×10^{-5}　　④ 2.4×10^{-5}

Answer

43 $V=\dfrac{Q}{4\pi\epsilon r}=9\times10^9\times\dfrac{Q}{\epsilon_R r}$

44 $D=\epsilon E=\dfrac{q}{2\pi x}$

45 $D=\dfrac{Q}{4\pi r^2}=\dfrac{1.5\times10^{-6}}{4\pi\times0.5^2}=4.8\times10^{-7}$

답 43.① 44.① 45.①

46 MKS 단위계에서 유전속의 단위는?

① [C] ② [Wb]
③ $[C/m^2]$ ④ [F/m]

47 유전율이 ϵ인 유전체 내에 있는 전하 Q [C]에서 나오는 유전속의 수는?

① Q ② $\dfrac{Q}{\epsilon}$
③ $\dfrac{Q}{\epsilon_s}$ ④ $\dfrac{\epsilon}{Q}$

48 진공 중에 Q [C]의 전하가 있을 때 이 전하로부터 나오는 전기력선의 수는?

① Q ② $\dfrac{Q}{\epsilon_0}$
③ $\epsilon_0 Q$ ④ $\dfrac{Q}{4\pi\epsilon_0}$

Answer

46 ② 자속의 단위
③ 전속밀도의 단위
④ 진공유전율의 단위

47 전기력선의 개수 $= \dfrac{\text{전기량}}{\text{유전율}}$

유전속의 개수 = 전기량

48 단위전하당 전기력선은 $\dfrac{1}{\epsilon_0}$개이므로 진공 중의 전기력선은 $\dfrac{Q}{\epsilon_0}$개다.

답 — 46.① 47.① 48.②

49 다음 전기력선에 대한 설명 중 옳지 않은 것은?

① 전기력선은 상호 직교(直交)한다.
② 전기력선은 양전하에서 나와 음전하로 끝나는 연속 곡선이다.
③ 전기력선으로 전계의 방향을 알 수 있다.
④ 전기력선으로 전계의 크기를 알 수 있다.

50 다음 중 전기력선의 성질에 대한 설명으로 옳지 않은 것은?

① 진공 중에서 전기력선은 단위전하당 $\frac{1}{\epsilon_0}$개가 출입한다.
② 전기력선은 도체내부에 존재한다.
③ 전기력선은 전하가 없으면 연속적이다.
④ 전기력선은 도체표면에 수직이다.

51 전기장 속의 임의의 점에 존재하는 전장의 세기는 그 점의 전기력선의 무엇과 같은가?

① 세기 ② 밀도
③ 자장 ④ 크기

52 대전 도체구 내부의 전기장의 세기로 옳은 것은?

① ∞ ② 표면전장의 세기와 같다.
③ 전하에 비례한다. ④ 0

Answer

49 ① 전기력선은 교차하지 않는다.

50 ② 도체내부의 전기장은 0이며, 도체표면에 존재한다.

51 전기력선의 접선방향은 접점의 전기장의 방향을 나타내며, 전기력선의 밀도는 전기장의 크기를 나타낸다.

52 내부에는 전기력선이 존재하지 않으므로 전기장의 세기는 0이다.

답 — 49.① 50.② 51.② 52.④

53 어떤 점전하에 의하여 생긴 전장의 세기를 $\frac{1}{2}$배로 하려면 점전하로부터의 거리를 몇 배로 하면 되겠는가?

① 2　　② $\sqrt{2}$

③ $\frac{1}{2}$　　④ $\frac{1}{\sqrt{2}}$

54 공기 중에서 2×10^{-6}[C]의 점전하로부터 1[cm]의 거리에 있는 점의 전장의 세기 [V/m]는?

① 18×10^{-7}　　② 18×10^{7}

③ 18×10^{5}　　④ 18×10^{-4}

55 가우스의 정리를 이용하여 구하는 것은 다음 중 어느 것인가?

① 전위　　② 전장의 세기

③ 전장의 에너지　　④ 전하간의 힘

Answer

53 전장의 크기는 전하량의 거리의 제곱에 반비례한다.

54 $E=9\times10^9\times\frac{Q}{r^2}=9\times10^9\times\frac{2\times10^{-6}}{(1\times10^{-2})^2}=18\times10^7$ [V/m]

55 가우스의 정리 ⋯ 전장의 세기가 E인 전장에 수직한 단위면적을 지나는 전기력선의 수는 E개다.

총 전기력선의 수 $\phi_E=\int E\cdot ds$

전하 Q를 중심으로 하는 반지름이 r인 구면을 지나는 전기력선의 총 수

$\phi_E=E\cdot4\pi r^2$

$=\frac{q}{4\pi\epsilon_0 r^2}\times4\pi r^2=\frac{q}{\epsilon_0}$

공간에 전하가 여러 개 존재하는 폐곡면 내부의 총 전기력선 수

$\phi_E=\frac{Q}{\epsilon_0}$

답 53.② 54.② 55.②

56 전장 중에 단위전하를 놓았을 때 그 곳에 작용하는 힘과 동일한 값은?

① 전장의 세기
② 전하
③ 전위
④ 전위차

57 전장의 세기가 500[V/m]인 전기장에 5[μC]의 전하를 놓으면 이 전하에 작용하는 힘 F는?

① 25×10^{-4}[N]
② 10^{8}[N]
③ 10^{6}[N]
④ 25×10^{-10}[N]

58 비유전율이 8인 물질의 유전율 [F/m]은?

① 70.84×10^{-12}
② 70.84×10^{-10}
③ 70.84×10^{-8}
④ 70.84×10^{-6}

59 공기 중에서 ±1[C]의 점전하가 1[m]의 거리에 놓여 있을 때 작용하는 힘의 크기는?

① 9×10^{9}[N]
② 9×10^{6}[N]
③ 9×10^{5}[N]
④ 9×10^{3}[N]

Answer

56 미소 크기의 전기량에 작용하는 힘 $F=QE$

57 $F=EQ=500\times5\times10^{-6}=25\times10^{-4}$[N]

58 $\epsilon=\epsilon_0\,\epsilon_R=8.855\times10^{-12}\times8=70.84\times10^{-12}$[F/m]

59 $F=9\times10^{9}\times\dfrac{Q_1\,Q_2}{\epsilon_R\,r^2}=9\times10^{9}\times\dfrac{1\times(-1)}{1\times1^2}=9\times10^{9}$[N]

답 56.① 57.① 58.① 59.①

60 **다음은 전기력선에 관한 사항들이다. 이 중 바르지 않은 것은?**

① 도체 내부에는 전기력선이 존재한다.

② 전기력선은 등전위면과 직교한다.

③ 단위 전하에서 $1/\varepsilon_o$개의 전기력선이 출입한다.

④ 전기력선의 방향은 그 점의 전계의 방향과 일치한다.

61 **두 점전하의 거리를 $\frac{1}{2}$로 하면 이때의 힘은 몇 배로 되는가?**

① $\frac{1}{2}$배　　② $\frac{1}{4}$배

③ 2배　　④ 4배

Answer

60 전기력선의 성질

㉠ 전기력선의 방향은 그 점의 전계의 방향과 일치한다.

㉡ 전기력선의 밀도는 그 점에서의 전계의 크기와 같다.

㉢ 단위 전하에서 $1/\varepsilon_o$개의 전기력선이 출입한다.

㉣ 전기력선은 그 자신만으로 폐곡선이 되는 일이 없다. (양전하에서 나와 음전하로 들어간다.)

㉤ 전기력선은 등전위면과 직교한다.

㉥ 전기력선은 도체표면에 수직으로 발산한다.

㉦ 도체 내부에는 전기력선이 없다. (도체 내부에는 전기장이 존재하지 않는다.)

61 힘은 거리의 제곱에 반비례한다.

$$F = 9\times10^9\times\frac{Q_1\ Q_2}{r^2} = 9\times10^9\times\frac{Q_1\ Q_2}{\left(\frac{1}{2}\right)^2}$$

답 — 60.① 61.④

62 다음은 등전위면의 성질에 관한 사항들이다. 이 중 바르지 않은 것은?

① 등전위면은 서로 교차할 수 있다.

② 등전위면을 따라서 전하를 운반할 경우 그 면상에서는 전위가 같으므로 이때의 일은 0이다.

③ 도체 표면은 등전위면이다.

④ 도체 내부에는 전계가 생기지 않는다.

63 다음 중 유리 중에 2×10^{-5}[C]의 두 전하가 10[cm] 떨어져 있을 때의 정전력 [N]은? (단, 유리의 비유전율 = 5)

① 72 ② 46

③ 64 ④ 27

64 두 대전체 사이에 작용하는 힘의 크기는 두 전하량의 곱에 비례하고, 거리에는 어떻게 되는가?

① 거리의 제곱근에 비례한다. ② 거리의 제곱에 비례한다.

③ 거리의 제곱근에 반비례한다. ④ 거리의 제곱에 반비례한다.

Answer

62 등전위면의 성질

㉠ 등전위면은 서로 교차하지 않는다.

㉡ 등전위면을 따라서 전하를 운반할 경우 그 면상에서는 전위가 같으므로 이때의 일은 0이다.

㉢ 등전위면과 전기력선은 서로 수직으로 교차한다.

㉣ 도체 표면은 등전위면이다.

㉤ 도체 내부에는 전계가 생기지 않는다.

㉥ 대지는 0전위의 등전위면이다.

63 $F=9\times10^9\times\dfrac{Q_1 Q_2}{\epsilon_R r^2}=9\times10^9\times\dfrac{2\times10^{-5}\times2\times10^{-5}}{5\times(10\times10^{-2})^2}=72$[N]

64 $F=K\dfrac{Q_1 Q_2}{r^2}=\dfrac{1}{4\pi\epsilon_0}\cdot\dfrac{Q_1 Q_2}{\epsilon_R r^2}$[N]에서 힘은 Q_1, Q_2의 곱에 비례하고, r^2에 반비례한다.

답 62.① 63.① 64.④

65 진공의 유전율 ϵ_0 값으로 옳은 것은?

① $\epsilon_0 = 9 \times 10^9$ [F/m]
② $\epsilon_0 = 8.885 \times 10^{-12}$ [F/m]
③ $\epsilon_0 = 6.33 \times 10^9$ [F/m]
④ $\epsilon_0 = 4\pi \times 10^{-7}$ [F/m]

66 다음 중 유전율의 단위는?

① [F/m]
② [V/m]
③ [C/m^2]
④ [H/m]

67 공기 중에 두 점전하 $+4\times10^{-6}$[C]과 -3×10^{-6}[C]이 0.9[m]의 거리에 놓여 있다. 이 사이에 작용하는 힘의 크기는? (단, 공기중의 유전율 = 1)

① 0.13[N]의 반발력
② 0.13[N]의 흡인력
③ 0.26[N]의 반발력
④ 0.26[N]의 흡인력

Answer

65 진공의 유전율 $\epsilon_0 = 8.885 \times 10^{-12}$ [F/m]
※ 진공의 비유전율 $\epsilon_R = 1$

66 진공의 유전율의 단위는 [F/m]이고, 비유전율의 단위는 없다.
② 전기장의 단위
③ 전속밀도의 단위
④ 인덕턴스의 단위

67 $F = 9\times10^9 \times \dfrac{Q_1 Q_2}{\epsilon_R r^2} = 9\times10^9 \times \dfrac{4\times10^{-6}\times -3\times10^{-6}}{1\times(0.9)^2} = -0.13$[N]

답 – 65.② 66.① 67.②

68 서로 같은 전하를 가진 두 대전체를 공기 중에 30[cm] 거리로 떨어뜨려 놓았을 때 0.9[N]의 힘이 작용하였다면 대전체의 전하는 몇 [C]인가?

① 9×10^{9}　　② 9×10^{-6}

③ 3×10^{-12}　　④ 3×10^{-6}

69 같은 양의 점전하가 진공 중에 1[m]간격으로 있을 때 9×10^{9}[N]의 힘이 작용했다면 이때 점전하의 전기량 [C]은 얼마인가?

① 1　　② 2×10^{9}

③ 9×10^{-4}　　④ 3×10^{3}

Answer

68

$$E=\frac{Q}{4\pi\epsilon r^2}$$

$$=\frac{1}{4\pi\epsilon}\times\frac{Q_1 Q_2}{r^2}$$

$$=9\times10^9\times\frac{Q^2}{r^2}$$ (동일한 두 전하이므로)

$F=QE$에서 $F=0.9$[N]이다.

$Q=\frac{F}{E}$이므로

$$Q^2=\frac{0.9}{\frac{9\times10^9}{r^2}}=\frac{0.9\times r^2}{9\times10^9}=\frac{0.9\times(30\times10^{-2})^2}{9\times10^9}=9\times10^{-12}$$

$$Q=\sqrt{9\times10^{-12}}=3\times10^{-6}[C]$$

69

$$F=9\times10^9\times\frac{Q_1 Q_2}{r^2}$$

$$Q_1 Q_2=\frac{Fr^2}{9\times10^9}=\frac{9\times10^9\times1^2}{9\times10^9}=1[C]$$

답 68.④ 69.①

70 **다음 중 정전계의 정의로 가장 바른 것은?**

① 전계에너지가 최소로 되는 전하분포전계이다.
② 전계에너지와는 무관한 전하분포전계이다.
③ 전계에너지가 최대로 되는 전하분포전계이다.
④ 전계에너지가 일정하게 유지되는 전하분포전계이다.

71 **쿨롱의 법칙에 대한 설명으로 옳지 않은 것은?**

① 쿨롱의 법칙에 있어서 진공 중의 유전율은 8.855×10^{-12}[F/m]이다.
② MKS 단위계에서의 $\dfrac{1}{4\pi\epsilon_0}$은 9×10^{-12}이다.
③ CGS 단위계에서의 진공 중에 $Q_1=Q_2=1$[esu]의 전하를 1[cm]의 위치에 놓았을 때 작용하는 힘을 1[dyne]이라 한다.
④ MKS 단위계에서의 진공 중에 $Q_1=Q_2=1$[C]의 전하를 1[m]의 위치에 놓았을 작용하는 힘을 1[N]이라 한다.

72 **쿨롱의 법칙은 거리 r만큼 떨어진 두 전하 Q_1, Q_2 사이에 작용하는 힘 $F=k\dfrac{Q_1Q_2}{r^2}$로 표시되는데 이 식에서 비례상수 k에 대한 설명으로 옳지 않은 것은?**

① k는 $\dfrac{1}{4\pi\epsilon_0}$로 표시한다($\epsilon_0$: 진공 중에 유전율).
② k는 MKS 단위계로 계산하면 진공 중에서 8.885×10^{-12}[F/m]이다.
③ k는 MKS 단위계로 계산하면 진공 중에서 9×10^9[F/m]이다.
④ k는 비례상수로 전하가 놓여 있는 유전체의 유전율에 따라 값이 다르다.

Answer

70 정전계 : 정지하고 있는 전하에 의해서 발생하는 전기력이 작용하는 장소로서 주어진 조건에서 보유에너지가 최소가 되도록 전계를 형성한다. (즉, 정전계에서는 에너지 분포가 최소이다.)

71 $Q_1=Q_2=1$[C] 사이의 거리가 1[m]일 때 작용하는 힘은 9×10^9[N]이다.

72 비례상수 $k=\dfrac{1}{4\pi\epsilon_0}=9\times10^9$[F/m]

답 70.① 71.④ 72.②

73 **정전계 내에 도체가 존재하는 경우에 관한 설명으로서 바르지 않은 것은?**

① 중공부에는 전하가 없고 대전도체라면 전하는 도체 외부의 표면에만 분포한다.

② 도체 표면에서의 전하밀도는 곡률이 작을수록 높다.

③ 도체 표면과 내부의 전위는 동일하다.

④ 도체 내부의 전계의 세기는 0이다.

74 **도체에 전기를 인가하였을 때 전하는 어느 부분에 많이 존재하는가?**

① 도체 내에 균일하게 분포한다.

② 도체의 중심에 모여 있다.

③ 도체표면에 뾰족한 곳에 더 많이 분포되어 있다.

④ 도체의 표면에 균일하게 분포되어 있다.

75 **전류 10[A]가 흐르고 있는 도선이 2[sec] 동안에 2[Wb]의 자속을 끊었을 경우 일률(동력)은 얼마인가?**

① 10[W] ② 8[W]

③ 6[W] ④ 5[W]

Answer

73 도체의 성질과 전하분포

㉠ 도체 내부의 전계의 세기는 0이다.

㉡ 전하는 도체 내부에는 존재하지 않고, 도체 표면에만 분포한다.

㉢ 도체 표면과 내부의 전위는 동일하고(등전위), 표면은 등전위면이다.

㉣ 도체 면에서의 전계의 세기는 도체 표면에 항상 수직이다.

㉤ 도체 표면에서의 전하밀도는 곡률이 클수록 높다. 즉, 곡률반경이 작을수록 높다.

㉥ 중공부에 전하가 없고 대전도체라면 전하는 도체 외부의 표면에만 분포한다.

㉦ 중공부에 전하를 두면 도체 내부표면에 동량 이부호, 도체 외부표면에 동량 동부호의 전하가 분포한다.

74 도체의 표면 중에서도 뾰족한 부분에 더 잘 모인다.

75 $P=\frac{I\Phi}{t}=\frac{10\times 2}{2}=10[\mathrm{W}]$

답 73.② 74.③ 75.①

76 수은이나 유체금속과 같이 변형이 가능한 도체에 전류를 흘리면, 이것에 작용하는 전자력에 의하여 도체의 어느 곳인가에 단면이 좁아진 부분이 생겨 도체가 수축되어 유체금속이 끊어지는 현상은?

① 제베크 효과 ② 빌라리 효과
③ 핀치 효과 ④ 홀 효과

77 서로 반대 방향으로 전류가 흐르고 있는 나란한 두 도선 사이에는 어떤 힘이 작용하는가?

① 서로 미는 힘 ② 서로 당기는 힘
③ 회전하는 힘 ④ 힘이 0이다.

78 공기 중에 r [m]의 간격으로 평행한 2줄의 매우 긴 직선 도선에 직류전류가 각각 I_1 [A] 및 I_2 [A]가 흐를 때 단위길이 1[m]당 작용하는 힘 [N]은?

① $F = 2I_1 I_2 \times 10^{-7}$ ② $F = \dfrac{2I_1 I_2}{r} \times 10^{-7}$
③ $F = \dfrac{2r}{I_1 I_2} \times 10^{-7}$ ④ $F = \dfrac{I_1 I_2}{r} \times 10^{-7}$

Answer

76 저주파 유도로 인하여 핀치 효과가 발생한다.
① 2종류의 금속을 둥근 모양으로 접속하고 두 점 사이에 온도차를 주면 기전력이 발생하여 전류가 흐르는 현상이다.
② 강자성물질의 내부의 역학적 변형이 자기장의 변화를 일으키는 현상으로 역자기변형효과라고도 한다.
④ 금속 및 반도체를 자기장 속에 놓고 자기장의 방향에 직각으로 고체 속에 전류를 흘리면 두 방향 각각에 직각방향으로 고체 내에 전기장이 나타나는 현상이다.

77 서로 반대 방향의 전류가 흐르는 평행도선 사이에서는 같은 극의 힘이 작용하므로 반발력이 발생한다.

78 평행한 도체 사이에 작용하는 힘
$F = BI_2 l = \dfrac{2I_1 I_2}{r} \times 10^{-7}$[N]

답 — 76.③ 77.① 78.②

79 MKS 유리 단위계에서 진공 중에 놓인 두 줄의 매우 긴 평행도선에 흐르는 전류가 I_1 [A] 및 I_2 [A]이고, 선간거리 r [m]일 때 단위 길이당 작용하는 힘은?

① $\frac{2r}{I_1 I_2}$[N]
② $\frac{2 I_1 I_2}{r} \times 10^{-7}$[N]
③ $\frac{I_1 I_2}{2r^2} \times 10^{-7}$[N]
④ $\frac{I_1 I_2}{r} \times 10^{-7}$[N]

80 플레밍의 완손 법칙에서 엄지손가락이 가르키는 방향은?

① 자기장
② 힘
③ 전류
④ 기전력

81 대전된 도체의 표면전하밀도는 도체 표면의 모양에 따라 어떻게 분포를 하는가?

① 표면의 전하밀도는 표면이 뾰족할수록 커진다.
② 표면이 전하밀도는 표면의 밀도와는 무관하다.
③ 표면의 전하밀도는 표면이 평평할수록 커진다.
④ 표면의 전하밀도는 표면의 곡률반경이 클수록 커진다.

82 다음 중 전기장의 단위로 옳은 것은?

① [V/m]
② [F/m]
③ [AT/m]
④ [H/m]

Answer

79 평행 도선 사이에 작용하는 힘

$F = \frac{2 I_1 I_2}{r} \times 10^{-7}$[N] ($I_1 \cdot I_2$: 전류, r : 거리)

80 플레밍의 왼손 법칙 … 전자력의 방향을 결정하는 법칙으로 중지는 전류, 검지는 자기장, 엄지는 힘의 방향을 나타낸다.

81 대전된 전하분포는 곡률이 커지게 되면(곡률반경이 작을수록) 커진다. 즉 뾰족할수록 곡률이 커지게 되므로 대전된 전하의 분포밀도도 커지게 된다.

81 ② 유전율의 단위 ③ 자기장 단위 ④ 투자율의 단위

답 — 79.② 80.② 81.① 82.①

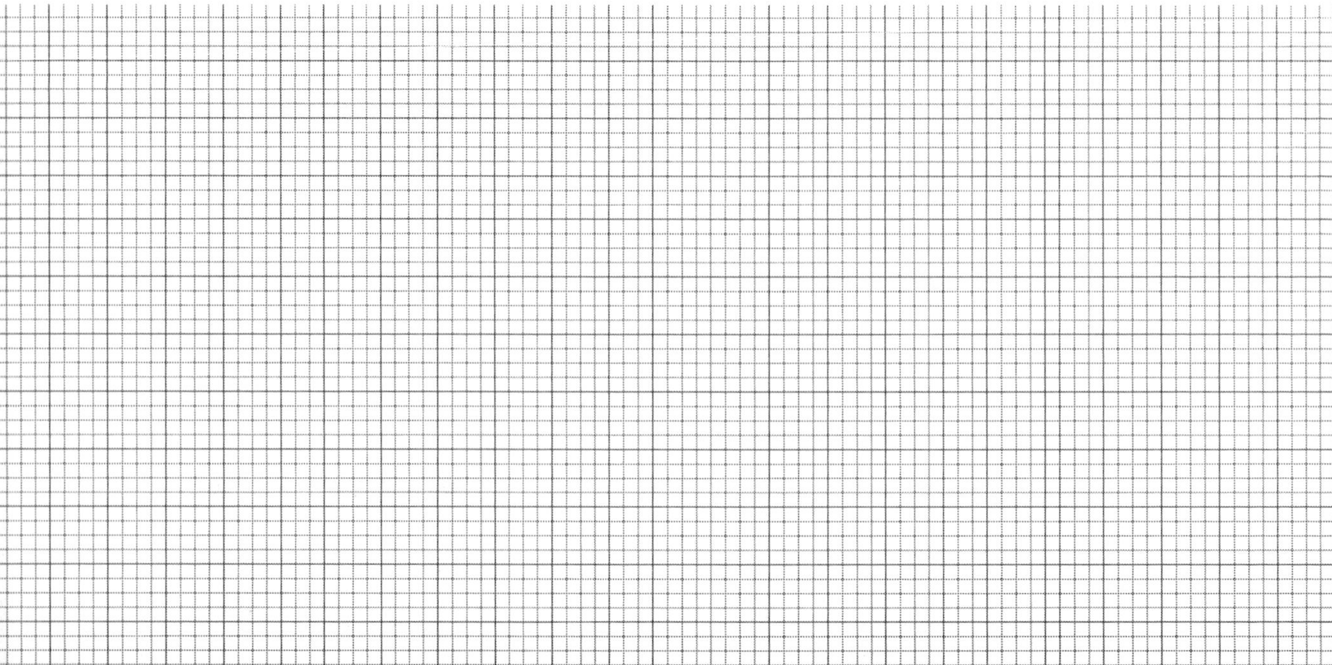

직류회로

01. 전기회로

02. 발열작용과 전지

전기회로

1 다음 회로에 표시된 테브난등가저항 [Ω]은?

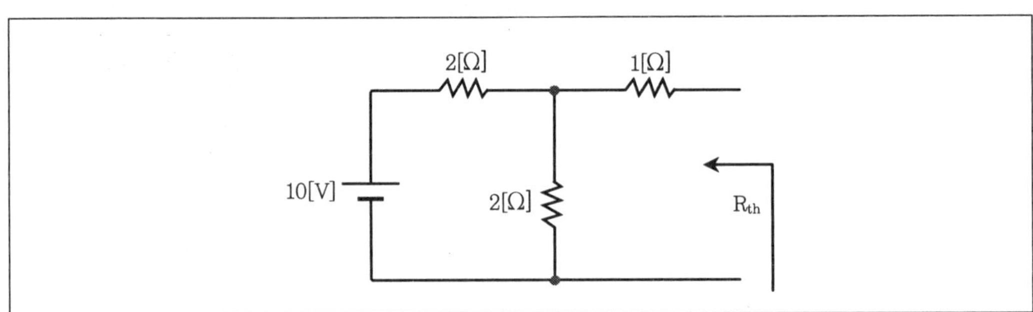

① 1　　② 1.5
③ 2　　④ 3

Answer

1 $R_{th} = \frac{2 \times 2}{2+2} + 1 = 2[\Omega]$

답 — 1.③

2 다음 회로에서 3[Ω]에 흐르는 전류 I [A]는?

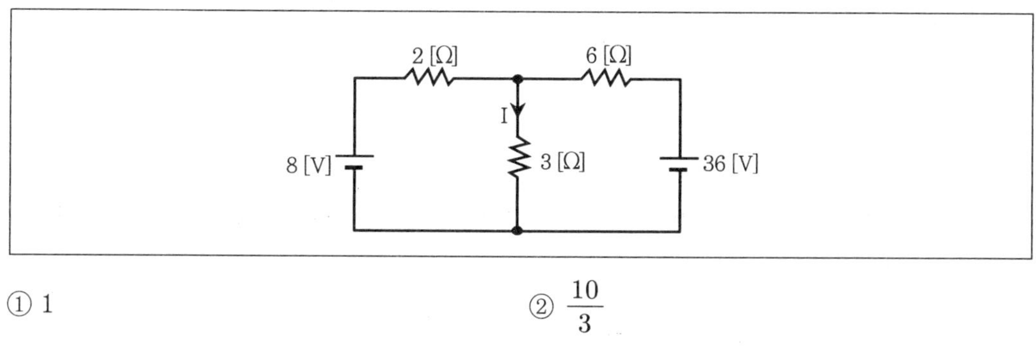

① 1

② $\frac{10}{3}$

③ 4

④ $\frac{13}{3}$

3 다음 회로에서 전압계의 지시가 6 [V]였다면 AB사이의 전압[V]은?

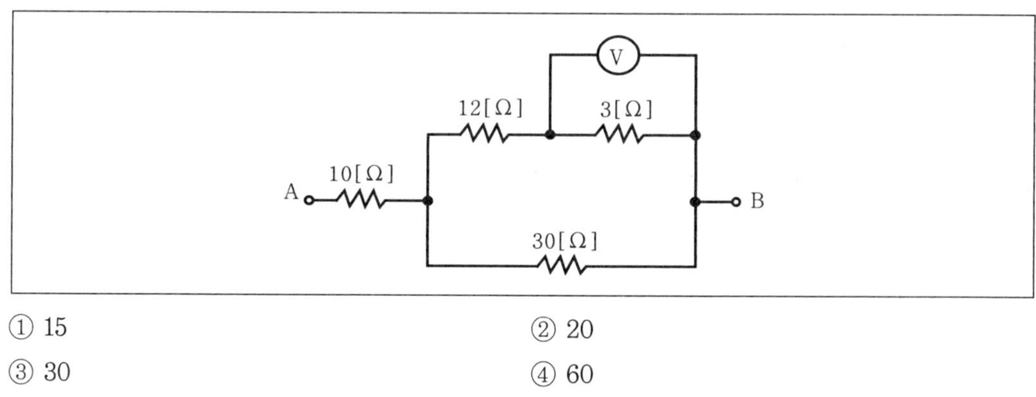

① 15

② 20

③ 30

④ 60

Answer

2 키르히호프의 제2법칙에 의해 폐회로 두 구간의 전류를 구한다.
먼저 저항 2[Ω]에 흐르는 전류를 I_1, 6[Ω]에 흐르는 전류를 I_2 라 하고 식을 세우면
전체 전류 $I = I_1 + I_2$, 폐회로 1에서의 전압 강하는 $2I_1 + 3I = 8$, 폐회로 2에서의 전압 강하는 $6I_2 + 3I = 36$ 이 된다.

미지수가 3개이고 식이 3개이므로 연립방정식으로 식을 풀어서 저항 3[Ω]에 흐르는 전류 I를 구하면 $\frac{10}{3}[A]$가 된다.

3 3[Ω]에 걸린 전압이 6[V]이면 12[Ω]에 걸린 전압은 24[V]가 되며, 12[Ω]과 3[Ω] 직렬 접속에 걸린 전압은 30[V]가 된다.
또 한 15[Ω]과 30[Ω] 병렬 접속에서 합성 저항은 10[Ω]이 되므로 여기에 걸린 전압이 30[V]이므로 또 다른 10[Ω]에 걸린 전압도 30[V]가 되므로 결국 AB 사이의 전압은 60[V]가 된다.

답 – 2.② 3.④

4 **전선을 균일하게 3배의 길이로 당겨 늘렸을 때 체적이 불변이라면 저항은 몇 배인가?**

① 3배　　② 6배
③ 9배　　④ 12배

5 **5[Ω]의 저항 10개를 직렬로 연결한 경우의 합성저항은 병렬로 연결한 경우의 몇 배인가?**

① 40배　　② 60배
③ 80배　　④ 100배

6 **임의의 한점에 유입하는 전류의 대수합이 0이 되는 법칙은?**

① 비오-사바르의 법칙　　② 플래밍의 법칙
③ 키르히호프의 법칙　　④ 렌츠의 법칙

7 **20[Ω]의 저항에 5[A]의 전류가 흐를 경우 발생하는 전압강하는?**

① 50[V]　　② 100[V]
③ 200[V]　　④ 500[V]

Answer

4 저항은 길이에 비례하고 단면적에 반비례한다. 여기서 단면적이 $\frac{1}{3}$로 변하고 길이가 3배로 되었으므로 $R=\rho\frac{l}{A}=\rho\frac{3}{\frac{1}{3}}=9$배가 된다.

5 저항을 직렬로 연결했을 때의 합성저항은 500[Ω]이고, 병렬로 연결했을 때의 합성저항은 5[Ω]이므로 직렬연결했을 때의 저항이 100배 더 크다.

6 키르히호프의 법칙
㉠ 제1법칙 : 임의의 한점에 유입되는 전류의 합은 유출되는 전류의 합과 동일하다.
㉡ 제2법칙 : 임의의 폐회로 내의 일주방향에 따른 전압강하의 합은 기전력의 합과 동일하다.

7 옴의 법칙에 의해 $V=RI=20\times5=100$[V]

답 – 4.③ 5.④ 6.③ 7.②

8 2개의 저항 $R_1 = 5[\Omega]$, $R_2 = 8[\Omega]$이 병렬로 접속되어 있고 20[V]의 전압을 인가했을 때 전체 전류는 얼마인가?

① 4[A] ② 2.5[A]
③ 6.5[A] ④ 10[A]

9 일정 전압의 직류전원에 저항을 접속하고 전류를 흘릴 때 전류값을 30[%] 증가시키기 위한 저항값은 처음 저항의 몇 배인가?

① 0.77 ② 0.83
③ 1.3 ④ 1.7

10 0.25[℧]의 컨덕턴스 2개를 직렬 연결하여 10[A]의 전류를 흘리려 할 경우 인가해야 할 전압의 크기는?

① 20[V] ② 40[V]
③ 80[V] ④ 100[V]

Answer

8 전체전류 $I = I_1 + I_2$이므로 먼저 I_1, I_2를 구해야 한다.

$I_1 = \frac{V}{R_1} = \frac{20}{5} = 4[A]$

$I_2 = \frac{V}{R_2} = \frac{20}{8} = 2.5[A]$

$I_1 + I_2 = 4 + 2.5 = 6.5[A]$

9 $R = \frac{V}{I}$에서 전류를 30[%] 증가시키는 저항을 R'라 하면 $R' = \frac{V}{1.3} \fallingdotseq 0.77\frac{V}{I}[\Omega]$

10 2개의 컨덕턴스이므로 합성 컨덕턴스는 $\frac{0.25}{2} = 0.125[℧]$

$V = IR = \frac{I}{G} = \frac{10}{0.125} = 80[V]$

답 8.③ 9.① 10.③

11 다음 회로의 AB의 합성저항은?

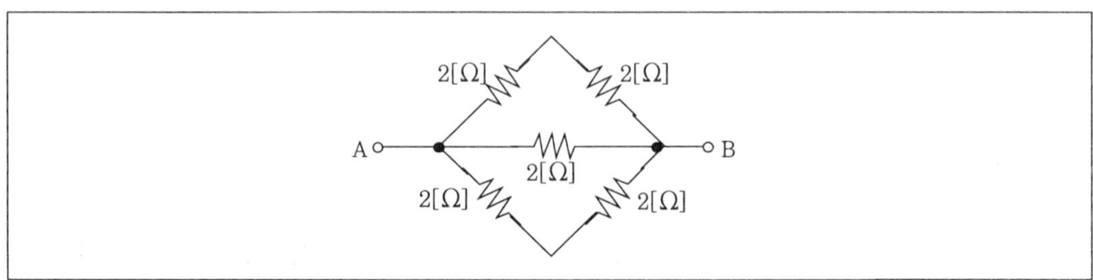

① 1[Ω]　　② 2[Ω]

③ 4[Ω]　　④ $\frac{1}{2}$[Ω]

12 다음 회로의 저항은?

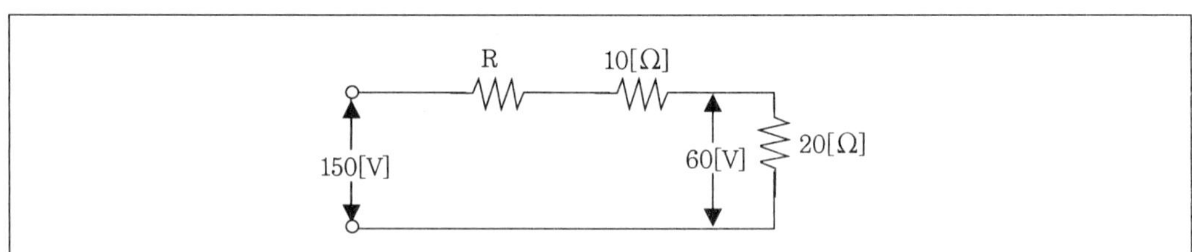

① 10[Ω]　　② 20[Ω]

③ 30[Ω]　　④ 0[Ω]

Answer

11 합성저항 $R_0 = \frac{1}{\frac{1}{4}+\frac{1}{2}+\frac{1}{4}} = 1[\Omega]$

12 $I = \frac{V}{R} = \frac{60}{20} = 3[A]$

합성저항 $R_0 = \frac{V}{I} = \frac{150}{3} = 50[\Omega]$

$50 = 10 + 20 + R$

$\therefore R = 20[\Omega]$

답 11.① 12.②

13 220[V]에서 20[A]가 흐르는 전열기에 300[V]의 전압을 가할 경우 전류는?

① 20[A]　　② 23[A]
③ 27[A]　　④ 30[A]

14 10[Ω]과 20[Ω]인 저항을 병렬로 연결한 후 50[A]의 전류를 흘렸을 경우 20[Ω]인 저항에 흐르는 전류는?

① 10[A]　　② 17[A]
③ 20[A]　　④ 34[A]

15 다음 회로에서 15[Ω]의 저항에 흐르는 전류는?

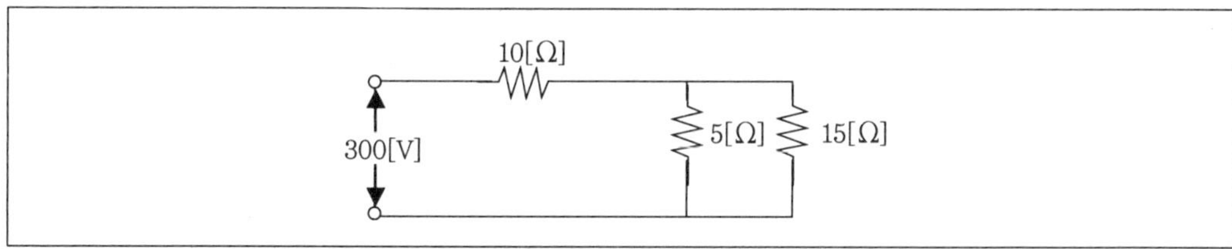

① 3[A]　　② 6[A]
③ 9[A]　　④ 10[A]

Answer

13
$R = \frac{V}{I} = \frac{220}{20} = 11[\Omega]$

$I = \frac{V}{R} = \frac{300}{11} = 27.27 ≒ 27[A]$

14
$I' = \frac{R_1}{R_1 + R_2} = \frac{10}{10+20} \times 50 = 16.6 ≒ 17[A]$

15
합성저항 $R_0 = R_1 + \frac{R_2 \cdot R_3}{R_2 + R_3} = 10 + \frac{5 \cdot 15}{5+15} = 13.75[\Omega]$

전체 전류 $I' = \frac{V}{R_0} = \frac{300}{13.75 = 21.}8 ≒ 22[A]$

15[Ω]에 흐르는 전류 $I = \frac{5}{5+15} \times 22 = 5.5 ≒ 6[A]$

답 — 13.③ 14.② 15.②

16 다음 회로에 흐르는 전류는?

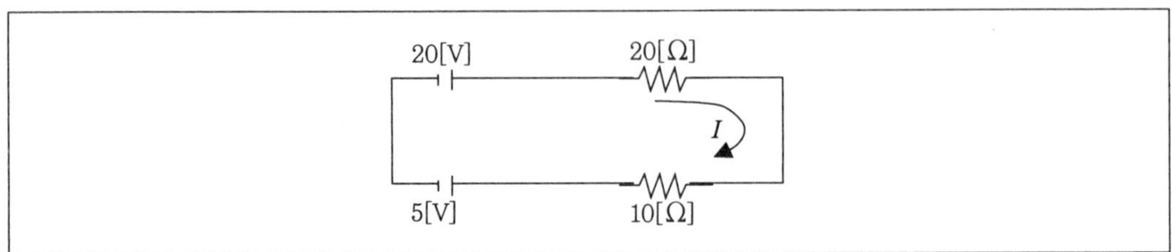

① 0.5[A]　② 1[A]
③ 5[A]　④ 10[A]

17 기전력 1.5[V]인 전지의 두 극을 전선으로 연결하였더니 0.5[A]의 전류가 흘렀으며, 두 극의 전위차가 1[V]이었다. 이때 전지의 내부저항은 몇 [Ω]인가?

① 0.5　② 1
③ 2　④ 2.5

18 $i = 2t^2 + 8t[A]$로 표시되는 전류가 도선에 2[s]만큼 흘렀을 때 통과한 전기량은 몇 [C]인가?

① 16.5　② 18.7
③ 21.3　④ 25.2

Answer

16 키르히호프의 제2법칙을 이용하여 계산하면
$\Sigma E = \Sigma IR$이므로
$20 - 5 = I(10+20)$
$15 = 30I$
$I = \frac{15}{30} = 0.5[A]$

17 전지의 전압강하 = 기전력 − 두 극의 전위차 = $1.5 - 1 = 0.5[V]$
전지의 내부저항 = $\frac{V}{I} = \frac{0.5}{0.5} = 1[\Omega]$

18 $Q = \int i dt = \int_0^3 (2t^2 + 8t)dt = [\frac{2}{3}t^3 + 4t^2]_0^3 = (\frac{2}{3} \cdot 2^3 + 4 \cdot 2^2) \fallingdotseq 21.3[C]$

답 – 16.① 17.② 18.③

19 기전력 2[V], 내부저항 0.5[Ω]인 전지 2개를 직렬로 연결한 후 다시 다른 전지 2개를 병렬로 연결한 양 끝에 1.5[Ω]의 외부저항을 접속하였을 경우 부하전류는?

① 1[A] ② 1.6[A]
③ 2[A] ④ 4[A]

20 내부저항이 2[Ω]인 건전지 10개를 병렬로 연결하고, 이것을 다시 직렬로 5개 연결한 전원이 있다. 이 전원의 내부저항은 얼마인가?

① 1[Ω] ② 2[Ω]
③ 3[Ω] ④ 4[Ω]

21 기전력 1.5[V], 내부저항 0.15[Ω]의 전지가 30개 있다. 최대 전류를 흐르게 하려면 어떻게 접속하여야 하는가? (단, 부하저항=1[Ω])

① 병렬로 3개씩 접속하여 10조를 직렬로 접속한다.
② 직렬로 2개씩 접속하여 15조를 병렬로 접속한다.
③ 직렬로 10개씩 접속하여 3조를 병렬로 접속한다.
④ 직렬로 15개씩 접속하여 2조를 병렬로 접속한다.

Answer

19 $$\text{부하전류} = \frac{\text{직렬개수} \times \text{한 개의 전압}}{\frac{\text{직렬개수}}{\text{병렬개수}} \times \text{한 개의 내부저항} + \text{부하저항}}$$

$$= \frac{2 \times 2}{\frac{2}{2} \times 0.5 + 1.5} = 2[\text{A}]$$

20 병렬접속시 내부저항= $\frac{\text{전지 1개의 내부저항}}{\text{전지의 개수}} = \frac{2}{10} = 0.2[\Omega]$

직렬접속시 내부저항 = 전지개수×전지 1개의 내부저항= $5 \times 0.2 = 1[\Omega]$

합성 내부저항= $\frac{n}{m}r = \frac{5}{10} \times 2 = 1[\Omega]$

21 병렬개수 = $\frac{30}{\text{직렬개수}}$

내부저항과 부하저항이 같아야 한다.

답 19.③ 20.① 21.④

22 기전력 E, 내부저항 r인 전지 n개가 직렬로 접속되어 있다. 여기에 외부저항 R을 직렬로 접속했을 때 흐르는 전류는?

① $I=\dfrac{E}{\dfrac{R}{n}+r}$　　② $I=\dfrac{E}{R+\dfrac{r}{n}}$

③ $I=\dfrac{E}{R+nr}$　　④ $I=\dfrac{E}{nR+r}$

23 기전력이 2[V], 용량이 10[Ah]인 축전지를 6개 직렬로 연결하여 사용할 때의 기전력이 12[V]일 경우 용량은?

① 60[Ah]　　② $\dfrac{10}{6}$[Ah]

③ 120[Ah]　　④ 10[Ah]

24 기전력이 E, 내부저항 r인 건전지가 n개 직렬로 연결되었을 때 내부저항과 기전력은?

① $nE,\ \dfrac{r}{n}$　　② $nr,\ \dfrac{E}{n}$

③ $nE,\ nr$　　④ $nE,\ \dfrac{n}{r}$

Answer

22 $I=\dfrac{nE}{nr+R}=\dfrac{E}{r+\dfrac{R}{n}}$

23 직렬접속 시 전 전류용량은 축전지 1개의 용량과 같다.

24 합성 기전력 = 직렬개수×한 개의 기전력
$=nE$
합성 내부저항 = 직렬개수×한 개의 내부저항
$=nr$

답 — 22.① 23.④ 24.③

25 다음 중 기전력이 E [V], 내부저항이 r [Ω]인 전지에 부하저항 R [Ω]을 접속했을 때 흐르는 전류 I는 몇 [A]인가?

① $\frac{E}{R+r}$　　② $\frac{rE}{R+r}$

③ $\frac{RE}{R+r}$　　④ $\frac{E}{R-r}$

26 100[V], 100[W] 전구의 저항은 몇 [Ω]인가?

① 1,000[Ω]　　② 100[Ω]

③ 10[Ω]　　④ 1[Ω]

27 최대눈금 300[V], 내부저항 30[kΩ], 최대눈금 150[V], 내부저항 18[kΩ]인 두 전압계를 직렬로 접속하면 최대 몇 [V]까지 측정할 수 있는가?

① 450[V]　　② 400[V]

③ 300[V]　　④ 250[V]

Answer

25 부하저항에 흐르는 전류 $I=\dfrac{\text{기전력 } E}{\text{전지의 내부저항 } r+\text{부하저항 } R}$

26 전기저항 $R=\dfrac{(\text{전압})^2}{\text{전력}}=\dfrac{100^2}{100}=100[\Omega]$

27 $I_1=\dfrac{V}{r_{v1}}=\dfrac{300}{30,000}=1\times10^{-2}\,[\text{A}]$

$I_2=\dfrac{V}{r_{v2}}=\dfrac{150}{18,000}=\dfrac{25}{3}\times10^{-3}[\text{A}]$

$V_m=I_2(r_{v1}+r_{v2})=\dfrac{25}{3}\times10^{-3}\times(30,000+18,000)\fallingdotseq 400[\text{V}]$

답 — 25.① 26.② 27.②

28 최대눈금이 150[V], 내부저항이 10[kΩ], 그리고 최대눈금이 150[V], 내부저항이 15[kΩ] 두 전압계가 있다. 두 전압계를 직렬로 접속하여 사용하면 몇 [V]까지 측정할 수 있는가?

① 200[V] ② 250[V]
③ 300[V] ④ 375[V]

29 어떤 부하에 흐르는 전류와 전압강하를 측정하려고 할 때 전류계와 전압계의 접속방법은?

① 전류계와 전압계를 부하에 모두 직렬로 접속한다.
② 전류계와 전압계를 부하에 모두 병렬로 접속한다.
③ 전류계는 부하에 직렬, 전압계는 부하에 병렬로 접속한다.
④ 전류계는 부하에 병렬, 전압계는 부하에 직렬로 접속한다.

30 분류기를 사용하여 전류를 측정하는 경우 전류계의 내부저항이 0.12[Ω], 분류기의 저항이 0.03[Ω]일 때 그 비율은?

① 6 ② 5
③ 4 ④ 3

Answer

28 $I_1 = \dfrac{V}{r_{v1}} = \dfrac{150}{10,000} = 0.015[\mathrm{A}]$

$I_2 = \dfrac{V}{r_{v2}} = \dfrac{150}{15,000} = 0.01[\mathrm{A}]$

$V_m = I_2(r_{v1} + r_{v2}) = 0.01(10,000 + 15,000) = 250[\mathrm{V}]$

29 전류계와 전압계

㉠ 전류계 : 전류의 세기를 측정하기 위해 사용하며 회로에 직렬로 연결한다.
㉡ 전압계 : 회로에 걸리는 전압을 측정하기 위해 사용하며 회로에 병렬로 연결한다.

30 $\text{배율} = \left(1 + \dfrac{\text{전류계의 내부저항}}{\text{분류기 저항}}\right) = \left(1 + \dfrac{0.12}{0.03}\right) = 5$

답 – 28.② 29.③ 30.②

31 10[Ω]의 저항을 가진 10[mA]의 전류계에 5[Ω]의 분류기를 달았을 경우 최대 몇 [mA]까지 측정할 수 있는가?

① 10[mA] ② 20[mA]
③ 30[mA] ④ 40[mA]

32 다음 회로에서 I_3을 구하면?

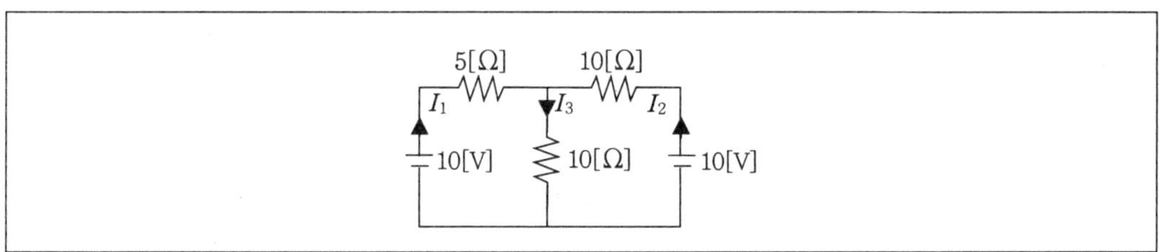

① 0.25[A] ② 0.5[A]
③ 0.75[A] ④ 1[A]

Answer

31 $I=\left(1+\frac{r_a}{R_s}\right)I_A=\left(1+\frac{10}{5}\right)\times 10=30[\text{mA}]$

32 키르히호프의 법칙을 이용하여 계산한다.

$I_1+I_2=I_3$ ⋯⋯⋯⋯⋯⋯⋯⋯ ㉠

$5I_1+10I_3=10$ ⋯⋯⋯⋯⋯⋯ ㉡

$10I_2+10I_3=10$ ⋯⋯⋯⋯⋯⋯ ㉢

㉠의 식을 I_2로 변형하면 $I_2=I_3-I_1$

위 식을 ㉢에 대입하여 계산하면

$10(I_3-I_1)+10I_3=10$

$10I_3-10I_1+10I_3=10$

$-10I_1+20I_3=10$ ⋯⋯⋯⋯ ㉣

㉣과 ㉡을 계산하여 I_3을 구한다.

$5I_1+10I_3=10$ ⋯⋯⋯⋯ ㉡×2

$-10I_1+20I_3=10$ ⋯⋯⋯⋯ ㉣

$$\begin{array}{r} 10I_1+20I_3=20 \\ +)\ -10I_1+20I_3=10 \\ \hline 40I_3=30 \end{array}$$

$\therefore I_3=\frac{30}{40}=0.75[\text{A}]$

답 – 31.③ 32.③

33 50[V]의 전압계로 150[V]의 전압을 측정하려면 몇 [kΩ]의 저항을 외부에 접속해야 하는가? (단, 전압계의 내부저항은 5[kΩ]이다.)

① 5[kΩ] ② 10[kΩ]
③ 15[kΩ] ④ 20[kΩ]

34 다음 회로에서 I_2에 흐르는 전류는 몇 [A]인가?

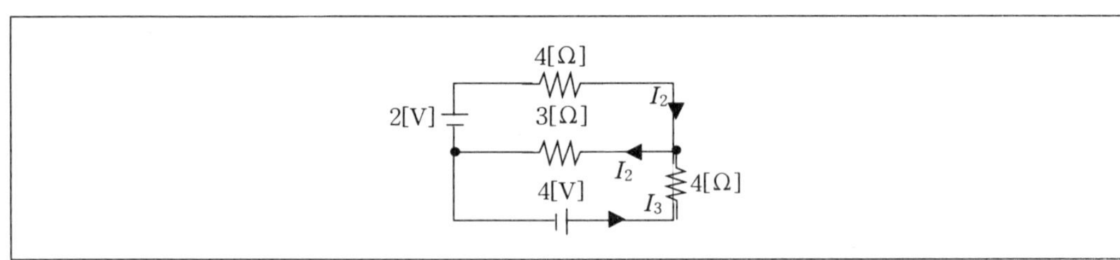

① 0.05[A] ② 0.6[A]
③ 0.55[A] ④ 0.3[A]

Answer

33 $R_m = r_v(m-1)$ = 전압계의 내부저항(배율−1)$= 5\left(\frac{150}{50}-1\right) = 10[\text{k}\Omega]$

34 키르히호프의 법칙을 적용한다.

$I_1 = I_2 - I_3$ ········· ㉠

$2 = 4I_1 + 3I_2$ ········· ㉡

$4 = 3I_2 + 4I_3$ ········· ㉢

㉠을 ㉡식에 대입하면

$2 = 4(I_2 - I_3) + 3I_2$

$2 = 7I_2 - 4I_3$ ········· ㉣

㉢과 ㉣을 계산하면

$$\begin{array}{rl} & 4 = 3I_2 + 4I_3 \\ +) & 2 = 7I_2 - 4I_3 \\ \hline & 6 = 10I_2 \end{array}$$

$\therefore I_2 = \frac{6}{10} = 0.6[\text{A}]$

답— 33.② 34.②

35 다음과 같은 회로에서 흐르는 전류 I의 값은 ?

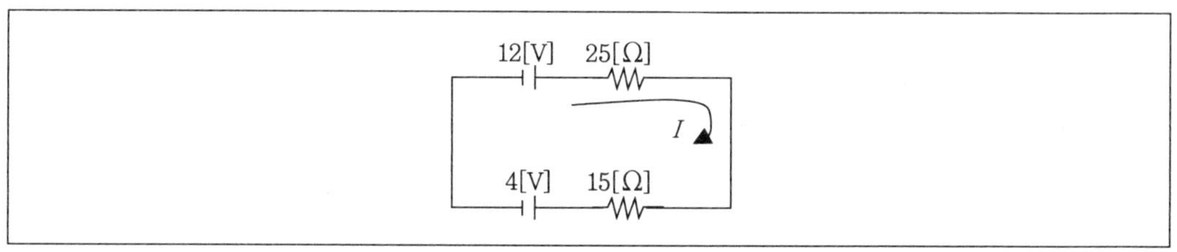

① 0.2[A] ② 0.4[A]
③ 0.6[A] ④ 0.8[A]

36 100[V], 500[W] 전기다리미의 저항의 크기는 얼마인가?

① 0.2[Ω] ② 5[Ω]
③ 20[Ω] ④ 40[Ω]

37 키르히호프의 법칙에 관한 설명 중 옳지 않은 것은?

① 폐회로망의 기전력의 대수합과 전압강하의 대수합은 같다.
② 전류의 방향을 잘못 결정하면 정답의 부호가 바뀐다.
③ 임의의 접속점에 출입하는 전류의 대수합은 '0'이다.
④ 임의의 폐회로를 생각할 때 폐회로 중의 전압강하의 대수합은 전압의 총합과 같다.

Answer

35 키르히호프의 제2법칙을 적용하여 계산한다.
$\sum E = \sum IR$이므로 $12-4 = I(25+15)$
$I = \dfrac{8}{40} = 0.2[A]$

36 $R(\text{전기저항}) = \dfrac{(\text{전압})^2}{\text{전력}} = \dfrac{100^2}{500} = 20[\Omega]$

37 ④ 폐회로 내의 전압강하의 합은 기전력의 합과 동일하다.

답 35.① 36.③ 37.④

38 다음과 같은 회로망에 있어서 전류를 산출하는 데 옳은 식은?

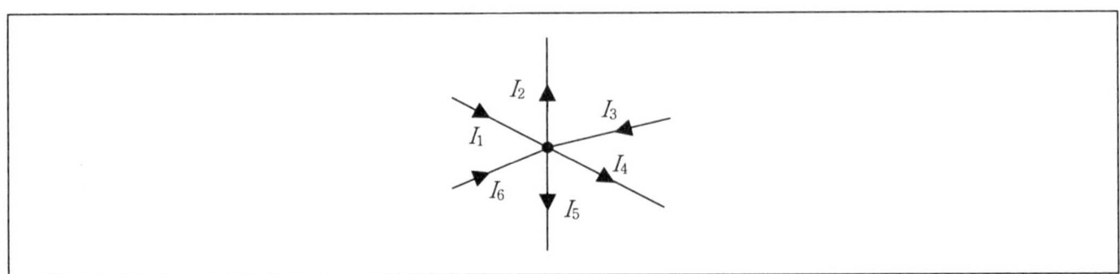

① $I_1 + I_3 + I_6 = I_2 + I_4 + I_5$

② $I_2 + I_3 + I_6 = I_1 + I_4 - I_5 - I_6$

③ $I_1 + I_2 + I_3 = I_4 + I_5 + I_6$

④ $I_2 + I_4 + I_6 = I_1 + I_3 + I_5$

39 다음에서 전류 I를 구하는 식은?

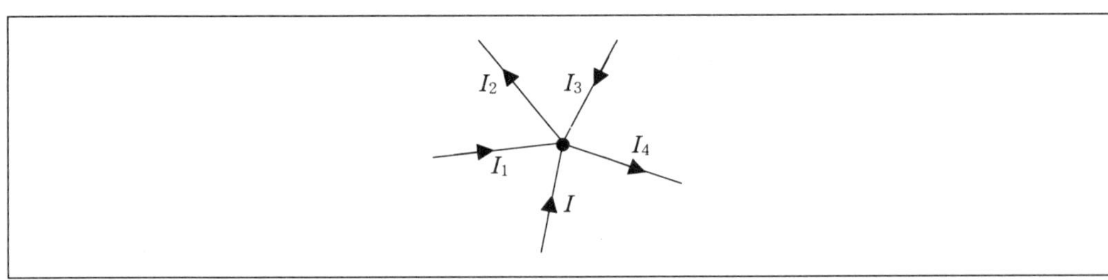

① $I = I_2 - I_4 + I_1 + I_3$
② $I = I_2 + I_4 + I_1 + I_3$
③ $I = I_2 + I_4 - I_1 - I_3$
④ $I = I_2 + I_4 + I_1 - I_3$

Answer

38 키르히호프의 제1법칙에서 들어오는 전류의 합과 나가는 전류의 합은 동일하므로
$I_1 + I_3 + I_6 = I_2 + I_4 + I_5$

39 $I_2 + I_4 = I_1 + I_3 + I$
$I = I_2 + I_4 - I_1 - I_3$

답 38.① 39.③

40 다음과 같은 저항회로에서 3[Ω]의 저항의 지로에 흐르는 전류가 2[A]이다. 단자 a−b간의 전압강하는 얼마인가?

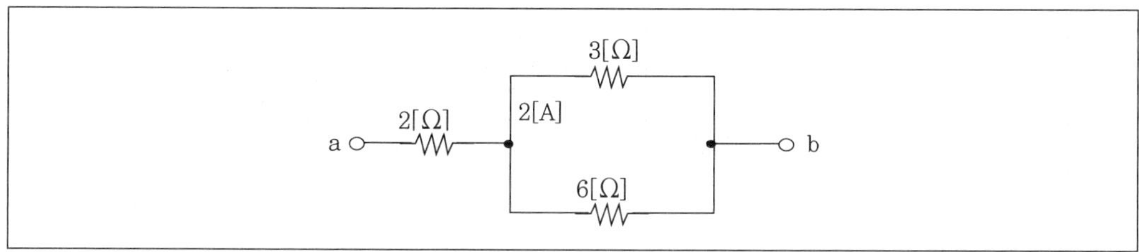

① 8[V]
② 10[V]
③ 12[V]
④ 14[V]

41 저항 R_1 [Ω]과 R_2 [Ω]를 직렬로 접속하고, V [V]의 전압을 가할 때 저항 R_1 양단의 전압은?

① $\frac{R_1}{R_1+R_2}V$
② $\frac{R_1R_2}{R_1+R_2}V$
③ $\frac{R_2}{R_1+R_2}V$
④ $\frac{R_1+R_2}{R_1R_2}V$

Answer

40 3[Ω]에 흐르는 전압 $V_3 = IR = 2\times3 = 6$[V]

6[Ω]에 흐르는 전류 $I_6 = \frac{V}{R} = \frac{6}{6} = 1$[A]

2[Ω]에 흐르는 전류 $I_2 = 2+1 = 3$[A]

2[Ω]에 흐르는 전압은 $V_2 = 2\times3 = 6$[V]

a−b간 전압은 $V_2 + V_3 = 6+6 = 12$[V]

41 R_1 양단의 전압 $V_1 = \frac{R_1}{R_1+R_2}V$ [V]

답 − 40.③ 41.①

42 다음과 같은 직·병렬회로에서 30[Ω]의 저항에 흐르는 전류는 몇 [A]인가?

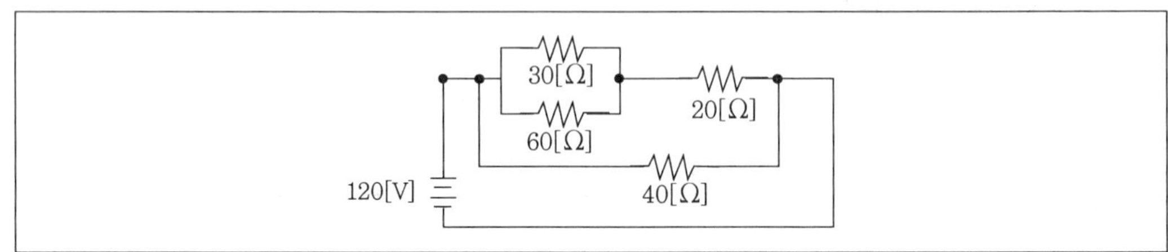

① 4[A] ② 3[A]
③ 2[A] ④ 1[A]

43 다음과 같은 회로에서 AB점에 흐르는 전전류는 얼마인가? (단, AB 사이에 가하는 전압=50[V])

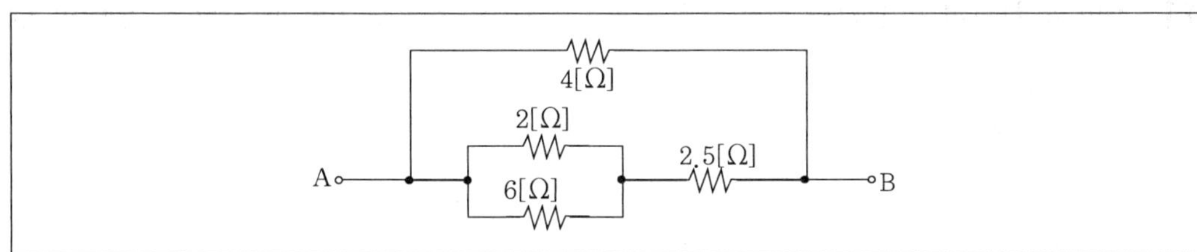

① 10[A] ② 20[A]
③ 25[A] ④ 30[A]

Answer

42 $\dfrac{30 \cdot 60}{30+60}=20[\Omega]$, $\dfrac{40 \cdot 40}{40+40}=20[\Omega]$

전체 전류는 $I=\dfrac{V}{R}=\dfrac{120}{20}=6[A]$

$I_{30}=3 \cdot \dfrac{60}{30+60}=2[A]$

43
$$R=\dfrac{\left(\dfrac{2\times6}{2+6}\times2.5\right)\times4}{\left(\dfrac{2\times6}{2+6}+2.5\right)+4} ≒ 2[\Omega]$$

$I=\dfrac{V}{R}=\dfrac{50}{2}=25[A]$

답 42.③ 43.③

44 다음 회로에 전압 100[V]를 가할 때 10[Ω]의 저항에 흐르는 전류는 얼마인가?

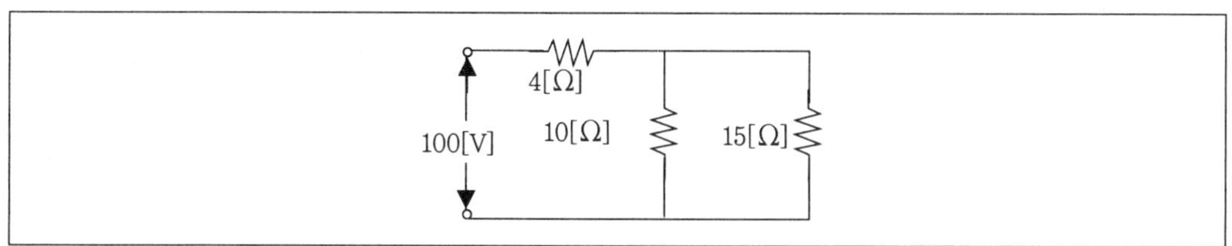

① 4[A] ② 6[A]
③ 8[A] ④ 10[A]

45 저항 R_1, R_2가 병렬일 때 전 전류를 I라 하면 R_2에 흐르는 전류는?

① $\dfrac{R_1R_2}{R_1+R_2}I$ ② $\dfrac{R_1+R_2}{R_1R_2}I$
③ $\dfrac{R_2}{R_1+R_2}I$ ④ $\dfrac{R_1}{R_1+R_2}I$

Answer

44 10[Ω], 15[Ω]의 합성저항 $R=\dfrac{10\times15}{10+15}=6[\Omega]$

R_T(전체합성저항)$=4+6=10[\Omega]$

I(전체전류)$=\dfrac{100}{10}=10[A]$

10[Ω]에 흐르는 전류 $I=\dfrac{15}{10+15}\times10=6[A]$

45 R_2에 흐르는 전류 I_2 $[A]=\dfrac{R_1}{R_1+R_2}I$

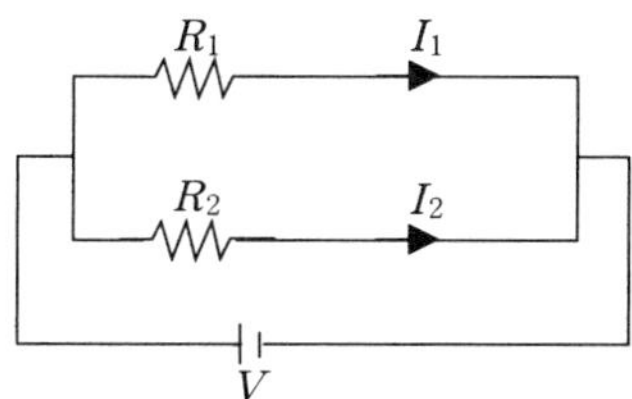

답 ─ 44.② 45.④

46 10[Ω]과 15[Ω]의 저항을 병렬로 연결하여 50[A]의 전류를 흘렸을 때 저항 15[Ω]에 흐르는 전류는?

① 10[A] ② 20[A]
③ 30[A] ④ 40[A]

47 다음과 같은 회로에서 6[Ω]의 저항에 흐르는 전류 I_2 [A]의 값으로 옳은 것은?

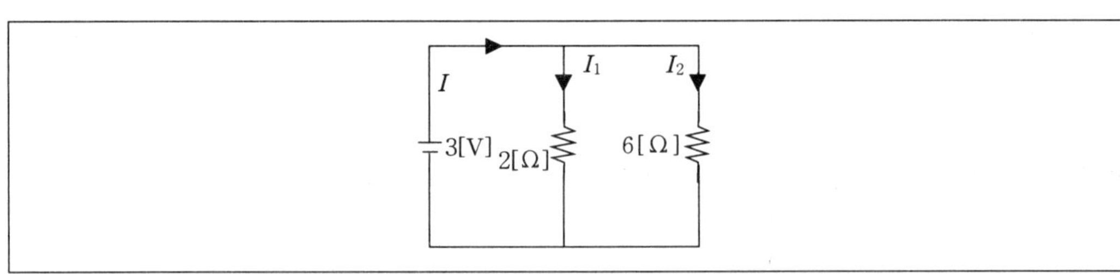

① 2[A] ② 1.5[A]
③ 1[A] ④ 0.5[A]

48 어떤 전압계의 측정범위를 100배로 하려고 할 경우 배율기의 저항은 전압계의 내부저항의 몇 배로 하여야 하는가?

① 10 ② 50
③ 100 ④ 99

Answer

46 $I_2 = \frac{R_1}{R_1 + R_2} I = \frac{10}{10+15} \times 50 = 20[A]$

47 $I_2 = \frac{V}{R} = \frac{3}{6} = 0.5[A]$

48 $R_m = r_v(m-1) = 100 - 1 = 99$배

답 46.② 47.④ 48.④

49 R [Ω]인 3개의 저항이 Δ 결선으로 되어 있을 때 Y결선으로 환산하면 1상의 저항 [Ω]은?

① $\frac{R}{\sqrt{3}}$　　② $\sqrt{3}\,R$

③ $3R$　　④ $\frac{R}{3}$

50 다음 그림에서 c-d간의 합성저항은 a-b간 합성저항의 몇 배인가?

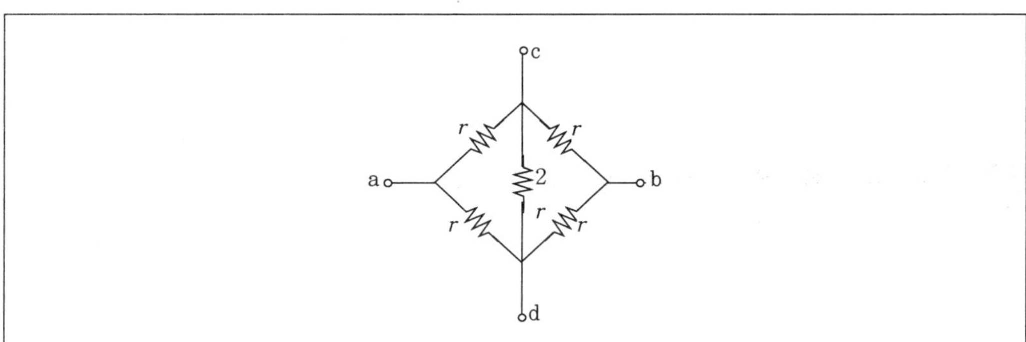

① $\frac{1}{2}$　　② $\frac{2}{3}$

③ $\frac{4}{3}$　　④ $\frac{15}{3}$

Answer

49 Δ결선과 Y결선

㉠ Δ결선 : 전원과 부하를 삼각형으로 계속하는 방식이다.

㉡ Y결선 : 전원과 부하를 Y형태로 접속하는 방식이다.

㉢ 변환방식

- Y-Δ : $Z_\Delta = 3Z_Y$
- Δ-Y : $Z_Y = \frac{Z_\Delta}{3}$

50 a-b간의 합성저항 $= r$

c-d간의 합성저항 $= \frac{2r}{3}$

$$\frac{\text{c-d간의 합성저항}}{\text{a-b간의 합성저항}} = \frac{\frac{2r}{3}}{r} = \frac{2}{3}$$

답 49.④ 50.②

51 다음과 같이 동일한 저항을 삼각형으로 접속하여 100[V]를 소비할 때 1[A]의 전류가 흐른다면 저항 R의 값은?

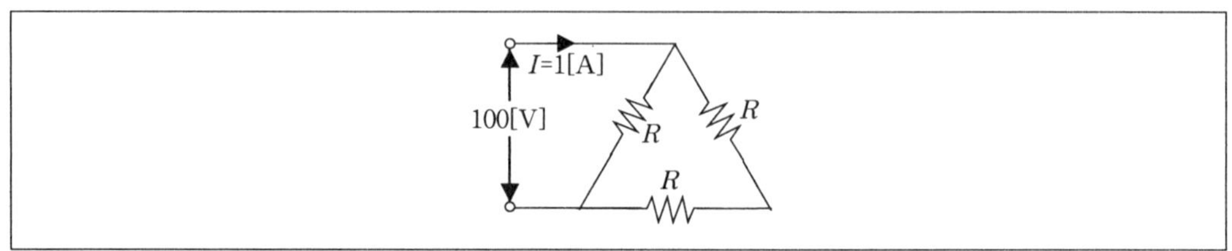

① 100[Ω]　　② 150[Ω]
③ 200[Ω]　　④ 250[Ω]

52 다음과 같은 회로에서 단자 a－b간의 합성저항은? (단, r =2)

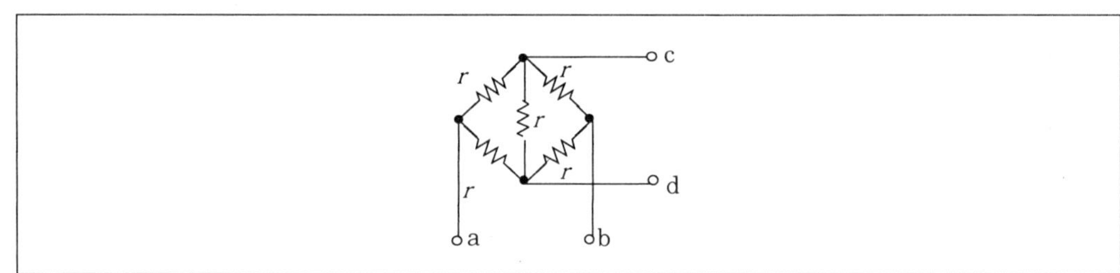

① 2[Ω]　　② 4[Ω]
③ 6[Ω]　　④ 8[Ω]

Answer

51 합성저항$=\dfrac{R\times 2R}{R+2R}=\dfrac{2R^2}{3R}=\dfrac{2}{3}R$

$\dfrac{2R}{3}=\dfrac{E}{I}$

$R=\dfrac{3}{2}\times\dfrac{E}{I}=\dfrac{3}{2}\times\dfrac{100}{1}=150[\Omega]$

52 합성저항 $R_{ab}=\dfrac{(r+r)\times(r+r)}{(r+r)+(r+r)}$

$=\dfrac{4\times 4}{4+4}=\dfrac{16}{8}=2[\Omega]$

답 — 51.② 52.①

53 다음 브리지회로에서 a – b간의 합성저항은?

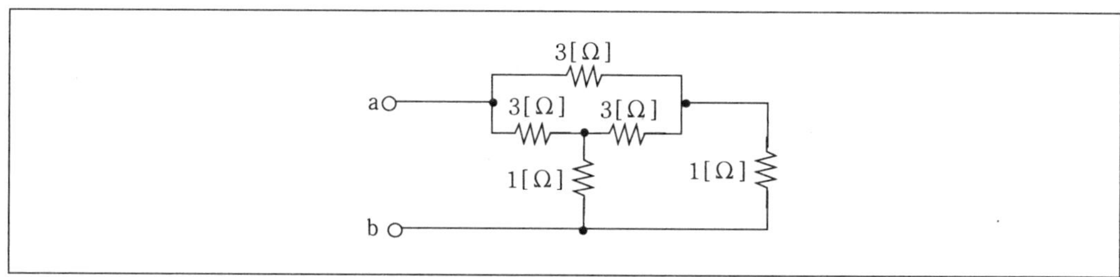

① 2[Ω] ② 4[Ω]
③ 6[Ω] ④ 8[Ω]

54 다음과 같은 회로에서 단자 a – b 사이의 합성저항은 얼마인가?

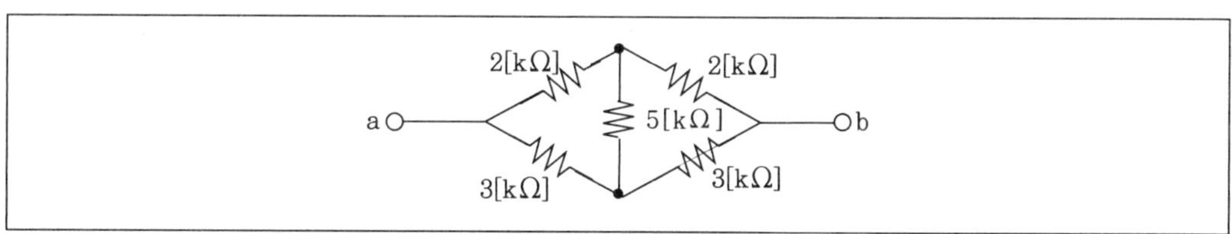

① 4[kΩ] ② 6[kΩ]
③ 3.4[kΩ] ④ 2.4[kΩ]

Answer

53 브리지회로의 평형조건을 이용한다.

$$R = \frac{(3+1)\times(3+1)}{(3+1)+(3+1)} = \frac{16}{8} = 2[\Omega]$$

54 합성저항 $R_0 = \frac{(3+3)\times(2+2)}{(3+3)+(2+2)} = \frac{24}{10} = \frac{12}{5} = 2.4[\mathrm{k}\Omega]$

답 – 53.① 54.④

55 다음과 같은 회로에서 단자 a－b에서 본 합성저항은?

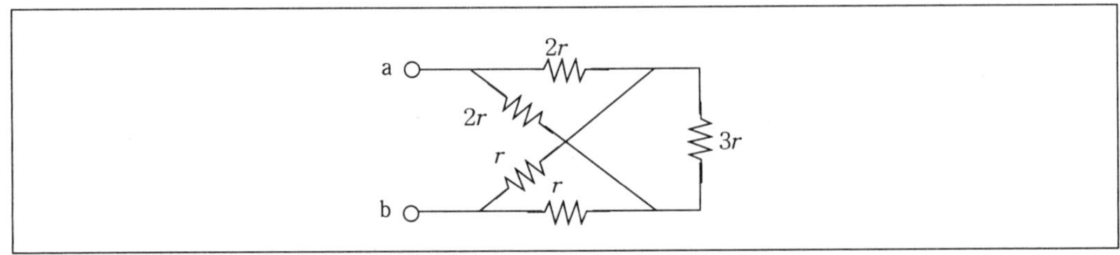

① r　　② $\frac{3}{2}r$

③ $2r$　　④ $3r$

56 다음의 회로에서 흐르는 전류 I는 몇 [A]인가?

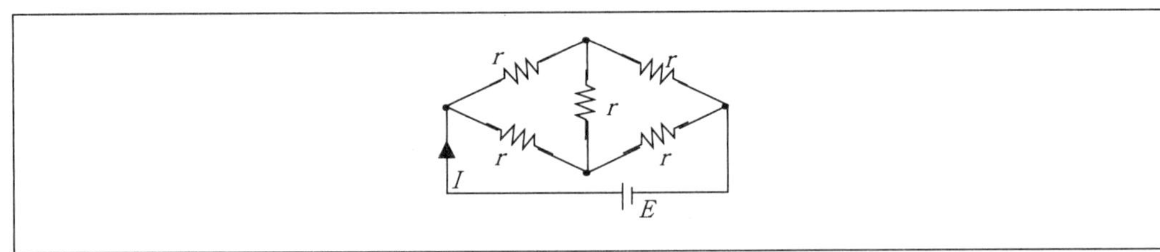

① $\frac{E}{r}$　　② $\frac{E}{2r}$

③ $\frac{E}{4r}$　　④ $\frac{E}{5r}$

Answer

55 $R_0 = \frac{(2r+r)\times(2r+r)}{(2r+r)+(2r+r)} = \frac{9r^2}{6r} = \frac{3}{2}r$

56 $R_0 = \frac{(r+r)\times(r+r)}{(r+r)+(r+r)} = \frac{4r^2}{4r} = r\ [\Omega]$

$I = \frac{V}{R} = \frac{E}{r}$

답－55.② 56.①

57 10[Ω]의 저항 10개를 직렬로 연결한 경우의 합성저항은 병렬로 연결한 경우의 몇 배가 되는가?

① 5배
② 10배
③ 50배
④ 100배

58 다음 회로에서 a − b 간의 합성저항은?

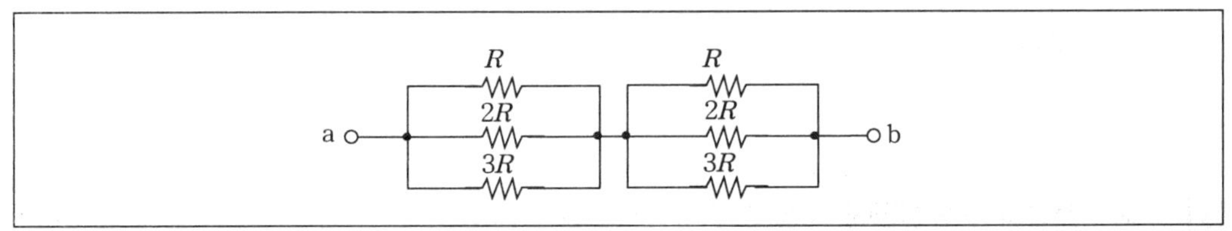

① R
② $2R$
③ $3R$
④ $6R$

59 3개의 저항 R_1, R_2, R_3 를 병렬로 접속했을 때의 합성저항은 얼마인가?

① $R_1 R_2 R_3$
② $\dfrac{R_1 R_2 R_3}{R_1 + R_2 + R_3}$
③ $\dfrac{R_1 \times R_2 \times R_3}{R_1 R_2 + R_2 R_3 + R_1 R_3}$
④ $\dfrac{R_1 R_2 + R_2 R_3 + R_3 R_1}{R_1 + R_2 + R_3}$

Answer

57 직렬 합성저항 R_s = 직렬개수×한 개의 저항 $= 10 \times 10 = 100[\Omega]$

병렬 합성저항 $R_p = \dfrac{\text{한 개의 저항}}{\text{병렬개수}} = \dfrac{10}{10} = 1[\Omega]$

$\dfrac{R_s}{R_p} = \dfrac{100}{1} = 100$배

58 $R_{ab} = \dfrac{1}{\dfrac{1}{R} + \dfrac{1}{2R} + \dfrac{1}{3R}} + \dfrac{1}{\dfrac{1}{R} + \dfrac{1}{2R} + \dfrac{1}{3R}} = \dfrac{12R}{11} \fallingdotseq R$

59 $R_p = \dfrac{R_1 R_2 R_3}{R_1 R_2 + R_2 R_3 + R_1 R_3}$

답 57.④ 58.① 59.③

60 다음 회로의 합성저항은?

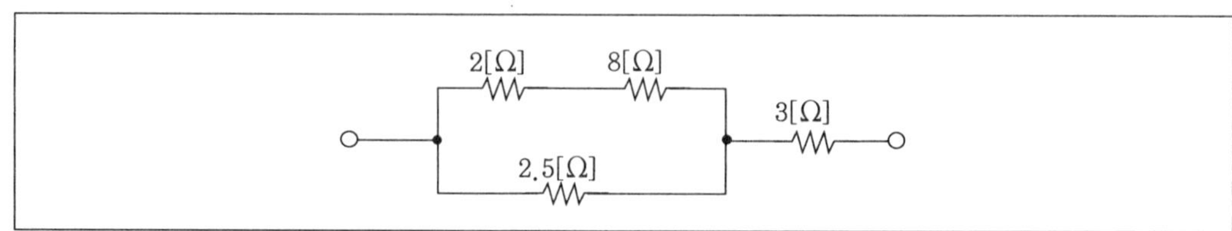

① 2[Ω] ② 5[Ω]
③ 12.5[Ω] ④ 15.5[Ω]

61 일정 전압의 직류전원에 저항을 접속하고 전류를 흘릴 때 이 전류값을 20[%] 증가시키기 위한 저항값은 몇 배로 하여야 하는가?

① 0.80 ② 0.83
③ 1.20 ④ 1.25

62 다음 중 전기저항의 역수의 명칭으로 옳은 것은?

① 저항률 ② 컨덕턴스
③ 서셉턴스 ④ 고유저항

Answer

60 $R_T = \dfrac{(2+8)\times 2.5}{(2+8)+2.5} + 3 = 5\,[\Omega]$

61 $R = \dfrac{V}{I} = \dfrac{V}{1.2I} = \dfrac{1}{1.2}$

$\dfrac{V}{I} = 0.83R$

62 $\text{컨덕턴스} = \dfrac{1}{\text{전기저항}}$

답 60.② 61.② 62.②

63 다음 옴의 법칙을 나타낸 식 중 옳지 않은 것은?

① $E = IR$ ② $I = \frac{E}{R}$

③ $R = \frac{I}{E}$ ④ $R = \frac{E}{I}$

64 50[V]의 전원전압에 의하여 3[A]의 전류가 흐르는 전기회로가 있다. 이 회로의 저항은 몇 [Ω]이 되는가?

① 17[Ω] ② 18[Ω]

③ 19[Ω] ④ 20[Ω]

65 전류가 전압에 비례하는 것은 다음 중 어느 것과 관계가 있는가?

① 키르히호프의 법칙 ② 옴의 법칙

③ 줄의 법칙 ④ 렌츠의 법칙

Answer

63 옴의 법칙

㉠ $E = IR$

㉡ $I = \frac{E}{R}$

㉢ $R = \frac{E}{I}$

64 $R = \frac{V}{I} = \frac{50}{3} \fallingdotseq 17[\Omega]$

65 ① 복잡한 구성회로의 전류와 전압의 계산을 위한 법칙으로 옴의 법칙을 응용한 것이다.
③ 도체에 전류를 흘리면 도체에는 열이 발생한다는 발열법칙이다.
④ 자속변화에 의한 유도기전력의 방향(증가/감소)을 결정하는 법칙이다.

답 63.③ 64.① 65.②

66 다음과 같은 회로의 합성저항은?

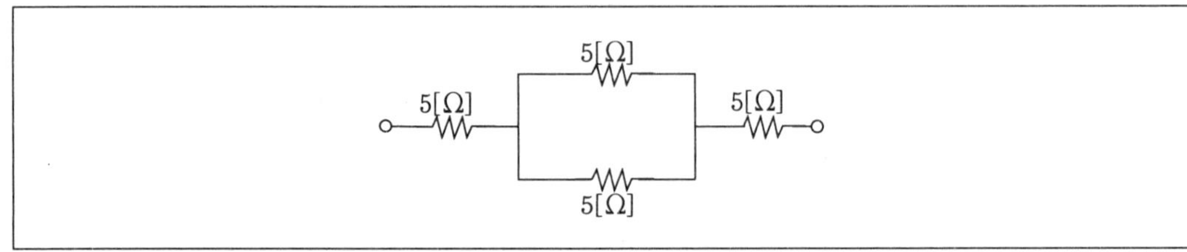

① 10[Ω] ② 12.5[Ω]
③ 20[Ω] ④ 25[Ω]

67 150[V]의 전압을 측정하려고 25[V]의 전압계를 사용하려고 할 때 배율기 저항은 전압계 내부저항의 몇 배로 하여야 하는가?

① 1배 ② 3배
③ 5배 ④ 7배

68 전압계의 내부저항이 4,000[Ω]인 100[V]의 전압계로 300[V]의 전압을 측정하려면 배율기 저항은 몇 [Ω]이 되어야 하는가?

① 80[Ω] ② 800[Ω]
③ 4,000[Ω] ④ 8,000[Ω]

Answer

66 $R = 5 + \frac{(5 \times 5)}{(5+5)} + 5 = 12.5[\Omega]$

67 $m = \frac{V_0}{V} = \frac{R_m + R_v}{R_v} = \frac{150}{25} = 6$

$R_m = R_v(m-1) = R_v(6-1) = 5R_v \quad \therefore 5$ 배

68 $V_0 = V\left(\frac{R_m}{R} + 1\right)$

$\frac{V_0}{V} = \frac{R_m}{R} + 1$

$\frac{300}{100} = \frac{R_m}{R} + 1$

$R_m = 2 \times 4{,}000$

$= 8{,}000\,[\Omega]$

답 – 66.② 67.③ 68.④

69 다음 회로도에서 V_L의 전압은?

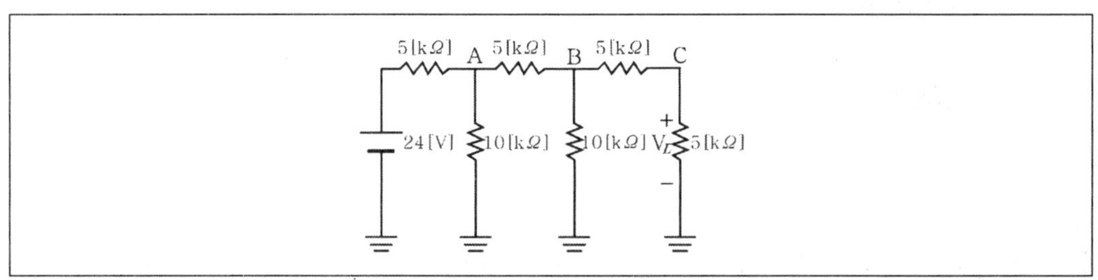

① 1　　② 2

③ 3　　④ 4

70 반지름이 3.2[mm], 길이 3[km]인 경동선의 전기저항은 얼마인가? (단, 경동선의 고유저항 = 0.018[Ω · mm^2/m])

① 0.8[Ω]　　② 1.68[Ω]

③ 3.4[Ω]　　④ 3.06[Ω]

71 30[℃]에서 저항이 50[Ω]인 구리선은 20 [℃]에서는 몇 [Ω]인가?

① 58[Ω]　　② 50[Ω]

③ 32[Ω]　　④ 48[Ω]

Answer

69 전압 분배의 법칙에 따라 A점까지 합성저항은 5[Ω]이 되므로 A점의 전압은 12[V]가 된다. B점까지의 합성저항도 5[Ω]이 되므로 B점의 전압은 6[V]가 되며 VL의 전압은 3[V]가 된다.

70 $R=\rho\dfrac{l}{A}=0.018\times\dfrac{3{,}000}{\pi\times(3.2)^2}=1.679 \fallingdotseq 1.68[\Omega]$

71 $\alpha=\dfrac{1}{234.5+30}=\dfrac{1}{264.5}$

$R_{20}=50\left\{1+\dfrac{1}{264.5}(20-30)\right\}=48[\Omega]$

답 69.③　70.②　71.④

발열작용과 전지

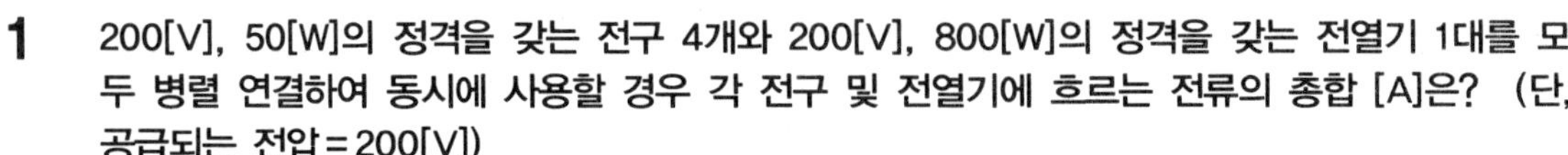

1 200[V], 50[W]의 정격을 갖는 전구 4개와 200[V], 800[W]의 정격을 갖는 전열기 1대를 모두 병렬 연결하여 동시에 사용할 경우 각 전구 및 전열기에 흐르는 전류의 총합 [A]은? (단, 공급되는 전압=200[V])

① 1　　② 2
③ 3　　④ 5

2 최대 눈금이 10[mA], 내부저항 10[Ω]의 전류계로 100[A]까지 측정하려면 몇 [Ω]의 분류기가 필요한가?

① 0.01　　② 0.05
③ 0.001　　④ 0.005

Answer

1 전체전력$(P)=50\times4+800$
$=1{,}000[\text{W}]$
전류$(I)=\dfrac{P}{V}=\dfrac{1{,}000}{200}=5[\text{A}]$

2 $I_0=I\left(\dfrac{R}{R_0}+1\right)$
$\dfrac{I_0}{I}=\dfrac{R}{R_0}+1$
$\dfrac{R}{R_0}=\dfrac{I_0}{I}-1$
$\dfrac{10}{R_0}=\dfrac{100}{10\times10^{-3}}-1$
$R_0=0.001[\Omega]$

답 1.④ 2.③

3 다음 중 1[W]와 같은 것은?

① 1[cal/s] ② 1[J/s]
③ 1[cal] ④ 1[J]

4 다음 중 전류의 열작용과 가장 관계가 깊은 것은?

① 줄의 법칙 ② 옴의 법칙
③ 쿨롱의 법칙 ④ 플레밍의 법칙

5 기전력이 3[V]이고 내부저항이 0.5[Ω]인 건전지 10개를 직렬로 접속하여 단락시키면 몇 [A]의 전류가 흐르는가?

① 30[A] ② 6[A]
③ 3[A] ④ 0.5[A]

6 100[Ω]의 저항에 2[A]의 전류가 3분간 흘렀을 때 발생하는 열량은?

① 172[kcal] ② 17.2[kcal]
③ 24.4[kcal] ④ 120[kcal]

Answer

3 1[W] … 단위시간[s]에 변환이나 전송되는 에너지[J]를 나타내는 전력의 단위이다.

4 줄의 법칙 … 저항체에 흐르는 전류의 크기와 단위시간당 발생하는 열량과의 관계를 나타내는 법칙이다. 전류로 인해 발생하는 열량 Q는 도체의 전기저항 R과 전류의 세기 I^2과 시간 t에 비례하게 된다.

5 전지의 직렬접속 $V_0 = nE$ (E : 전기 1개의 기전력)
내부저항 $r_0 = nr$ (n : 전지개수)

$$I = \frac{E_0}{R+r} = \frac{nE}{nr} = \frac{30}{5} = 6[A]$$

6 $H = 0.24I^2Rt$
$= 0.24 \times 2^2 \times 100 \times 3 \times 60$
$= 17,280[cal] = 17.2[kcal]$

답 3.② 4.① 5.② 6.②

7 300[W]의 전열기를 정격상태에서 10분 사용한 경우 발열량은?

① 30.2[kcal]
② 21.6[kcal]
③ 43.2[kcal]
④ 47.9[kcal]

8 저항에 200[V]의 전압을 인가하였더니 5[A]의 전류가 흐르고 열량이 720[cal]가 발생하였을 때 전류가 저항을 흐른 시간은?

① 1[sec]
② 2[sec]
③ 3[sec]
④ 4[sec]

9 저항이 10[Ω]인 회로에 5[A]의 전류가 흐를 경우 3초 동안 발생하는 줄열은?

① 180[cal]
② 360[cal]
③ 500[cal]
④ 860[cal]

7 $H = 0.24 I^2 Rt$

$= 0.24Pt$

$= 0.24 \times 300 \times 10 \times 60$

$= 43,200$[cal]

$= 43.2$[kcal]

8 $H = 0.24\,VIt$[cal]에서 시간으로 변환하면

$$t = \frac{H}{0.24\,VI} = \frac{720}{0.24 \times 200 \times 5} = 3[\text{sec}]$$

9 $Q = 0.24 I^2 Rt$

$= 0.24 \times 5^2 \times 10 \times 3$

$= 180$[cal]

답 – 7.③ 8.③ 9.①

10 150[μF]의 콘덴서에 800[V]의 전압을 인가하였을 때 저항에 발생하는 열량은?

① 6[cal]　② 8[cal]
③ 12[cal]　④ 16[cal]

11 전구에 100[V]의 전압을 인가하면 5[A]의 전류가 흐를 때 전구의 소비전력은?

① 100[W]　② 250[W]
③ 300[W]　④ 500[W]

12 220[V]용 전열기를 정격전압으로 3시간 동안 사용하였더니 전력계의 지시가 240.5[kWh]에서 252.5[kWh]로 변하였을 경우 이 전열기의 저항은?

① 4[Ω]　② 8[Ω]
③ 12[Ω]　④ 16[Ω]

Answer

10 $H=0.24\frac{1}{2}CV^2$

$=0.24\times\frac{1}{2}\times150\times10^{-6}\times800^2$

$=11.52$

$\fallingdotseq 12$[cal]

11 $P=VI=100\times5=500$[W]

12 전력계의 지시로 전력량을 구할 수 있다.

$252.5-240.5=12$[kWh]

3시간 동안 총 12[kWh]의 전력량이 소비되었으므로

1시간 동안의 전력량은 $\frac{12}{3}=4$[kWh]이다.

$R=\frac{V^2}{P}=\frac{220^2}{4\times10^3}=\frac{48,400}{4,000}=12.1\fallingdotseq 12$[Ω]

답 10.③ 11.④ 12.③

13 출력이 5[kW], 효율이 90[%]인 전동기를 1시간 30분 사용했을 경우 소비된 전력의 양은?

① 10[kWh]　　② 7[kWh]
③ 6.8[kWh]　　④ 4.6[kWh]

14 30[℃]의 물 300[l]를 1시간 동안에 40[℃]의 온도로 높이기 위해 사용해야 할 전열기 용량은? (단, 효율=80[%])

① 3.3[kW]　　② 3.6[kW]
③ 4.3[kW]　　④ 4.6[kW]

15 용량이 45[Ah]인 전지에 5[A]의 전류를 흘린다면 이 전지를 사용할 수 있는 시간은?

① 3[h]　　② 6[h]
③ 9[h]　　④ 12[h]

Answer

13 $W = P\eta t = 5 \times 0.9 \times 1.5$
$= 6.75 ≒ 6.8$[kWh]

14 $mCT = 0.24P\eta t$의 식을 P에 대해서 정리하면

$$P = \frac{mCT}{0.24\eta t} = \frac{300 \times 1 \times (40-30)}{0.24 \times 0.8 \times 60 \times 60}$$
$$= \frac{3{,}000}{691.2}$$
$$= 4.3[\mathrm{kW}]$$

15 $C = It$ 의 식을 t에 대해서 정리하면

$$t = \frac{C}{I} = \frac{45}{5} = 9[\mathrm{h}]$$

답 13.③ 14.③ 15.③

16 직류전원의 내부저항을 측정하고자 한다. 내부저항이 300[Ω]인 전압계를 사용하여 측정하였더니 90[V], 내부저항이 600[Ω]인 전압계를 사용하였더니 150[V]를 나타내었다면 직류전원의 내부저항은?

① 300[Ω]　　② 400[Ω]
③ 600[Ω]　　④ 1,200[Ω]

17 웨스턴 카드뮴 표준전지의 20[℃]에서의 기전력 [V]은 얼마인가?

① 1.0018　　② 1.0118
③ 1.0183　　④ 10.1186

18 납축전지의 전해액에는 어떤 것이 사용되는가?

① 염산　　② 묽은 황산
③ 질산　　④ 묽은 초산

Answer

16 $E=I(r+R)$

$E=\dfrac{90}{300(r+300)}$ ……………………… ㉠

$=0.3(r+300)$

$E=\dfrac{150}{600}(r+600)$ ……………………… ㉡

$=0.25(r+600)$

㉠-㉡ 식에서

$E=0.3(r+300)$

$-)\ E=0.25(r+600)$

$=0.3r+90$

$-)\ =0.25r+150$

$0.05r-60$

$0.05r=60$

$\therefore\ r=1,200[\Omega]$

17 표준전지 … 클라크전지, 웨스턴전지가 사용되며 20℃에서의 기전력은 1.0183[V]이다.

18 납축전지의 전해액은 비중이 1.2 ~ 1.3 정도의 묽은 황산을 이용한다.

답 — 16.④ 17.③ 18.②

19 납축전지의 단자전압은 약 몇 [V]인가?

① 1.5[V]　　② 2[V]
③ 3[V]　　④ 4[V]

20 다음 중 전기분해에 적합한 전기는 어느 것인가?

① AC 100V　　② DC
③ 60Hz의 AC　　④ 고압의 AC

21 은 전량계는 무엇의 표준기인가?

① 저항　　② 전압
③ 무게　　④ 전류

22 화학당량에 대한 표현으로 옳은 것은?

① 원자가×원자량　　② $\frac{원자가}{원자량}$
③ $\frac{분자량}{원자가}$　　④ $\frac{원자량}{원자가}$

Answer

19 납축전지의 방전…초기 기전력은 약 2[V]이며 방전함에 따라서 1.8[V]까지 하락한다.

20 전기분해는 전해액에 전류가 흘러 화학변화를 일으키는 현상이므로 전해액 측정에는 직류전압(DC)이 적합하다.

21 은 전량계…단위시간 내에 전류를 흘려 은의 석출량에 따른 전류의 세기를 측정한다.

22 화학당량 = $\frac{원자량}{원자가}$

답 — 19.② 20.② 21.④ 22.④

23 패러데이의 법칙에 대한 설명으로 옳은 것은?

① 전극에서 석출되는 물질의 양은 통과한 전기량에 비례한다.
② 전극에서 석출되는 물질의 양은 통과한 전기량의 제곱에 비례한다.
③ 전극에서 석출되는 물질의 양은 통과한 전기량에 반비례한다.
④ 전극에서 석출되는 물질의 양은 통과한 전기량의 제곱에 반비례한다.

24 두 종류의 금속의 접합부에 전류를 흘리면 전류의 방향에 따라 줄열 이외의 열의 발생 또는 흡수현상이 생기는 것을 무엇이라 하는가?

① 옴의 법칙　　② 제베크 효과
③ 압전 효과　　④ 펠티에 효과

25 다음 ㈎, ㈏에 들어갈 말로 알맞은 것은?

> "줄열은 ㈎가 ㈏ 사이의 공간을 이동하여 서로 충돌하거나 ㈎와의 충돌 때문에 발생한다."

	㈎	㈏
①	원자	중성자
②	자유전자	원자
③	중성자	자유전자
④	양성자	원자

Answer

23 패러데이의 법칙
전기분해에서 석출한 물질의 양 $w=$ 전하량×비례상수
$=$ 전류×초×비례상수
$= kIt = kQ$

24 ① 전기회로에 흐르는 전류는 전압에 비례, 저항에 반비례한다는 법칙이다.
② 두 종류의 금속을 고리형태로 연결하고 한쪽 접점에는 고온, 다른 쪽은 저온으로 온도차를 주면 회로에 전류가 흐르는 현상이다.
③ 결정판에 일정방향에서 압력을 가할 경우 판의 양면에 외력에 비례하는 전하가 나타나는 현상이다.
④ 서로 다른 종류의 금속을 접지시켜 전류가 흐를 때 두 금속의 접합부에서 열의 발생 또는 흡수가 일어나는 현상이다.

25 줄열은 자유전자가 원자사이의 공간을 이동하여 서로 충돌하거나 자유전자와의 충돌 때문에 발생한다.

답— 23.① 24.④ 25.②

26 양극판 부근에 양극판 금속의 염류를 두고 전류가 통할 때 그 염류 중의 금속이온을 양극판 위에 석출시켜 수소를 양극판 위에 유리시키지 않는 감극법을 쓰고 있는 전지는?

① 다니엘 전지　② 르클랑셰 전지
③ 중크롬산 전지　④ 공기 전지

27 전구의 점등 전의 저항과 점등 후의 저항을 비교 설명한 것으로 옳은 것은?

① 점등 후의 저항이 크다.　② 점등 전의 저항이 크다.
③ 같다.　④ 때에 따라 다르다.

28 연동선으로 만든 코일의 저항이 20[℃]에서 1.6[Ω]이었을 경우 70[℃]에서는 얼마인가?

① 19[Ω]　② 2.8[Ω]
③ 1.9[Ω]　④ 28[Ω]

Answer

26 ② 양극에 탄소, 음극에 아연, 전해액으로 염화암모늄 용액을 사용하는 건전지로 망간 혹은 르클랑셰 전지라고 한다.
③ 양극에 탄소, 음극에 아연, 전해액으로 중크롬산칼륨을 사용하는 전지로 단시간에 다량의 전류를 흘릴 수 있다.
④ 전지 내의 기전력을 방지하기 위해 복극제을 사용하는 것으로 보청기 등에 사용한다.

27 필라멘트(도체)는 (+)온도계수를 가지므로 점등이 되면 온도가 상승하여 저항이 커진다.

28
$$\alpha_t = \frac{1}{234.5+t} = \frac{1}{234.5+20} = \frac{1}{254.5}$$
$$R_T = 1.6\left[1 + \frac{1}{254.5}(70-20)\right] \fallingdotseq 1.9[\Omega]$$

답 26.① 27.① 28.③

29 서로 다른 금속을 접속하고 접속점을 서로 다른 온도로 유지를 하게 되면 기전력이 생겨서 일정한 방향으로 전류가 흐르는 현상은?

① 제백효과　　② 펠티에효과
③ 압전효과　　④ 톰슨효과

30 서로 다른 금속에서 다른 쪽의 금속으로 전류를 흘리면 열의 발생 또는 흡수가 일어나는 현상은?

① 핀치효과　　② 파이로전기효과
③ 펠티에효과　　④ 톰슨효과

31 고유저항이 ρ [Ω · m], 길이가 l [m], 반지름이 r [m]인 전선의 저항은?

① $R=\dfrac{2\pi l}{\rho}$　　② $R=\rho\dfrac{\pi r^2}{l}$
③ $R=\rho\dfrac{l}{2\pi r}$　　④ $R=\rho\dfrac{l}{2\pi r^2}$

32 동종의 금속에서 각부에서 온도가 다르면 그 부분에서 열의 발생 또는 흡수가 일어나는 효과는?

① 파이로전기효과　　② 핀치효과
③ 톰슨효과　　④ 제백효과

Answer

29 제백효과 : 서로 다른 금속을 접속하고 접속점을 서로 다른 온도로 유지를 하게 되면 기전력이 생겨서 일정한 방향으로 전류가 흐르는 현상

30 펠티어효과 : 서로 다른 금속에서 다른 쪽의 금속으로 전류를 흘리면 열의 발생 또는 흡수가 일어나는 현상

31 저항$(R)=\rho\dfrac{l}{A}=\rho\dfrac{l}{2\pi r^2}$ (ρ : 고유저항, l : 도체의 길이, A : 단면적)

32 톰슨효과 : 동종의 금속에서 각부에서 온도가 다르면 그 부분에서 열의 발생 또는 흡수가 일어나는 효과

답 — 29.① 30.③ 31.④ 32.③

33 저항 30[Ω], 저항의 온도계수 $\alpha_1 = 10 \times 10^{-3} [1/^oC]$ 의 동선에 직렬로 저항 50[Ω], 온도계수 $\alpha_2 = 0[1/^oC]$ 의 망간선을 접속한 경우 합성저항온도계수는?

① $1.25 \times 10^{-4}[1/^oC]$
② $1.80 \times 10^{-4}[1/^oC]$
③ $2.24 \times 10^{-4}[1/^oC]$
④ $2.56 \times 10^{-4}[1/^oC]$

34 표준 연동의 고유저항 [Ω · m]은 얼마인가?

① $\frac{1}{58} \times 10^{-6}$
② $\frac{1}{58} \times 10^{-7}$
③ $\frac{1}{58} \times 10^{-8}$
④ $\frac{1}{58} \times 10^{-9}$

35 10[℃]의 물 1,000[g] 속에 50[Ω]의 저항을 넣고 5[A]의 전류를 1분 동안 흘렸다면 마지막 온도는 몇 도인가?

① 28[℃]
② 32[℃]
③ 36[℃]
④ 42[℃]

33 $\alpha_{합성저항} = \frac{\alpha_1 R_1 + \alpha_2 R_2}{R_1 + R_2} = \frac{10 \times 10^{-3} \times 30 + 0 \times 50}{30 + 50} = 1.25 \times 10^{-4} [1/^oC]$

34 20[℃]일 때 연동의 고유저항은 $\frac{1}{58}[\Omega \cdot mm^2/m]$이므로 $\frac{1}{58}[\Omega \cdot m]$로 환산하면 $\frac{1}{58} \times 10^{-6}[\Omega \cdot m]$이다.

35 $T = \frac{0.24 I^2 Rt}{m(질량)} + T_1 = \frac{0.24 \times (5)^2 \times 50 \times 60}{1,000} + 10 = 28[℃]$

답 – 33.① 34.① 35.①

36 13.2[℃]의 물 1[ton]을 10분 동안에 42[℃]의 물로 만들려고 할 때 사용해야 할 전열기의 용량은 몇 [kW]인가?

① 100[kW] ② 200[kW]
③ 300[kW] ④ 400[kW]

37 어떤 저항에서 100[V]의 전압을 인가했더니 2[A]의 전류가 흐르고 300[cal]의 열량이 발생하였다. 전류가 흐른 시간은 몇 분인가?

① 1분 ② 2분
③ 0.1분 ④ 20분

38 어떤 저항에서 1[kWh]의 전력량을 소비시켰을 때 발생하는 열량은 몇 [kcal]인가?

① 864 ② 746
③ 784 ④ 825

Answer

36 $H=m(T-t_1)$

$0.24Pt=m(T-t_1)$

$P=\dfrac{m(T-t_1)}{0.24t}=\dfrac{10^6(42-13.2)}{0.24\times10\times60}=200[\mathrm{kW}]$

37 열량 $H=0.24VIt$

$t=\dfrac{H}{0.24VI}=\dfrac{300}{0.24\times100\times2}=6.25[\mathrm{sec}]$

∴ 약 0.1분

38 1[kWh]= $VIt\times10^3\times3,600=3.6\times10^6[\mathrm{J}]$

열량 $H=0.24\times3.6\times10^6=864[\mathrm{kcal}]$

답– 36.② 37.③ 38.①

39 500[W]의 전열기를 5분간 사용하면 20[℃]의 물 1[kg]을 몇 [℃]로 데울 수 있는가?

① 36[℃] ② 46[℃]
③ 56[℃] ④ 76[℃]

40 저항 25[Ω]의 전열기를 200[V]의 전원에 연결해서 10분간 전류를 흐르게 할 때 발생하는 열량은 몇 [kcal]인가?

① 960[kcal] ② 230.4[kcal]
③ 96[kcal] ④ 2,304[kcal]

41 25[°C]에서 저항이 20[Ω]인 코일이 있다. 50[°C]에서 코일의 저항[Ω]은? (단, 25[°C]에서 코일의 저항온도계수는 0.002이다.)

① 16 ② 21
③ 25 ④ 28

Answer

39 $0.24Pt = m(T - T_1)$

$$T = \frac{0.24Pt}{m} + T_1 = \frac{0.24 \times 500 \times 5 \times 60}{1,000} + 20 = 56[℃]$$

40 열량 $H = 0.24\frac{V^2}{R}t = 0.24 \times \frac{200^2}{25} \times 10 \times 60 = 230.4[\text{kcal}]$

41 $R_{50} = R_{25}(1 + \alpha_{25}(T_2 - T_1)) = 20(1 + 0.002(50 - 25)) = 21[^\circ C]$

답 – 39.③ 40.② 41.②

42 200[V], 1.6[kW] 전열기의 전열선의 저항을 반감시킬 경우 소비되는 전력은?

① 1.6[kW] ② 2[kW]
③ 3.2[kW] ④ 4[kW]

43 5분간 960,000[J]의 일을 한 전열기의 전력은?

① 3.2[kW] ② 6.4[kW]
③ 3.7[kW] ④ 7.3[kW]

44 기전력이 3[V], 용량이 15[Ah]인 축전지를 5개 직렬로 연결하여 사용할 경우 기전력이 18[V]가 될 때 축전지의 용량은?

① 3[Ah] ② 15[Ah]
③ 30[Ah] ④ 300[Ah]

Answer

42 $R=\dfrac{V^2}{P}=\dfrac{200^2}{1,600}=25[\Omega]$

반감시켰으므로 $R_0=\dfrac{1}{2}\times 25=12.5[\Omega]$

$P=\dfrac{V^2}{R_0}=\dfrac{200^2}{12.5}=3,200=3.2[\text{kW}]$

43 $P=\dfrac{W}{t}=\dfrac{960,000}{5\times 60}=3,200=3.2[\text{kW}]$

44 전지의 용량 = 전류×시간이므로 직렬접속이므로 전압은 증가하고 전류는 일정하다.

답 ─ 42.③ 43.① 44.②

45 300[W] 전열기를 정격상태에서 20분 동안 사용할 경우의 발열량은?

① 864[cal] ② 86.4[kcal]
③ 86.4[cal] ④ 864[kcal]

46 100[V], 200[W]의 전열기를 90[V]의 전압으로 사용할 경우 소비전력은?

① 98[W] ② 128[W]
③ 162[W] ④ 200[W]

47 30[°C]의 물 5L를 용기에 넣어 1[kW]의 전열기로 가열하여 물의 온도를 80[°C]로 올리는데 30분이 필요하였다. 이 때 전열기의 효율은 약 몇[%]인가?

① 45.0 ② 58.0
③ 64.0 ④ 72.0

Answer

45 $H=0.24Pt=0.24\times300\times20\times60$
$=86,400[\text{cal}]$
$=86.4[\text{kcal}]$

46 전열기 저항 $R=\dfrac{100^2}{200}=50[\Omega]$

90[V] 전압사용시 전력 $P=\dfrac{V^2}{R}=\dfrac{90^2}{50}=162[\text{W}]$

47
- 물의 비열은 1kcal/kg°C이다. 30[°C]의 물 5L를 80[°C]로 올리는 데는 5×(80−30)=250[kcal]가 필요하다. 이를 [J]로 환산하면 4.2를 곱해줘야 함으로 250×4.2=1.05×10^3[kJ]이 된다.
- 초당 필요한 에너지는 1.05×10^3[kJ]/(30×60)=0.583[kW]가 된다.
- 이 0.583[kW]를 1[kW]로 나눈 값은 0.58이므로 58%가 된다.

답 45.② 46.③ 47.②

48 기전력 2.0[V], 내부저항이 0.2[Ω]인 전지 6개를 직렬로 연결한 후 단락시켰을 때 단락전류는?

① 5[A] ② 10[A]
③ 15[A] ④ 20[A]

49 정전용량 $5[\mu F]$의 콘덴서를 200[V]로 충전한 후 이것을 큰 전기저항을 가진 도선으로 단열적으로 방전시켰다면 도선의 온도상승은 약 몇 [°C]인가? (단, 도선의 열용량=0.05[cal/[°C] 이다.)

① 0.24 ② 0.48
③ 0.72 ④ 0.96

50 질산은 용액에 10[A]의 전류를 흘러 10[g]의 은을 석출하는 데 걸리는 시간은? (단, 전기화학당량 = 0.00112[g/C])

① 7[min] ② 15[min]
③ 20[min] ④ 25[min]

Answer

48 $I=\dfrac{nE}{nr+R}=\dfrac{6\times2.0}{6\times0.2+0}=10[A]$ (단락시 부하저항은 0이다)

49 콘덴서에 축적되는 에너지 $W=\dfrac{1}{2}CV^2=\dfrac{1}{2}\cdot5\cdot10^{-6}\cdot200^2=0.1[J]$

1[J]=0.24[cal]이므로 H=0.24W=0.24×0.1=0.024[cal]

온도상승은 $T=\dfrac{0.024}{0.05}=0.48[°C]$

50 $W=kQ=KIt$

$t=\dfrac{W}{KI}=\dfrac{10}{0.00112\times10\times60}=14.8\fallingdotseq15[min]$

답 48.② 49.② 50.②

교류회로

01. 교류회로의 기초
02. 교류회로의 해석
03. 교류전력
04. 3상회로
05. 2단자망과 4단자망
06. 과도현상

교류회로의 기초

1 **다음 중 파고율 및 파형률이 모두 1인 파형은?**

① 삼각파 ② 사인파
③ 구형파 ④ 고조파

2 $V = 141.4\sin\omega t$**[V]의 전압에서 실효값 [V]은?**

① 100[V] ② 220[V]
③ 380[V] ④ 440[V]

3 **최대값 10[A]인 정현파 전류의 평균값은 얼마인가?**

① 3.75[A] ② 5.36[A]
③ 6.0[A] ④ 6.37[A]

Answer

1 파고율과 파형률

종류	파형률	파고율
직사각형파(구형파)	1	1
사인파	1.11	1.414
삼각파	1.155	1.732

2 $V = V_m \sin\omega t = \sqrt{2}\, V\sin\omega t$ 이므로 실효값 V는

$\frac{141.4}{\sqrt{2}} = 100[\mathrm{V}]$

3 평균값 $I_a = \frac{2}{\pi} \times I_m = \frac{2}{\pi} \times 10 = 6.366 ≒ 6.37[\mathrm{A}]$

답 – 1.③ 2.① 3.④

4 다음 중 $\frac{\pi}{6}$[rad]을 도수법으로 옳게 나타낸 것은?

① 15[°]　　② 30[°]
③ 45[°]　　④ 60[°]

5 주파수 f =80[Hz], 전압의 최대값이 200[V]일 때 각주파수는?

① 100π [rad/s]　　② 120π [rad/s]
③ 140π [rad/s]　　④ 160π [rad/s]

6 $v = V_m \sin(\omega t + 30°)$[V], $i = I_m \sin\left(\omega t - \frac{\pi}{6}\right)$[A]일 때 다음 중 옳은 것은?

① 전압과 전류는 동상이다.　　② 전압과 전류는 역위상이다.
③ 전압은 전류보다 $\frac{\pi}{3}$[rad] 앞선다.　　④ 전류는 전압보다 $\frac{\pi}{3}$[rad] 앞선다.

7 사인파 교류전압의 실효값이 125[V]일 때 최대값은?

① 141.40[V]　　② 173[V]
③ 176.75[V]　　④ 282.8[V]

Answer

4 $\frac{\pi}{6} \times \frac{180°}{\pi} = 30[°]$

5 $\omega = 2\pi f = 2 \times \pi \times 80$
$= 160\pi$ [rad/s]

6 전압을 기준으로 하여 위상차 θ 는 $30° - (-30°) = 60° = \frac{\pi}{3}$[rad]

전류는 전압보다 $\frac{\pi}{3}$[rad] 뒤져 있고, 전압은 전류보다 $\frac{\pi}{3}$[rad] 앞선다.

7 $V_m = \sqrt{2}\, V$
$= 125 \times \sqrt{2} = 176.75$[V]

답 4.② 5.④ 6.③ 7.③

8 복소수 $A_1 = 3 + j4$, $A_2 = 1 + j2$의 곱은?

① $-4+j7$　② $-5+j10$
③ $-6+j12$　④ $-7+j13$

9 $I = 3 + j4$[A]인 전류의 크기는?

① 1[A]　② 3[A]
③ 5[A]　④ 12[A]

10 사인파 교류 $i = 10\sin(\omega t - 60°)$를 벡터로 바르게 표시한 것은?

① $10\angle -60°$　② $\dfrac{10}{\sqrt{2}}\angle -60°$
③ $10\angle -30°$　④ $\dfrac{10}{\sqrt{2}}\angle -30°$

11 사인파 전류의 최대값이 30[A]일 때 실효값은?

① 14.1[A]　② 21.2[A]
③ 28.3[A]　④ 35.5[A]

Answer

8 $A_1 A_2 = (3+j4)(1+j2)$
$= 3 + j6 + j4 + 8j^2 \; (j^2 = -1)$
$= -5 + j10$

9 $I = \sqrt{3^2 + 4^2} = \sqrt{25} = 5$[A]

10 $I = 10\sin(\omega t - 60°)$이므로 실효값이 $\dfrac{10}{\sqrt{2}}$, 위상이 $-60°$이다.

$\therefore \dfrac{10}{\sqrt{2}}\angle -60°$

11 $I = \dfrac{1}{\sqrt{2}} \times I_m$
$= \dfrac{1}{\sqrt{2}} \times 30$
$= 21.2$[A]

답 8.② 9.③ 10.② 11.②

12 $v_1 = 50\sqrt{2}\, sin\omega t$[V], $v_2 = 60\sqrt{2}\, sin\left(\omega t + \frac{\pi}{6}\right)$[V]인 사인파 전압의 실효값의 합은?

① 100[V] ② 85[V]
③ 106[V] ④ 424[V]

13 $Z = \sqrt{6 + j8}$ 의 절대값을 바르게 나타낸 것은?

① 5 ② 6
③ 8 ④ 10

14 $i = 60\cos 288t$[A]의 주기로 옳은 것은?

① 0.01[sec] ② 0.02[sec]
③ 0.03[sec] ④ 0.04[sec]

Answer

12 v_1의 실효값 = 50[V]

v_2의 실효값 = 60[V]

v_1, v_2의 위상차 = $\frac{\pi}{6}$[rad]

$$V = \sqrt{\left(v_1 + v_2\cos\frac{\pi}{6}\right)^2 + \left(v_2\sin\frac{\pi}{6}\right)^2}$$
$$= \sqrt{(50 + 60 \times 0.86)^2 + (60 \times 0.5)^2}$$
$$= \sqrt{10,322.56 + 900}$$
$$= 105.93 \fallingdotseq 106[V]$$

13 절대값 = $\sqrt{(\text{실수부})^2 + (\text{허수부})^2}$
$$= \sqrt{6^2 + 8^2}$$
$$= \sqrt{100}$$
$$= 10$$

14 $i = I_m \cos\omega t = 60\cos 288t$ 이므로

$$T = \frac{2\pi}{\omega} = \frac{2\pi}{288} = 0.021 \fallingdotseq 0.02[sec]$$

답 12.③ 13.④ 14.②

15 $i_1 = 10\sqrt{2}\ sin\omega t$ [A], $i_1 = 8\sqrt{2}\ sin\left(\omega t - \frac{\pi}{6}\right)$[A]인 두 전류의 차에 대한 위상각은?

① 42[°] ② 52[°]
③ 62[°] ④ 72[°]

16 교류전압의 실효값이 100[V]일 때 이 교류를 정확히 표시한 것은?

①
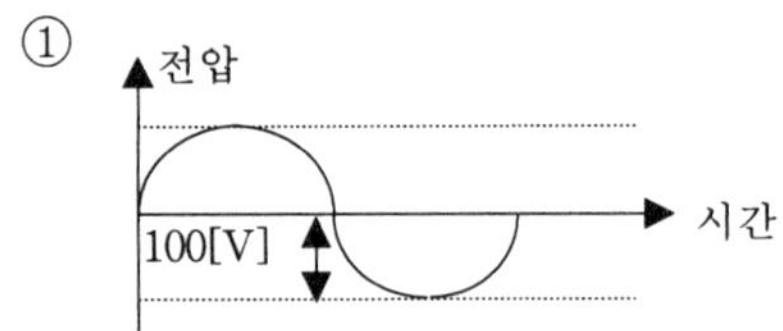

②
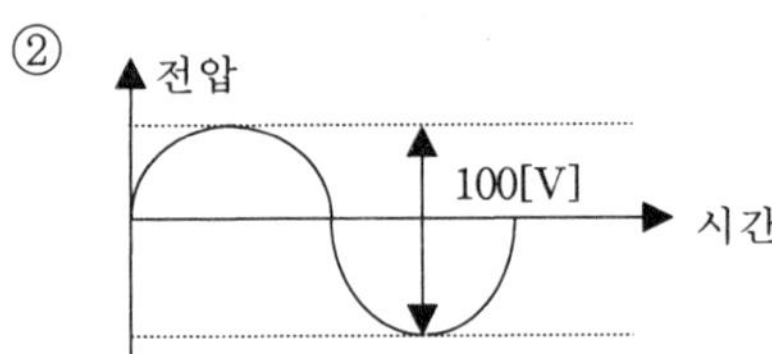

③
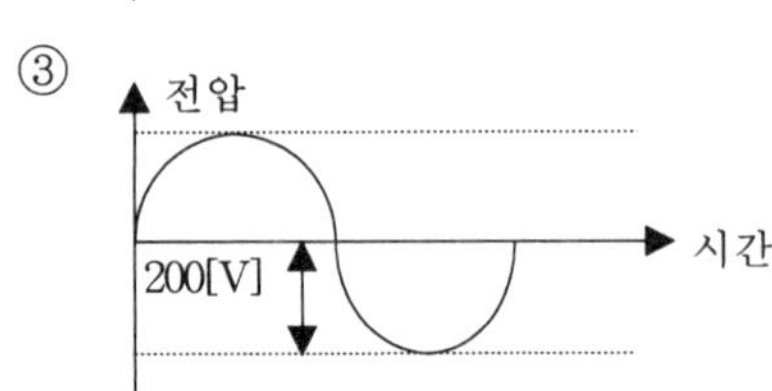

④
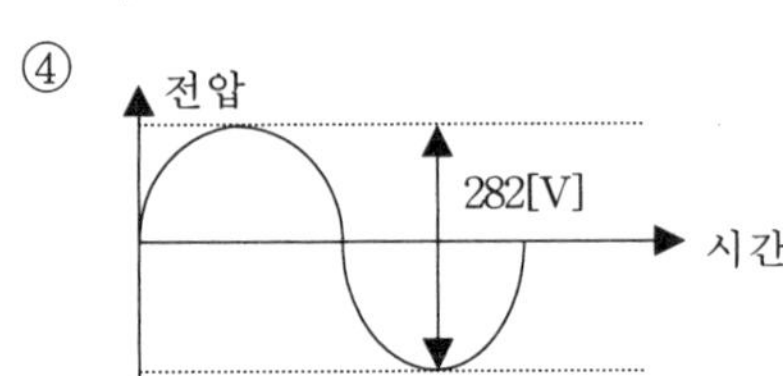

17 주기 $T = 0.002$[sec]의 파형에서 주파수 f 는?

① 400[Hz] ② 500[Hz]
③ 600[Hz] ④ 700[Hz]

Answer

15 두 전류의 실효값의 차를 구하면

$$I = \sqrt{\left(I_1 - I_2\cos\frac{\pi}{6}\right)^2 + \left(I_2\sin\frac{\pi}{6}\right)^2}$$
$$= \sqrt{(10-8\times0.86)^2 + (8\times0.5)^2}$$
$$= \sqrt{(3.12)^2 + (4)^2}$$
$$= 5.03[A]$$

위상각 $\theta = \tan^{-1}\frac{4}{3.12}$

$≒ 1.28$

$≒ 52[°]$

16 실효값이 100[V]이면 최대값은 $100\times\sqrt{2} = 141.1$이므로 약 282[V]가 한 주기의 교류값이다.

17 $f = \frac{1}{T} = \frac{1}{0.002} = 500[Hz]$

답 — 15.② 16.④ 17.②

18 교류회로에서 순시값 $e = V_m\sin(\omega t + \phi)$[V]인 교류 기전력의 평균값 V_{av}[V]는?

① $V_{av} = \frac{V_m}{3}$　　② $V_{av} = \frac{2}{\pi} \cdot V_m$

③ $V_{av} = \frac{V_m}{\sqrt{2}}$　　④ $V_{av} = \sqrt{2} \cdot V_m$

19 v =141.4sin120πt [V]의 평균값은 몇 [V]인가?

① 90　　② 100

③ 141.4　　④ 171

20 주파수 60[Hz], 전류 10[A]의 교류전류의 순시값은?

① $i = 10\sin 60\pi t$　　② $i = 10\sin 120\pi t$

③ $i = 141\sin \pi t$　　④ $i = 14.1\sin 120\pi t$

21 최대값 10[A]인 교류전류의 평균값은 얼마인가?

① 12[A]　　② 6.37[A]

③ 3.77[A]　　④ 3.14[A]

Answer

18 $V_{av} = \frac{2}{\pi} V_m$ [V]

19 $V_a = \frac{2}{\pi} V_m = \frac{2}{\pi} \times 141.4 ≒ 90$[V]

20 $\omega = 2\pi f = 2\pi \times 60 = 120\pi$[rad/sec]

$I_m = \sqrt{2} I = \sqrt{2} \times 10 ≒ 14.1$[A]

$\therefore i = I_m \sin\omega t$ 에서

$i = 14.1\sin 120\pi t$ [A]

21 $V_a = \frac{2}{\pi} V_m = \frac{2}{\pi} \times 10 ≒ 6.37$[A]

답 — 18.② 19.① 20.④ 21.②

22 $I_m \sin\omega t$ 의 실효값은?

① $\frac{I_m}{2}$　② $\frac{I_m}{\sqrt{3}}$

③ $\frac{I_m}{\sqrt{2}}$　④ $\sqrt{3}\,I_m$

23 1[rad]는 몇 [°]인가?

① 180[°]　② 120[°]

③ 57.3[°]　④ 32.5[°]

24 1[Hz]의 전기각은 몇 도인가?

① 90[°]　② 180[°]

③ 270[°]　④ 360[°]

25 사인파 교류의 평균값은?

① $\frac{2}{\pi}\sqrt{2}\times$실효값　② $\frac{2}{\pi}\sqrt{2}\times$최대값

③ $\frac{2}{\pi}\times$실효값　④ $\frac{\pi}{2\sqrt{2}}\times$최대값

Answer

22 $I=\frac{1}{\sqrt{2}}I_m=\frac{I_m}{\sqrt{2}}$[A]

23 π[rad]$=180$[°]에서

1[rad]$=\frac{180}{\pi}\fallingdotseq 57.3$[°]

24 $\omega=2\pi f=2\pi\times\frac{180°}{\pi}=360$[°]

25 최대값 ≒ $\sqrt{2}\times$실효값이고, 평균값은 $\sqrt{2}\times\frac{2}{\pi}\times$실효값이다.

답 – 22.③ 23.③ 24.④ 25.①

26 가정용 전등선의 전압은 실효값으로 220[V]이다. 이 교류의 최대값은 몇 [V]인가?

① 155.6　② 311.1
③ 381.1　④ 127.1

27 평균값 100[V]인 교류전압의 최대값은 얼마인가?

① 220[V]　② 175[V]
③ 157[V]　④ 141[V]

28 $V=141\sin 377t$ [V]되는 사인파 전압의 실효값은?

① 100[V]　② 110[V]
③ 150[V]　④ 180[V]

29 $e=V_m\sin\left(\omega t+\frac{\pi}{3}\right)$[V]인 교류의 파고율은?

① 1.010　② 1.11
③ 1.414　④ 1.732

Answer

26 최대값 $V_m=\sqrt{2}\times$실효값

$V_m=\sqrt{2}\times 220 \fallingdotseq 311.1$[V]

27 $V_a=\frac{2}{\pi}V_m$[V]

$V_m=\frac{\pi}{2}V_a=\frac{\pi}{2}\times 100 \fallingdotseq 157$[V]

28 $V=\frac{1}{\sqrt{2}}V_m=\frac{1}{\sqrt{2}}\times 141 \fallingdotseq 100$[V]

29 파고율 $=\frac{\text{최대값}}{\text{실효값}}=\frac{V_m}{V}=\frac{\sqrt{2}\,V}{V}=\sqrt{2}=1.414$

답 ─ 26.② 27.③ 28.① 29.③

30 파고율을 구하고자 할 때 사용하는 공식으로 옳은 것은?

① $\frac{실효값}{평균값}$　② $\frac{최대값}{실효값}$

③ $\frac{평균값}{실효값}$　④ $\frac{실효값}{최대값}$

31 $e = A\sin\omega t + B\cos\omega t$[V]인 교류전압의 주파수 [Hz]는?

① π　② $\frac{\omega}{2\pi}$

③ $2\pi r$　④ $\frac{2\pi}{\omega}$

32 $e = 156\sin 377t$[V]의 정현파 전압의 실효값은?

① 100[A]　② 110[V]

③ 120[V]　④ 156[V]

Answer

30 파고율과 파형률

㉠ 파고율 $= \frac{최대값}{실효값}$

㉡ 파형률 $= \frac{실효값}{평균값}$

31 동일 주파수인 2개의 사인파 교류를 더하면 최대치와 위상은 다르지만 같은 주파수의 사인파 교류가 된다.

$\omega = 2\pi f$에서 $f = \frac{\omega}{2\pi}$[Hz]이다.

32 $V = \frac{1}{\sqrt{2}} V_m = \frac{1}{\sqrt{2}} \times 156 ≒ 110\,[\mathrm{V}]$

답 — 30.② 31.② 32.②

33 $V=141\sin\left(120\pi t-\frac{\pi}{3}\right)$인 파형의 주파수는 몇 [Hz]인가?

① 120[Hz] ② 60[Hz]
③ 30[Hz] ④ 15[Hz]

34 $v=100\sin 100\pi t$ [V]의 교류에서 실효치 전압 V와 주파수 f를 옳게 표시한 것은?

① $V=70.7$[V], $f=60$[Hz] ② $V=70.7$[V], $f=50$[Hz]
③ $V=100$[V], $f=60$[Hz] ④ $V=100$[V], $f=50$[Hz]

35 다음 중 정현파에 비해 일그러짐 정도를 나타내는 파형률, 파고율의 값이 모두 1인 것은?

① 구형파 ② 반원파
③ 정현파 ④ 삼각파

Answer

33 $f=\frac{\omega}{2\pi}=\frac{120\pi}{2\pi}=60$[Hz]

34 $V=\frac{1}{\sqrt{2}}\times 100 ≒ 70.7$[V]

$\omega=2\pi f$ [rad/sec]에서 $f=\frac{\omega}{2\pi}=\frac{100\pi}{2\pi}=50$[Hz]

35 여러가지 파형의 파형률과 파고율

파형	파형률	파고율
구형파	1	1
사인파	1.11	1.414
전파 정류과	1.11	1.414
삼각파	1.155	1.732

※ 파형률과 파고율

㉠ 파형률 $=\frac{\text{실효값}}{\text{평균값}}=\frac{\frac{V_m}{\sqrt{2}}}{\frac{2V_m}{\pi}}=\frac{\pi V_m}{2\sqrt{2}\,V_m}=1.11$

㉡ 파고율 $=\frac{\text{최대값}}{\text{실효값}}=\frac{V_m}{\frac{V_m}{\sqrt{2}}}=\sqrt{2}=1.414$

답 33.② 34.② 35.①

36 위상차가 $\frac{\pi}{3}$[rad]인 60[Hz]의 2개의 교류 발전기가 있다. 이 위상차를 시간으로 표시하면 몇 초인가?

① $\frac{1}{120}$　② $\frac{1}{240}$
③ $\frac{1}{360}$　④ $\frac{1}{720}$

37 다음과 같은 파형의 전류가 흐르고 있는 회로에 연결한 직류 전류계의 지시는 얼마인가? (단, 각 파형은 정현파(+)의 반주파이다)

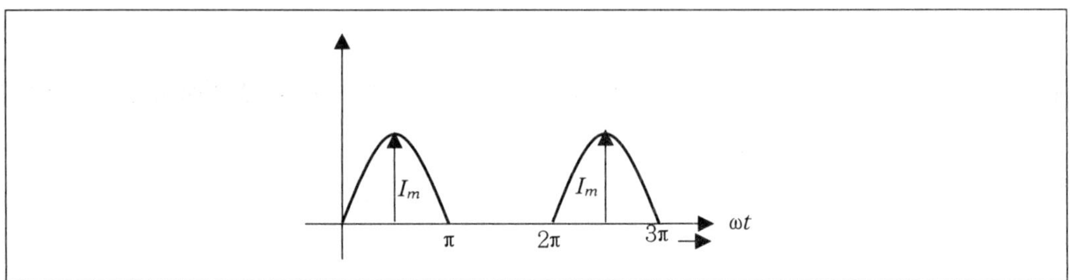

① $\frac{\sqrt{3}\,I_m}{\pi}$　② $I_m\pi$
③ $\frac{2I_m}{\pi}$　④ $\frac{I_m}{\pi}$

Answer

36 $\theta = \omega t$ 에서

$$t = \frac{\theta}{\omega} = \frac{\frac{\pi}{3}}{2\pi f} = \frac{\frac{\pi}{3}}{2\pi \times 60} = \frac{1}{360}\text{[sec]}$$

37 정현파의 평균값은 $\frac{2I_m}{\pi}$ 인데, 반파정류이므로 평균전류는 $\frac{I_m}{\pi}$ 이다.

답 — 36.③ 37.④

38 비사인파 교류의 크기를 표시하는 데 있어 사인파에 가까운 파형의 비사인파 교류에서 사용하는 값은?

① 최대값 ② 평균값
③ 실효값 ④ 첨두값

39 다음과 같이 일그러진 파형에 포함된 고조파는 어느 파에 속하는가?

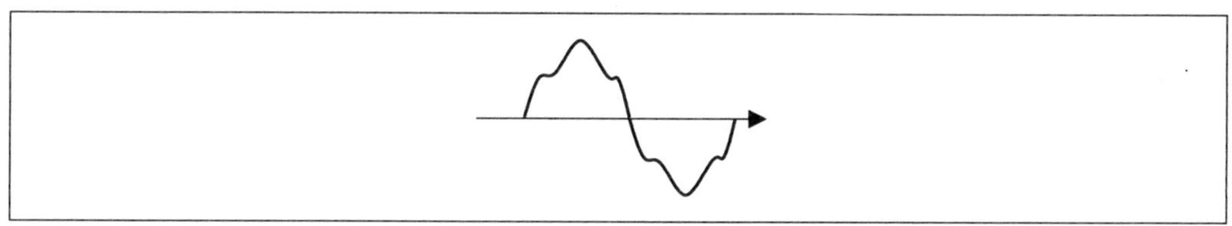

① 제2고조파 ② 제3고조파
③ 제4고조파 ④ 제6고조파

40 최대값이 I_m 인 반파 정류 정현파의 실효값은?

① $\dfrac{I_m}{2}$ ② $\dfrac{I_m}{\sqrt{2}}$
③ $\dfrac{2I_m}{\pi}$ ④ $\dfrac{\pi I_m}{2}$

Answer

38 비사인파 교류의 크기를 표시하는 데 있어 펄스와 같은 경우에는 최대값을 사용하나, 사인파에 가까운 파형의 비사인파 교류에서는 사인파 교류와 마찬가지로 실효값을 사용한다.

39 정파(+)와 부파(−)가 동일하면 홀수파로서 제3고조파에 속한다.

40 반파 정류회로의 실효값 $I_{rms} = \dfrac{I_m}{2}$

답 – 38.③ 39.② 40.①

41 비사인파 교류의 일그러짐률은?

① $\dfrac{\text{기본파의 실효값}}{\text{고조파의 실효값}}$　② $\dfrac{\text{고조파의 실효값}}{\text{기본파의 실효값}}$

③ $\dfrac{\text{기본파의 실효값}}{\text{기본파의 최대값}}$　④ $\dfrac{\text{고조파의 최대값}}{\text{기본파의 실효값}}$

42 최대값이 346[V], 파고율이 1.73인 반원파의 실효값 [V]은 얼마인가?

① 160　② 180

③ 200　④ 220

43 다음 설명 중 옳은 것은?

① 비사인파 = 교류분 + 기본파 + 고조파

② 비사인파 = 직류분 + 교류분 + 고조파

③ 비사인파 = 직류분 + 기본파 + 고조파

④ 비사인파 = 기본파 + 직류분 + 교류분

Answer

41 전송회로의 비사인파 파형의 일그러짐률은 다음과 같이 정의한다.

$$K = \frac{\text{고조파의 실효값}}{\text{기본파의 실효값}} = \frac{\sqrt{V_2^{\,2} + V_3^{\,2} + V_4^{\,2}}}{V_1}$$

42 파고율 $= \dfrac{\text{최대값}}{\text{실효값}}$에서

실효값 $= \dfrac{\text{최대값}}{\text{파고율}} = \dfrac{346}{1.73} = 200[\text{V}]$

43 비사인파 = 직류분 + 기본파 + 고조파

답 – 41.② 42.③ 43.③

44 20[Ω]의 저항을 가진 전구에 $V = 100\sqrt{2}\ sin\omega t$[V]의 교류전압을 가할 때 전류의 순시값 [A]은?

① $5\sin\omega t$ ② $5\sqrt{2}\sin\omega t$

③ $800\sin\omega t$ ④ $800\sqrt{2}\sin\omega t$

45 비선형 회로에서 생기는 일그러짐(distortion)에 대한 설명으로 옳은 것은?

① 입력신호의 성분 중에 잡음이 섞여 생긴다.
② 출력측에 입력신호의 고조파가 발생함으로써 생긴다.
③ 입력측에 출력신호의 고조파가 발생함으로써 생긴다.
④ 출력신호의 성분 중에 잡음이 섞여 생긴다.

46 저항 R과 인덕턴스 L과의 직렬회로가 있다. 이 회로에 교류전압을 가하면 회로에 흐르는 전류의 위상은 교류전압의 위상보다 어떠한가?

① $\tan\theta = \frac{\omega L}{R}$인 θ 만큼 뒤진다. ② $\tan\theta = \frac{\omega L}{R}$인 θ 만큼 앞선다.

③ $\tan\theta = \frac{R}{L\omega}$인 θ 만큼 뒤진다. ④ $\tan\theta = \frac{R}{\omega L}$인 θ 만큼 앞선다.

Answer

44 $I = \frac{V}{R} = \frac{100\sqrt{2}\ sin\omega t}{20} = 5\sqrt{2}\ sin\omega t$ [A]

45 비선형 회로에서 발생하는 일그러짐은 출력측에 입력신호의 고조파가 발생함으로써 생긴다. 이와 같은 일그러짐을 고조파 일그러짐 또는 비직선 일그러짐이라고 한다.

46 RL 직렬회로는 전압보다 θ만큼 뒤진 전류가 흐른다.

$\tan\theta = \frac{\omega L}{R}$, 위상차 $\theta = \tan^{-1}\frac{2\pi fL}{R}$[rad]

답 — 44.② 45.② 46.①

47 $A = 1 + j\sqrt{3}$ 으로 표시되는 벡터의 편각은?

① 30[°] ② 45[°]
③ 60[°] ④ 90[°]

48 RL 직렬회로에서 전압과 전류의 위상각은?

① $\theta = \tan^{-1}\dfrac{R}{\omega L}$ ② $\theta = \tan^{-1}\dfrac{\omega L}{R}$
③ $\theta = \tan^{-1}\dfrac{R}{\sqrt{R^2 + \omega^2 L^2}}$ ④ $\theta = \tan^{-1}\omega LR$

49 $v = V_m \cos\omega t$ 와 $I = I_m \sin\omega t$ 의 위상차는?

① 1 [rad] ② 0 [rad]
③ π [rad] ④ $\dfrac{\pi}{2}$[rad]

Answer

47 $\phi = \tan^{-1}\dfrac{b}{a} = \tan^{-1}\dfrac{\sqrt{3}}{1} = 60[°]$

48 $\phi = \tan^{-1}\dfrac{X_L}{R} = \tan^{-1}\dfrac{\omega L}{R}$

49 $\cos\omega t = \sin(\omega t + 90°)$이므로
$\phi = 90° - 0° = 90° = \dfrac{\pi}{2}$[rad]

답 — 47.③ 48.② 49.④

50 다음의 교류전압과 전류의 위상차로 옳은 것은?

$$V=\sqrt{2}\,sin\left(\omega t+\frac{\pi}{4}\right)[\mathrm{V}],\ I=\sqrt{2}\,I\sin\left(\omega t+\frac{\pi}{2}\right)[\mathrm{A}]$$

① $\frac{\pi}{2}$[rad]
② $\frac{\pi}{4}$[rad]
③ $\frac{\pi}{3}$[rad]
④ $\frac{2\pi}{3}$[rad]

51 가정용 실내 전원으로 교류 100[V]를 사용하는 가정이 있다. 이 100[V]라 함은 무슨 값에 해당하는가?

① 순시값
② 실효값
③ 최대값
④ 평균값

52 사인파 교류의 평균값은 실효값의 약 몇 [%]인가?

① 60
② 90
③ 110
④ 140

Answer

50 위상차 $\phi=\phi_1-\phi_2$

$=\frac{\pi}{4}-\frac{\pi}{2}=\frac{\pi}{4}$[rad]

51 실효값 … 직류전류의 값으로 교류전류를 나타낸 것으로 주기적으로 변동하는 전압 및 전류의 순시값의 제곱을 1주기로 한 평균값의 제곱근과 같다.
가정에서 사용하는 교류 100[V] 전압의 실효값은 100[V]이며 최대값은 140[V]이다.

52 실효값$=\frac{V_m}{\sqrt{2}}=0.707$

평균값$=\frac{2V_m}{\pi}=0.636$

$0.707:0.636=100:x$

$0.707x=63.6$

$x=89.9\fallingdotseq 90$[%]

답 — 50.② 51.② 52.②

53 $120\sin(\omega t+\alpha)$, $60\sin(\omega t+\beta)$의 위상차는?

① α　　② β
③ $\alpha+\beta$　　④ $\alpha-\beta$

54 다음 설명 중 옳지 않은 것은?

① 인덕턴스의 리액턴스는 주파수에 비례한다.
② 저항을 병렬 연결하면 직렬 연결시보다 합성저항이 작아진다.
③ 인덕턴스를 병렬 연결하면 직렬 연결시 보다 리액턴스가 작아진다.
④ 콘덴서는 직렬 연결하면 병렬 연결시보다 용량이 커진다.

55 리액턴스 값이 200[Ω], 주파수가 2[MHz]인 회로의 인덕턴스는?

① 4×10^{-6}[H]　　② 8×10^{-6}[H]
③ 12×10^{-6}[H]　　④ 16×10^{-6}[H]

56 주기가 0.006초일 때 주파수는 얼마인가?

① 111[Hz]　　② 167[Hz]
③ 200[Hz]　　④ 300[Hz]

Answer

53 위상차는 $(\omega t+\alpha)-(\omega t+\beta)$이므로
$\omega t+\alpha-\omega t+\beta=\alpha+\beta$

54 ④ 콘덴서는 직렬 연결시 병렬 연결보다 용량이 작아진다.

55 $X_L=2\pi fL=\omega L$

$$L=\frac{X_L}{2\pi f}=\frac{200}{2\pi\times2\times10^6}$$
$$=15.9\times10^{-6}$$
$$\fallingdotseq 16\times10^{-6}[\text{H}]$$

56 $f=\dfrac{1}{T}=\dfrac{1}{0.006}=166.6\fallingdotseq167[\text{Hz}]$

답 ─ 53.③　54.④　55.④　56.②

57 정현파의 최대값이 20[A]일 경우 평균값은?

① 6.37[A]　② 12.7[A]
③ 8.47[A]　④ 16.9[A]

58 $v = V_m \sin\omega t$ [V], $i = I_m \cos\omega t$ [A]의 위상차는?

① 0　② π
③ $\frac{\pi}{2}$　④ $\frac{\pi}{4}$

59 주파수가 150[Hz]인 교류의 주기는?

① 0.001[sec]　② 0.003[sec]
③ 0.005[sec]　④ 0.007[sec]

60 주파수가 120[Hz]인 4극 교류발전기에서 1[sec] 사이의 각속도는?

① 60π [rad/sec]　② 120π [rad/sec]
③ 180π [rad/sec]　④ 240π [rad/sec]

Answer

57 $I_{av} = \frac{2}{\pi} I_m$ 이므로

$= \frac{2}{\pi} \times 20 = 12.7$[A]

58 $\cos\omega t = \sin\left(\omega t + \frac{\pi}{2}\right)$

59 $T = \frac{1}{f} = \frac{1}{150} = 0.0066 \fallingdotseq 0.007$[sec]

60 $\omega = 2\pi f = 2\pi \times 120 = 240\pi$ [rad/sec]

답 57.② 58.③ 59.④ 60.④

61 $\frac{\pi}{4}$[rad]은 몇 [°]인가?

① 15[°] ② 30[°]
③ 45[°] ④ 60[°]

62 $e=120\sin\left(377t-\frac{\pi}{6}\right)$[V]인 파형의 주파수는?

① 30[Hz] ② 60[Hz]
③ 120[Hz] ④ 180[Hz]

63 $V_m\sin(\omega t+60°)$와 $I_m\cos(\omega t-90°)$의 위상차는?

① 30[°] ② 60[°]
③ 90[°] ④ 180[°]

64 순시값이 $e=212.1\sin 377t$[V]인 정현파 교류의 실효값은?

① 150[V] ② 200[V]
③ 250[V] ④ 300[V]

Answer

61 $\theta=\frac{180°}{\pi}\times\frac{\pi}{4}=45[°]$

62 $\omega=2\pi f=377$이므로

$f=\frac{377}{2\pi}\fallingdotseq 60[\text{Hz}]$

63 $\cos\omega t=\sin(\omega t+90°)$

$I_m\cos(\omega-90°)=I_m\sin\omega t$

$60°-0°=60[°]$

64 실효값은 $\frac{\text{최대값}}{\sqrt{2}}$이므로

$\frac{212.1}{\sqrt{2}}\fallingdotseq 150[\text{V}]$

답 – 61.③ 62.② 63.② 64.①

65 120[Hz], 3[A]인 교류전류의 순시값은?

① $4.243\sin 120t$ [A]　② $4.243\sin 180t$ [A]
③ $4.243\sin 377t$ [A]　④ $4.243\sin 754t$ [A]

66 720[rpm]으로 운전되는 발전기의 자극 수가 4극일 때 주파수는?

① 24[Hz]　② 50[Hz]
③ 60[Hz]　④ 120[Hz]

67 정현파 교류의 전압의 평균값이 200[V]일 때 최대값은?

① 200[V]　② 314[V]
③ 300[V]　④ 414[V]

68 정현파 교류의 순시값이 $e = 282.8\sin 377t$ [V]일 때 실효값은?

① 100[V]　② 141.4[V]
③ 200[V]　④ 282.8[V]

Answer

65 $i = \sqrt{2}\, I\sin\omega t = \sqrt{2} \times 3\sin 2\pi \times 120t$
$= 4.243\sin 754t$ [A]

66 $f = \dfrac{P \cdot N}{120} = \dfrac{4 \times 720}{120} = 24$[Hz]

67 $E_{av} = \dfrac{2}{\pi} E_m$

$E_m = \dfrac{\pi}{2} E_{av} = \dfrac{\pi}{2} \times 200 \fallingdotseq 314$[V]

68 최대값이 282.8[V]이므로 실효값은 $\sqrt{2}$ 로 나누어주면 된다.
$\dfrac{282.8}{\sqrt{2}} \fallingdotseq 200$[V]

답 — 65.④ 66.① 67.② 68.③

69 50[Ω]의 저항을 가진 전구에 $V=100\sqrt{2}\,sin\omega t$ [V]의 교류전압을 인가하면 전류의 순시값은?

① $\sqrt{2}\,sin\omega t$ [A]　　② $2\sqrt{2}\,sin\omega t$ [A]

③ $3\sqrt{2}\,sin\omega t$ [A]　　④ $10\sqrt{2}\,sin\omega t$ [A]

70 $I_1=10\sqrt{2}\,sin\left(\omega t+\dfrac{\pi}{3}\right)$[A], $I_2=6\sqrt{2}\,sin\omega t$ [A]인 두 전류의 합성벡터는?

① 11[A]　　② 12[A]

③ 13[A]　　④ 14[A]

71 200[mH]의 인덕턴스를 가진 회로에 60[Hz], 1,200[V]의 교류전압을 인가할 때 흐르는 전류는?

① 4[A]　　② 8[A]

③ 12[A]　　④ 16[A]

Answer

69 $i=\dfrac{V}{R}=\dfrac{100\sqrt{2}\,sin\omega t}{50}=2\sqrt{2}\,sin\omega t$ [A]

70
$$I_r=\sqrt{\left(I_2+I_1\cos\frac{\pi}{3}\right)^2+\left\{I_1\sin\frac{\pi}{3}\right\}^2}$$
$$=\sqrt{(6+10\times0.5)^2+\left(10\times\frac{\sqrt{3}}{2}\right)^2}$$
$$=\sqrt{(11)^2+(5\sqrt{3})^2}$$
$$=14[A]$$

71
$$I=\frac{V}{X_L}=\frac{V}{2\pi fL}$$
$$=\frac{1,200}{2\pi\times60\times200\times10^{-3}}$$
$$=\frac{1,200}{2\times3.14\times60\times0.2}$$
$$=15.9\fallingdotseq16[A]$$

답 69.② 70.④ 71.④

교류회로의 해석

1 RLC 직렬회로에서 $L=50$[mH], $C=5[\mu F]$일 때 진동적 과도현상을 보이는 R [Ω]의 값은?

① 100　② 200
③ 300　④ 400

2 다음과 같은 회로에서 100[V]의 전압을 가할 때 흐르는 전류 I[A]의 값은?

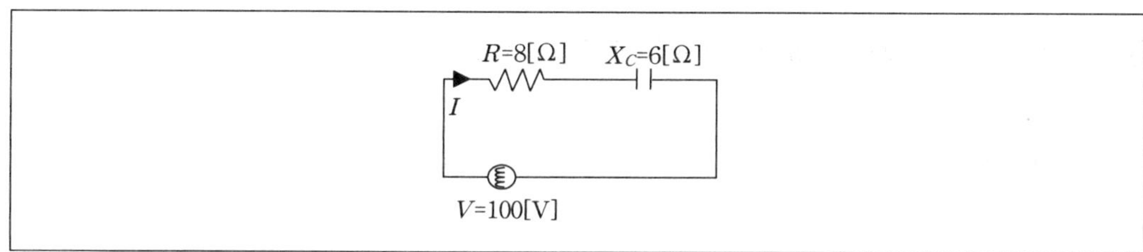

① 6[A]　② 8[A]
③ 10[A]　④ 15[A]

Answer

1
$$R=2\sqrt{\frac{L}{C}}=2\sqrt{\frac{50\times10^{-3}}{5\times10^{-6}}}$$
$$=200[\Omega]$$

2
$$\text{전류 } I=\frac{V}{\sqrt{R^2+\left(\frac{1}{\omega C}\right)^2}}=\frac{100}{\sqrt{8^2+6^2}}\quad(\because Xc=\frac{1}{wC})$$
$$=10[A]$$

답 – 1.② 2.③

3 저항 R, 인덕턴스 L, 정전용량 C를 직렬로 연결한 RLC 직렬회로에 교류를 가해 직렬공진이 일어났을 경우 나타나는 현상과 관계가 없는 것은?

① 역률이 1이다.
② 무효전력이 0이다.
③ 전류와 전압이 동상이다.
④ L와 C의 직렬회로와 같다.

4 인덕턴스 L이 0.2[H]인 코일과 정전용량 C가 0.1[μF]인 콘덴서를 직렬 접속한 회로에 20[V]의 교류전압을 가하여 공진상태가 되었을 때 공진전류 [A]는? (단, R=100[Ω])

① 0.1
② 0.2
③ 0.4
④ 0.8

5 L=3[H], ω=30π [rad/s], I=5[A]에서 인덕턴스에 인가되는 전압의 최대치는?

① 1[kV]
② 2[kV]
③ 100[V]
④ 200[V]

Answer

3 직렬공진
㉠ 임피던스 $Z=R$이 되어 임피던스는 최소, 전류는 최대가 된다.
㉡ 전압과 전류가 동상이다.
㉢ 역률은 1이다.
㉣ 무효전력은 0이다($VI\sin\theta$에서 $\sin\theta$가 0이므로).

4 회로가 공진상태이므로 $X_L - X_C = 0$

$$I=\frac{V}{Z}=\frac{V}{R}=\frac{V}{\left(\omega L-\frac{1}{\omega C}\right)}=\frac{20}{100}=0.2[\text{A}]$$

5 $X_L = \omega L = 30\pi \times 3 = 90\pi = 282.6[\Omega]$

$$V_m = \sqrt{2}\,V = \sqrt{2}\,X_L I = \sqrt{2} \times 282.6 \times 5$$
$$= 1{,}997.9$$
$$\fallingdotseq 2{,}000[\text{V}] \fallingdotseq 2[\text{kV}]$$

답 — 3.④ 4.② 5.②

6 50[mH]의 인덕턴스에 각주파수가 30[Hz]일 때 100[V]의 전압을 인가하면 인덕턴스에 흐르는 전류는?

① 3[A] ② 7[A]
③ 11[A] ④ 14[A]

7 Z = 20[Ω]인 RL 직렬회로에 저항과 리액턴스 양단의 전압이 각각 100[V], 80[V]였다면 리액턴스는?

① 6.4[Ω] ② 12.5[Ω]
③ 19.2[Ω] ④ 24.8[Ω]

8 저항과 유도 리액턴스가 직렬로 연결된 회로에 역률이 60[Hz]의 교류에서 0.6일 때 유도 리액턴스의 크기는? (단, 저항 = 6[Ω])

① 2[Ω] ② 4[Ω]
③ 6[Ω] ④ 8[Ω]

Answer

6 $X_L = 2\pi f L = 2\pi \times 30 \times 50 \times 10^{-3} = 9.42[\Omega]$

$I = \frac{V}{X_L} = \frac{100}{9.42} = 10.61 \fallingdotseq 11[\text{A}]$

7 $I = \frac{V}{Z} = \frac{\sqrt{V_R{}^2 + V_L{}^2}}{Z} = \frac{\sqrt{100^2 + 80^2}}{20} = \sqrt{41} \fallingdotseq 6.4[\Omega]$

8 역률 $\cos\theta = \frac{R}{Z}$

$Z = \frac{R}{\cos\theta} = \frac{6}{0.6} = 10[\Omega]$

$Z = \sqrt{R^2 + X_L{}^2}$ 이므로

$X_L = \sqrt{Z^2 - R^2} = \sqrt{10^2 - 6^2} = 8[\Omega]$

답 – 6.③ 7.① 8.④

9 저항과 리액턴스의 크기가 같은 경우의 위상차는? (단, 저항과 리액턴스는 직렬로 연결되어 있다)

① 0[°] ② 30[°]
③ 45[°] ④ 60[°]

10 $R=6[\Omega]$, $X_C=8[\Omega]$이 직렬접속된 회로에 10[A]의 전류를 흘릴 경우 회로에 인가되는 전압은?

① $20-j40$[V] ② $6-j8$[V]
③ $60-j80$[V] ④ $30-j40$[V]

11 다음 회로의 역률은?

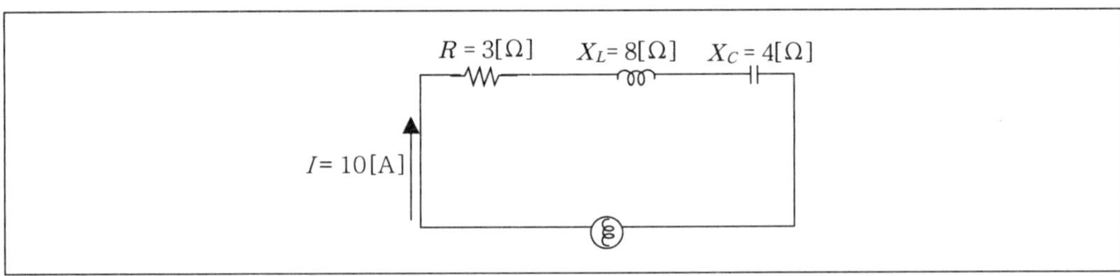

① 0.3 ② 0.6
③ 0.8 ④ 0.9

Answer

9 위상차 $\theta = \tan^{-1}\dfrac{X}{R} = \tan^{-1}1 = 45[°]$

10 $V = ZI = (R - jX_C)I = (6-j8)\cdot 10 = 60-j80$[V]

11 $Z = \sqrt{R^2 + (X_L - X_C)^2}$
$= \sqrt{3^2 + (8-4)^2}$
$= \sqrt{9+16}$
$= 5[\Omega]$

역률 $\cos\theta = \dfrac{R}{Z} = \dfrac{3}{5} = 0.6$

답 9.③ 10.③ 11.②

12 $R=6[\Omega]$, $X_L=15[\Omega]$, $X_C=7[\Omega]$인 직렬회로의 임피던스 Z는?

① $1[\Omega]$　② $8[\Omega]$
③ $10[\Omega]$　④ $15[\Omega]$

13 $Z=3+j\,4[\Omega]$에 80[V]의 전압을 가할 경우 흐르는 전류는?

① $3.2-j\,4.2$[A]　② $4.8-j\,6.4$[A]
③ $6.4-j\,8.5$[A]　④ $9.6-j\,12.8$[A]

14 다음과 같은 병렬회로가 공진되었다면 a, b간의 임피던스 Z는 몇 $[\Omega]$일까?

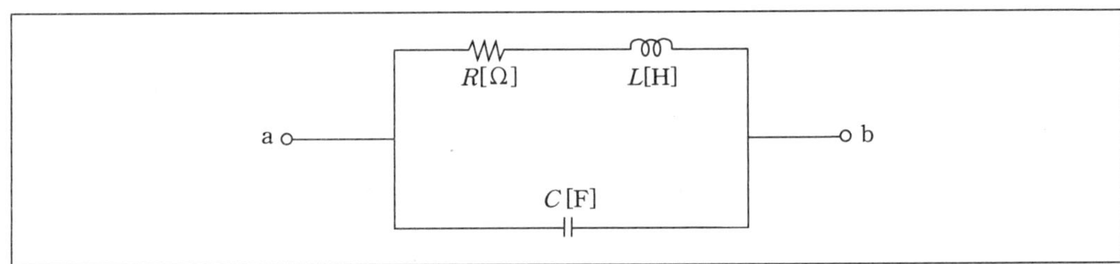

① $Z=R\,[\Omega]$　② $Z=CR\,[\Omega]$
③ $Z=\dfrac{\omega CR}{R}[\Omega]$　④ $Z=\dfrac{L}{CR}[\Omega]$

Answer

12 $Z=\sqrt{R^2+(X_L-X_C)^2}$
$=\sqrt{6^2+(15-7)^2}$
$=\sqrt{36+64}=\sqrt{100}$
$=10[\Omega]$

13 $I=\dfrac{V}{Z}=\dfrac{80}{3+j4}=\dfrac{80(3-j4)}{(3+j4)(3-j4)}=\dfrac{240-j320}{9+16}$
$=\dfrac{240-j320}{25}$
$=9.6-j12.8$[A]

14 병렬 공진시의 임피던스 $Z=\dfrac{L}{CR}[\Omega]$

답 — 12.③ 13.④ 14.④

15 다음 중 고유저항의 역수로 옳은 것은?

① 어드미턴스　　② 전도율
③ 컨덕턴스　　④ 서셉턴스

16 "2개 이상의 기전력을 포함한 회로망 중 임의의 점의 전위 또는 전류는 각 기전력이 단독으로 존재하는 경우 그 점의 전위 또는 전류의 합과 같다."는 법칙은?

① 테브냉의 정리　　② 중첩의 정리
③ 노튼의 정리　　④ 가우스의 정리

17 다음의 회로에서 저항 20[Ω]에 흐르는 전류는?

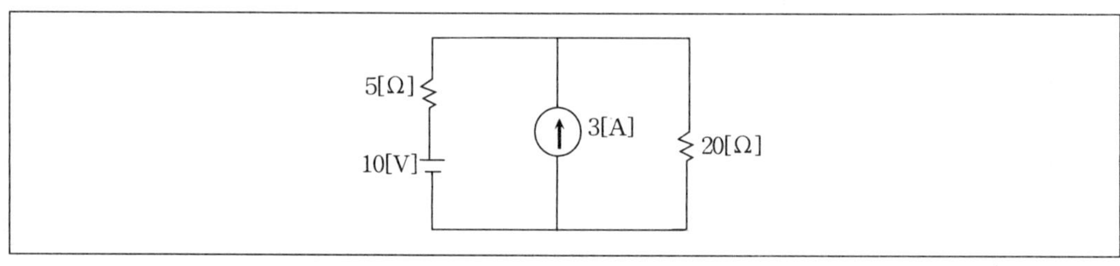

① 1[A]　　② 5[A]
③ 10[A]　　④ 20[A]

Answer

15 고유저항 즉, 저항률의 역수는 전도율이다.

16 중첩의 정리(Principle of Superposition)는 2개 이상의 기전력을 포함한 회로망의 정리 해석에 적용된다.

17 전압원에 의하여 $I_1 = \frac{10}{5+20} = 0.4[A]$

전류원에 의하여 $I_2 = \frac{5}{5+20} \times 3 = 0.6[A]$

$\therefore I = I_1 + I_2 = 0.4 + 0.6 = 1[A]$

답 — 15.② 16.② 17.①

18 다음과 같은 파형의 파고율은 얼마인가?

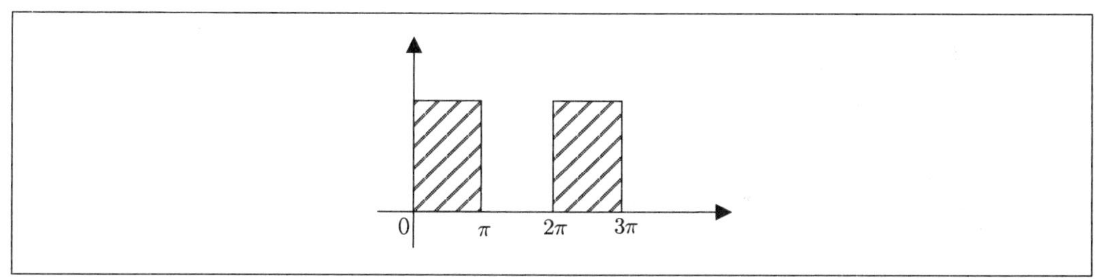

① 1.0 ② 1.414
③ 1.732 ④ 2.0

19 다음의 회로에서 공진시의 어드미턴스는?

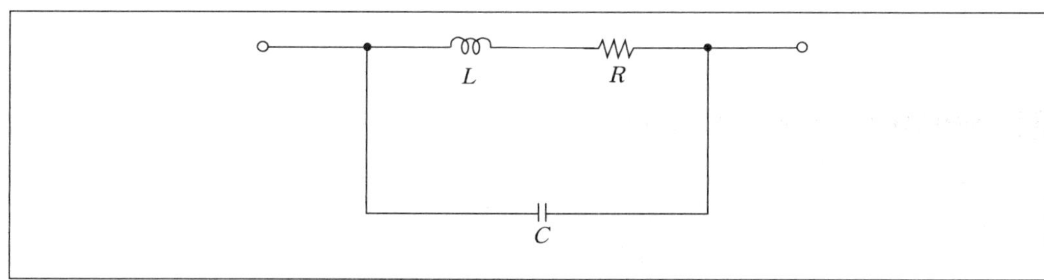

① $\frac{L}{CR}$ ② $\frac{R}{CL}$
③ $\frac{LR}{C}$ ④ $\frac{CR}{L}$

Answer

18 $\frac{\text{최대값}}{\text{실효값}} = \frac{A}{\frac{A}{\sqrt{2}}} = \sqrt{2} = 1.414$

19 $Z_P = \frac{L}{CR}[\Omega]$

$Y = \frac{1}{Z} = \frac{CR}{L}[\mho]$

답 — 18.② 19.④

20 이상적인 정전류전원의 단자전압 V와 출력 전류 I의 관계를 나타내는 그래프는?

① 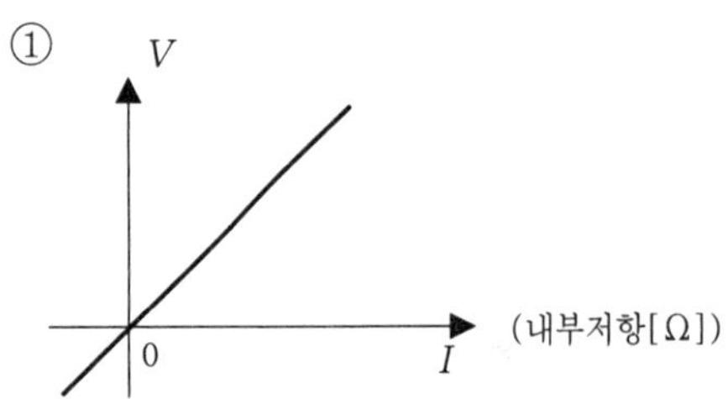

② 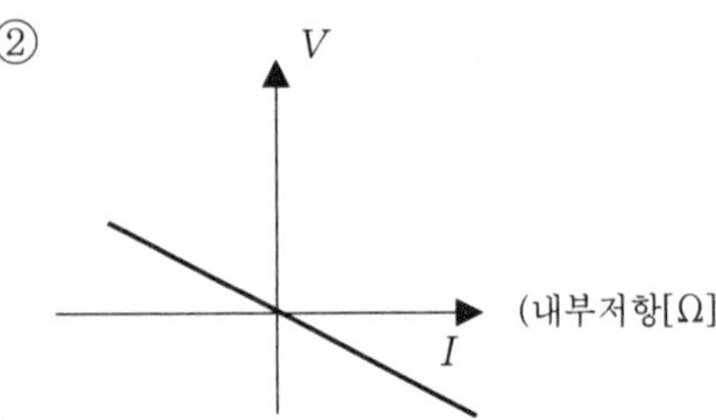

③ 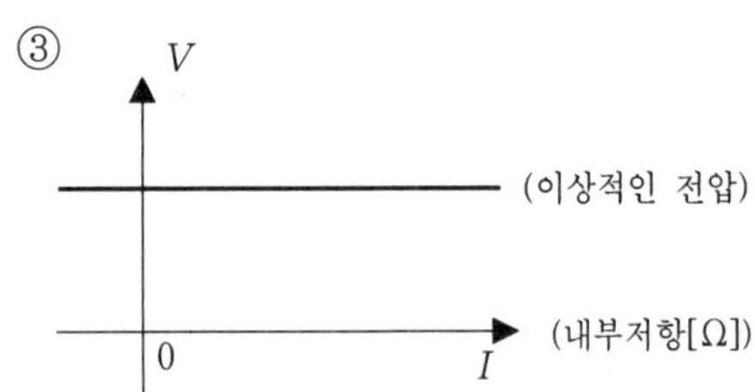

④ 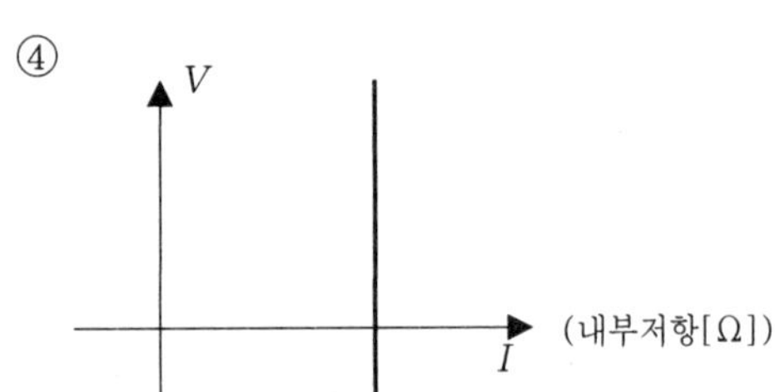

21 회로에서 $V_1 = 110$[V], $V_2 = 130$[V], $Z_1 = 1[\Omega]$, $Z_2 = 2[\Omega]$, $Z_3 = 4[\Omega]$일 때 전류 I_2 [A]는?

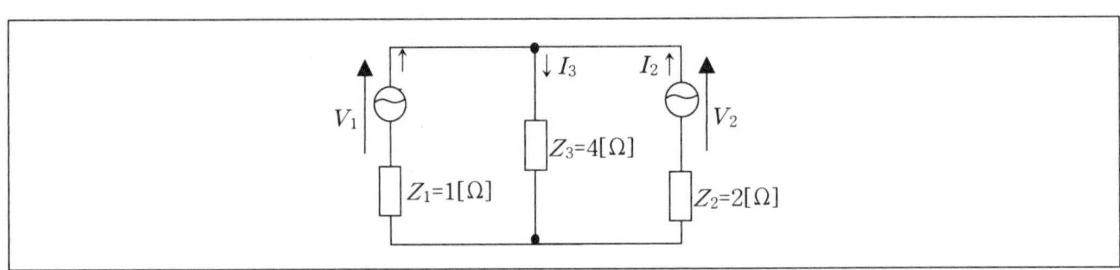

① 10
② 15
③ 25
④ 30

Answer

20 정전류원(constant current source)은 내부저항이 무한대이므로 정전류원을 개방하면 양단전압은 무한대가 된다. 그러므로 부하의 크기에 상관없이 전류가 일정해진다. 정전압원은 전류가 무한대이므로 전압이 일정하다.

21 $$I_2 = \frac{(Z_1 + Z_3)V_2 - Z_3 V_1}{Z_1 Z_2 + Z_2 Z_3 + Z_3 Z_1} = \frac{(1+4)\times 130 - 4\times 110}{1\times 2 + 2\times 4 + 4\times 1} = 15[\text{A}]$$

답 20.④ 21.②

22 다음에서 설명하고 있는 회로망 해석의 정리로 옳은 것은?

> 일정한 저항과 전원으로 구성된 회로망에서 저항 $R[\Omega]$을 통과하는 전류 I[A]는 R을 제거하였을 경우 a, b 단자간에 나타나는 기전력을 E_0, 회로망의 전기전력을 제거·단락 후 단자 a, b에서 본 회로망의 등가저항을 R_0라 하면 $I=\dfrac{E_0}{R_0+R}$[A]이다.

① 중첩의 정리　　② 테브냉의 정리
③ 노튼 정리　　④ 밀만의 정리

23 $R=10[\Omega]$, $X_L=6[\Omega]$, $X_C=16[\Omega]$이 병렬로 연결된 회로에 100[V]의 교류전압을 인가할 경우 전원에 흐르는 전류는?

① 10[A]　　② 12[A]
③ 14[A]　　④ 16[A]

Answer

22 ① 2개 이상의 기전력을 가진 회로망에서 임의의 한 점의 전위 및 전류는 각 기전력이 존재할 경우 그 점 위의 전위 및 전류의 합과 동일하다.
③ 2개의 독립된 회로망을 접속할 경우 전원회로를 하나의 전류원과 병렬저항으로 대치할 수 있다.
④ 회로망 내에 다수의 전압원회로가 연결되어 있을 경우 회로들을 하나의 전류원과 하나의 병렬 어드미턴스 전류원 회로로 등가변환 시킬 수 있다.

23 $I=YV$이므로

$$=\left\{\frac{1}{R}-j\left(\frac{1}{X_L}-\frac{1}{X_C}\right)\times V\right\}$$

$$=\left\{\frac{1}{10}-j\left(\frac{1}{6}-\frac{1}{16}\right)\times 100\right\}$$

$$=10-j10.4$$

$$\therefore I=\sqrt{10^2+(10.4)^2}$$

$$=\sqrt{208.16}$$

$$=14.4 \fallingdotseq 14[A]$$

답 – 22.② 23.③

24 다음과 같은 파형의 전류에 대한 실효값은?

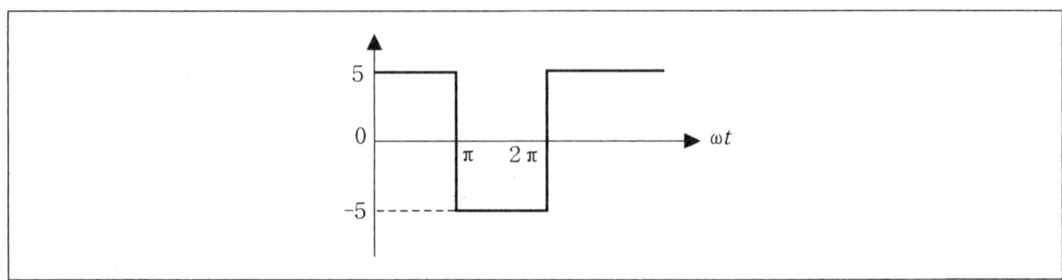

① $\frac{5}{3}$[A]　② $\frac{5}{2}$[A]

③ 5[A]　④ $5\sqrt{2}$[A]

25 다음 회로에서 영구자석 사이에 구형코일이 회전하고 있을 때 코일에 유도되는 기전력이 가장 큰 코일 위치로 옳은 것은?

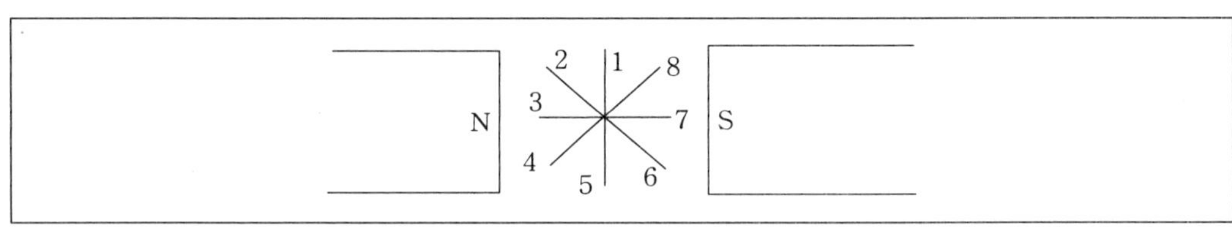

① 1 − 5　② 2 − 6

③ 3 − 7　④ 4 − 8

Answer

24 실효값 $I=\sqrt{i^2 \text{ 의 평균값}}$

$$I=\sqrt{\frac{(5^2\times\pi)\times 2}{2\pi}}=5[\text{A}]$$

25 V_m[V]는 코일이 90° 회전한 1 − 5의 위치일 때의 발생전압으로 전압이 최대값이다. 3 − 7의 위치일 때의 기전력은 최소(0)이다.

답 ─ 24.③ 25.①

26 다음과 같은 회로에서 I_1 및 I_2는 각각 몇 [A]인가?

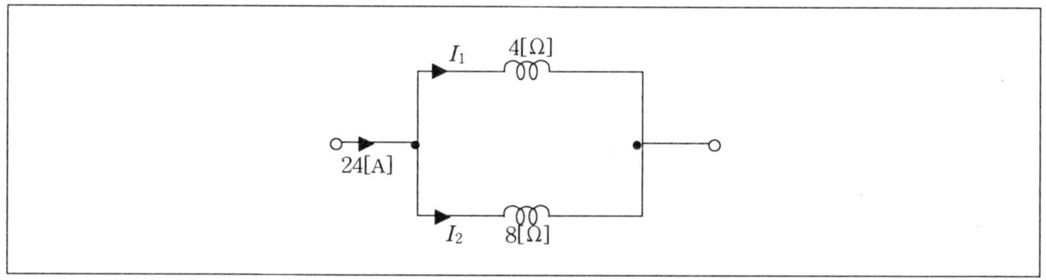

① $I_1 = 4,\ I_2 = 8$　　② $I_1 = 8,\ I_2 = 4$

③ $I_1 = 16,\ I_2 = 8$　　④ $I_1 = 8,\ I_2 = 16$

27 다음과 같은 회로에서 전전류 I의 크기로 옳은 것은?

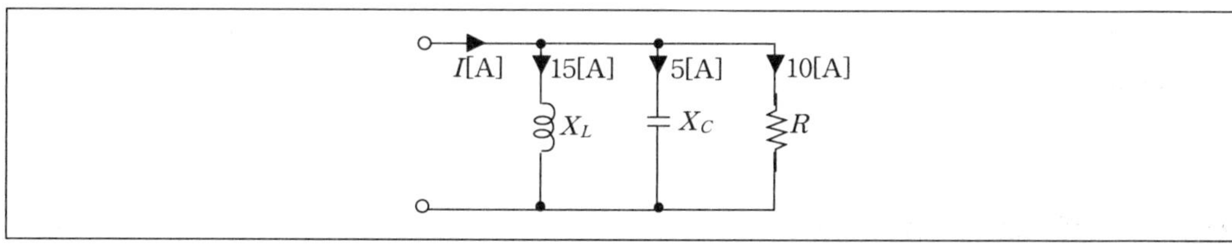

① $10\sqrt{2}$[A]　　② $10\sqrt{3}$[A]

③ 20[A]　　④ 35[A]

Answer

26 $I_1 = 24 \times \dfrac{8}{4+8} = 16[\text{A}],\ I_2 = 24 \times \dfrac{4}{4+8} = 8[\text{A}]$

27 $I = \sqrt{I_R{}^2 + (I_L - I_C)^2}$

$= \sqrt{10^2 + (15-5)^2} = 10\sqrt{2}\ [\text{A}]$

답– 26.③ 27.①

28 다음에서 회로에 흐르는 전류는?

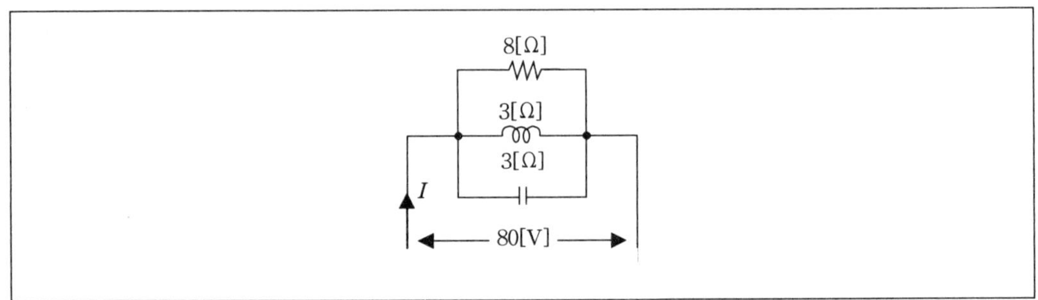

① 6[A] ② 8[A]

③ 10[A] ④ 12[A]

29 30[Ω]의 저항과 40[Ω]의 유도 리액턴스의 병렬회로에 120[V]의 교류전압을 인가할 경우 이 회로에 흐르는 전전류 [A]는?

① 2 ② 3

③ 5 ④ 6

30 RC 병렬회로의 위상각은?

① $\phi = \tan^{-1}\dfrac{R}{\omega C}$ ② $\phi = \tan^{-1}\dfrac{\omega C}{R}$

③ $\phi = \tan^{-1}\omega CR$ ④ $\phi = \tan^{-1}\dfrac{1}{\omega CR}$

Answer

28 $X_L = X_C$이므로 저항 R에 흐르는 전류가 전 전류이다.

$\therefore I = \dfrac{V}{R} = \dfrac{80}{8} = 10[A]$

29 $I_R = \dfrac{V}{R} = \dfrac{120}{30} = 4[A]$

$I_L = \dfrac{V}{X_L} = \dfrac{120}{40} = 3[A]$

$\therefore I = \sqrt{{I_R}^2 + {I_L}^2} = \sqrt{4^2 + 3^2} = 5[A]$

30 $\phi = \tan^{-1}\dfrac{I_C}{I_R} = \tan^{-1}\dfrac{\omega CV}{\dfrac{V}{R}} = \tan^{-1}\omega CR\,[\mathrm{rad}]$

답 — 28.③ 29.③ 30.③

31 RLC 병렬회로에서 유도성 회로가 되기 위한 조건은?

① $X_L > X_C$
② $X_L + X_C = 0$
③ $X_L < X_C$
④ $X_L = X_C$

32 $i = I_m \sin\omega t$[A]로 나타내는 사인파 전류의 최대값이 I_m일 때 ωt는 어떤 값에서 최대값을 갖는가?

① π
② $\frac{\pi}{2}$
③ $\frac{2}{\pi}$
④ $\frac{\pi}{4}$

33 $i = I_m \sin\omega t$인 정현파에 있어서 순시값이 실효값과 같을 때 ωt의 값은 얼마인가?

① $\frac{\pi}{2}$
② $\frac{\pi}{3}$
③ $\frac{\pi}{4}$
④ $\frac{\pi}{6}$

Answer

31 병렬회로에서 유도성 회로가 되려면 $I_L > I_C$이어야 하므로 $X_L < X_C$이다. 용량성 회로가 되려면 $X_L > X_C$이어야 한다.

32 $\sin\omega t = 1 = 90° = \frac{\pi}{2}$[rad]일 때 최대값을 갖는다.

33 실효값은 순시값의 $\frac{1}{\sqrt{2}}$배이므로

$\sin\omega t = \frac{1}{\sqrt{2}} = 45° = \frac{\pi}{4}$[rad]

답 31.③ 32.② 33.③

34 $i=\sqrt{2}\,I\sin\omega t$ 인 전류에서 $\omega t=\frac{\pi}{4}$ 인 순간의 크기는 얼마인가?

① I[A]　② $\sqrt{2}\,I$[A]
③ $\frac{I}{\sqrt{2}}$[A]　④ $\frac{I}{2}$[A]

35 RLC 병렬회로에서 용량성 회로가 되기 위한 조건은?

① $X_L=X_C$　② $X_L>X_C$
③ $X_L<X_C$　④ $X_L+X_C=0$

36 정현파 교류의 최대값이 I_m일 때 플러스의 반주기만 흐르는 맥류파형의 평균값은?

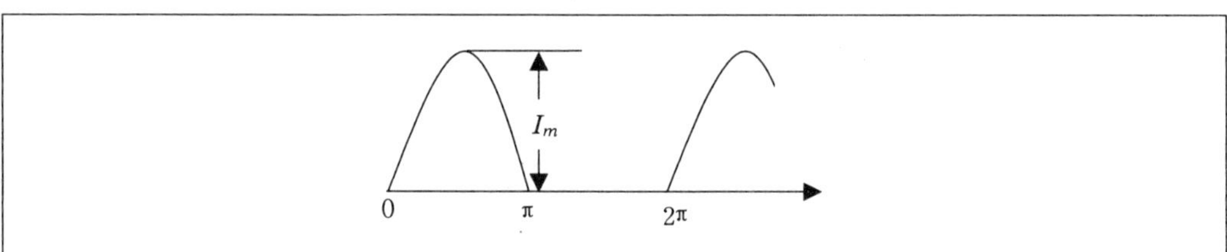

① $\frac{1}{\pi}\times I_m$　② $\pi\times I_m$
③ $\frac{2}{\pi}\times I_m$　④ $\frac{1}{2\pi}\times I_m$

Answer

34 $i=\sqrt{2}\,I\sin45°=\sqrt{2}\,I\times\frac{1}{\sqrt{2}}=I$ [A]

35 RLC 병렬회로의 유도성과 용량성
㉠ 유도성
- 조건 : $X_L<X_C$
- 전압보다 θ만큼 뒤진 전류가 흐른다.

㉡ 용량성
- 조건 : $X_L>X_C$
- 전압보다 θ만큼 앞선 전류가 흐른다.

36 평균값 $I_a=\frac{2}{\pi}I_m$ [A]에서 반파이므로 평균 전류는 $\frac{1}{\pi}I_m$ [A]이다.

답 34.① 35.② 36.①

37 $V = 100\sqrt{2}\,sin\left(\omega t + \frac{\pi}{3}\right)$**로 표시되는 교류를 벡터로 바르게 고친 것은?**

① $V = 100\frac{\pi}{3}$　　② $V = 100 - \frac{\pi}{3}$

③ $V = 100\sqrt{2} - \frac{\pi}{3}$　　④ $V = 100\,\omega t$

38 **다음 설명 중 옳지 않은 것은?**

① 코일은 직렬로 연결할수록 인덕턴스가 커진다.
② 콘덴서는 직렬로 연결할수록 용량이 커진다.
③ 저항은 병렬로 연결할수록 저항이 작아진다.
④ 리액턴스는 주파수의 함수이다.

39 **콘덴서의 정전용량을 3배로 늘리면 용량 리액턴스의 값은? (단, 주파수는 일정하다)**

① 3배　　② 9배

③ $\frac{1}{3}$배　　④ $\frac{1}{9}$배

Answer

37 벡터(Vector)의 크기는 실효값을 취한다.
벡터의 길이 = 사인파 교류의 실효값
벡터의 편각 = 사인파 교류의 위상각
따라서, $V = 100\frac{\pi}{3}$[V]로 표시된다.

38 ② 콘덴서는 직렬로 연결할수록 용량이 작아진다.

39 용량성 리액턴스는 정전용량에 반비례한다.

답 – 37.① 38.② 39.③

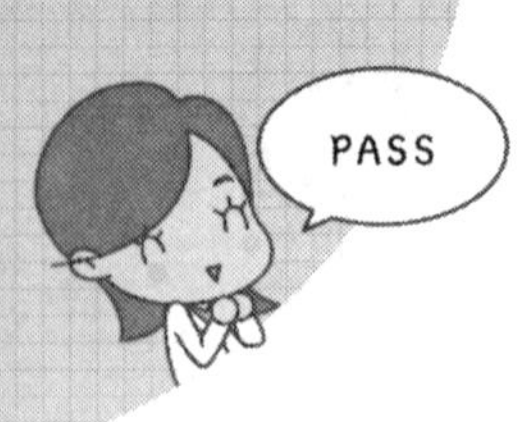

40 다음 중 콘덴서의 용량 리액턴스 X_C와 주파수 f의 특성으로 옳은 것은?

①
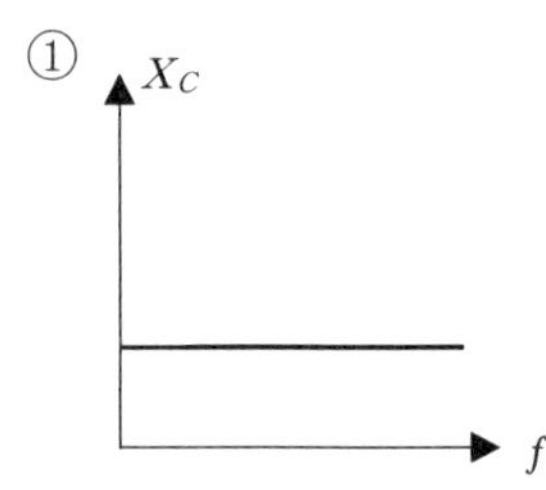

②
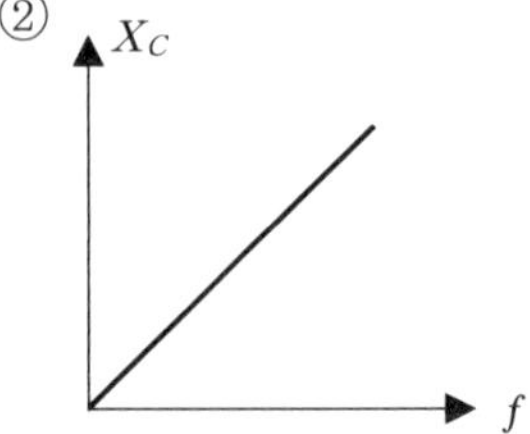

③
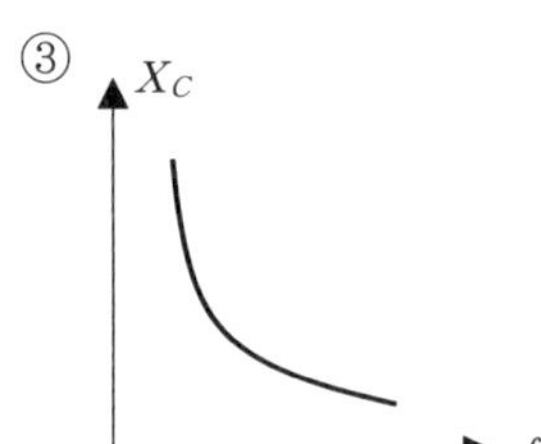

④
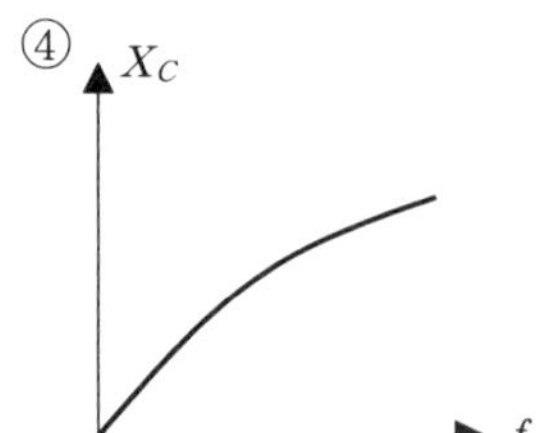

41 주파수 10[kHz]에 대하여 16[Ω]의 용량 리액턴스로 작용하는 콘덴서의 정전용량은 몇 [μF]인가?

① 0.01[μF] ② 0.1[μF]
③ 1[μF] ④ 5[μF]

42 200[μF]의 정전용량을 가진 콘덴서에 100[V], 60[Hz]의 교류전압을 가할 때 흐르는 전류는 얼마인가?

① 2.5[A] ② 5[A]
③ 7.5[A] ④ 15[A]

Answer

40 콘덴서의 리액턴스 X_C는 주파수 f에 반비례한다.

41 $X_C = \dfrac{1}{2\pi f C}$[Ω]에서

$$C = \frac{1}{2\pi f X_C} = \frac{1}{2\pi \times 10 \times 10^3 \times 16} \fallingdotseq 1[\mu F]$$

42 $$I = \frac{V}{X_C} = \frac{V}{\frac{1}{2\pi f C}} = 2\pi f CV$$

$$= 2\pi \times 60 \times 200 \times 10^{-6} \times 100 \fallingdotseq 7.5[A]$$

답 – 40.③ 41.③ 42.③

43 콘덴서만의 회로에 교류전압을 가할 때 전류는 전압보다 위상이 어떻게 되는가?

① 동상이다.　　② 180° 앞선다.
③ 90° 앞선다.　　④ 45° 앞선다.

44 100[mH]의 인덕턴스를 가진 회로에 60[Hz], 100[V]의 교류전압을 가할 때 흐르는 전류와 위상은?

① 3.14[A], 90° 앞선다.　　② 31.4[A], 90° 뒤진다.
③ 2.7[A], 90° 뒤진다.　　④ 2.7[A], 90° 앞선다.

45 다음 중 병렬공진시 최소가 되는 것은?

① 전압　　② 전류
③ 임피던스　　④ 저항

46 저항 R과 유도 리액턴스 X_L을 직렬접속할 때 임피던스는 얼마인가?

① $R+X_L$　　② $\sqrt{R+X_L}$
③ $R^2+{X_L}^2$　　④ $\sqrt{R^2+{X_L}^2}$

Answer

43 콘덴서만의 회로에서 전류 i는 전압 v보다 $\frac{\pi}{2}$[rad]만큼 위상이 앞선다.

44 $i=\frac{v}{X_L}=\frac{v}{2\pi fL}=\frac{100}{2\pi\times60\times100\times10^{-3}}\doteqdot 2.7$[A]
인덕턴스 회로이므로 전류의 위상이 90° 뒤진다.

45 병렬공진 … 전류가 전압과 동위상이 되고 그 크기가 최소가 되는 현상으로 병렬공진시 임피던스는 최대, 전류는 최소가 된다.

46 $Z=\sqrt{R^2+{X_L}^2}=\sqrt{R^2+(\omega L)^2}$ [Ω]

답 — 43.③ 44.③ 45.② 46.④

47 100[V], 60[Hz]의 교류전원에 50[Ω]의 저항과 100[mH]의 자기 인덕턴스를 직렬로 연결한 회로가 있다. 이 회로의 리액턴스는?

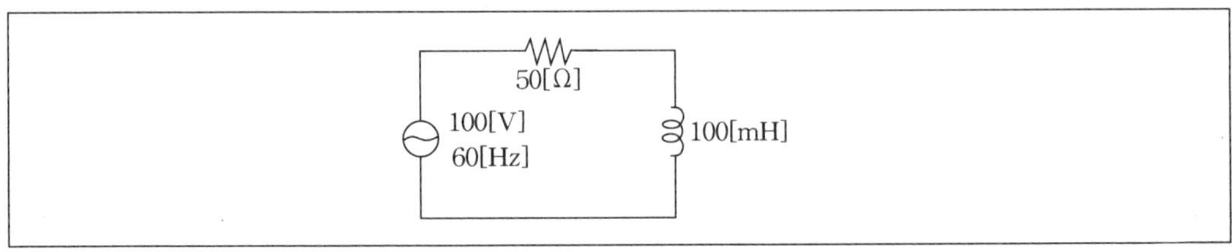

① 30.7[Ω] ② 36.7[Ω]
③ 37.7[Ω] ④ 38.7[Ω]

48 L만의 회로에서 전압, 전류의 위상 관계는?

① 동상이다. ② 전압이 전류보다 90° 앞선다.
③ 전압이 전류보다 30° 앞선다. ④ 전압이 전류보다 90° 뒤진다.

49 직렬 공진회로에서 회로의 리액턴스는 공진 주파수 f_r 보다 낮은 주파수에서는 어떻게 변화하는가?

① 유도성이다. ② 용량성이다.
③ 무유도성이다. ④ 저항성이다.

Answer

47 $X_L = 2\pi f L = 2\pi \times 60 \times 100 \times 10^{-3}$
$\fallingdotseq 37.7[\Omega]$

48 인덕턴스 L만의 회로에서 전압 v는 전류 i보다 $\frac{\pi}{2}$[rad]만큼 위상이 앞선다.

49 공진 주파수보다 낮은 주파수에서는 용량성$\left(\frac{1}{\omega C} < \omega L\right)$, 공진 주파수보다 높은 주파수에서는 유도성$\left(\frac{1}{\omega C} < \omega L\right)$이 된다.

답 47.③ 48.② 49.②

50 RL 직렬회로에 $v = V_m \sin(\omega t - \theta)$인 전압을 가했을 때 회로에 흐르는 전류의 순시값은? (단, $\phi = \tan^{-1}\frac{\omega L}{R}$)

① $i = V_m\sqrt{R^2+\omega^2 L^2}\, sin(\omega t - \theta + \phi)$

② $i = \frac{V_m}{\sqrt{R^2+\omega^2 L^2}} sin(\omega t - \theta - \phi)$

③ $i = \frac{V}{\sqrt{R^2+(\omega L)^2}} sin(\omega t - \theta - \phi)$

④ $i = \frac{V}{\sqrt{R^2+(\omega L)^2}} sin(\omega t - \theta + \phi)$

51 어느 회로에 교류전압을 가하면 유입전류가 0이 되고, 직류전압을 가하면 단락전류가 흐르는 회로의 구성으로 옳은 것은?

① RC 직렬회로
② LC 직렬회로
③ LC 병렬회로
④ RC 병렬회로

52 1[MHz]에서 150[Ω]의 리액턴스를 갖는 코일의 인덕턴스 [μH]는?

① 24
② 2.4
③ 0.24
④ 0.48

Answer

50 $V_m \sin(\omega t - \theta)$를 인가했으므로 전류 $i = I\sin(\omega t - \theta - \phi) = \frac{V}{\sqrt{R^2+(\omega L)^2}} sin(\omega t - \theta - \phi)$

51 교류전압을 가하여 유입전류가 0인 경우는 LC 병렬회로가 공진한 때이며, 이 회로에 직류전압을 가하면 L에 의해 단락전류가 흐른다.

52 $L = \frac{X_L}{2\pi f} = \frac{150}{2\pi \times 1 \times 10^6} \fallingdotseq 24[\mu H]$

답 — 50.③ 51.③ 52.①

53 어떤 회로 소자에 $v=141\sin 377t$ [V]의 전압을 가했더니 $i=47\sin 377t$ [A]의 전류가 흘렀다. 이 회로 소자는?

① 순저항 소자　　② 리액턴스 소자
③ 용량 리액턴스　　④ 유도 리액턴스

54 어떤 코일에 60[Hz], 10[V]의 교류전압을 가했더니 1[A]의 전류가 흐른다면 이 코일의 인덕턴스 [mH]는?

① 13.3　　② 15.9
③ 26.5　　④ 62.8

55 유도성 리액턴스가 100[Ω]인 코일에 1[A]의 전류를 흘릴 때의 전압강하는?

① 10[V]　　② 100[V]
③ 50[V]　　④ 500[V]

56 다음 중 "위상이 동상이다."라는 설명으로 옳은 것은?

① 전류가 전압보다 앞선다.
② 전류가 전압보다 뒤진다.
③ 전압과 전류가 동시에 변동이 일어난다.
④ 전압은 전류보다 합이 크다.

Answer

53 전압과 전류의 위상차가 없으므로 순저항 소자를 나타내는 것이다.

54 $X_L = \frac{v}{i} = \frac{10}{1} = 10[\Omega]$

$X_L = 2\pi f L[\Omega]$에서

$L = \frac{X_L}{2\pi f} = \frac{10}{2\pi \times 60} \fallingdotseq 26.5[\text{mH}]$

55 $V = I \cdot X_L = 1 \times 100 = 100[\text{V}]$

56 2개의 교류의 일치함을 뜻하므로 위상차가 없고 전류와 전압이 동시에 변하는 것을 말한다.

답 ─ 53.① 54.③ 55.② 56.③

57 다음과 같은 병렬 공진회로의 주파수 대 전류 특성 곡선으로 옳은 것은?

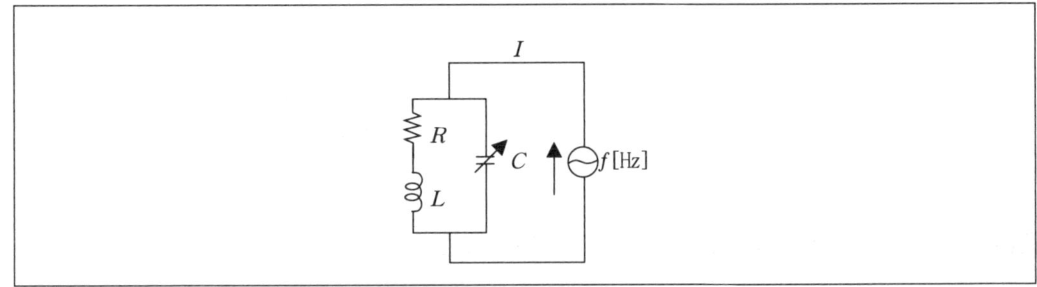

①

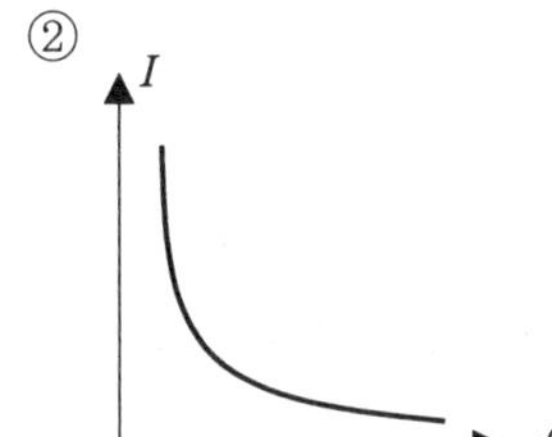

②

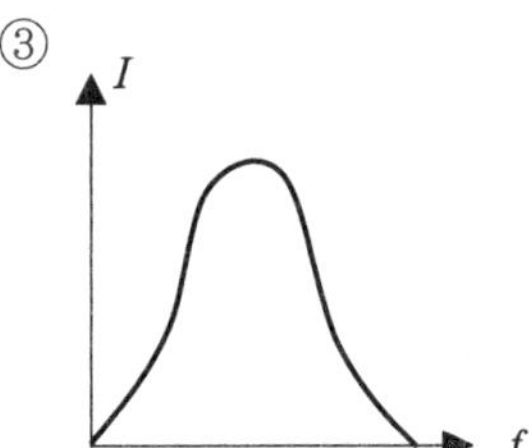

③

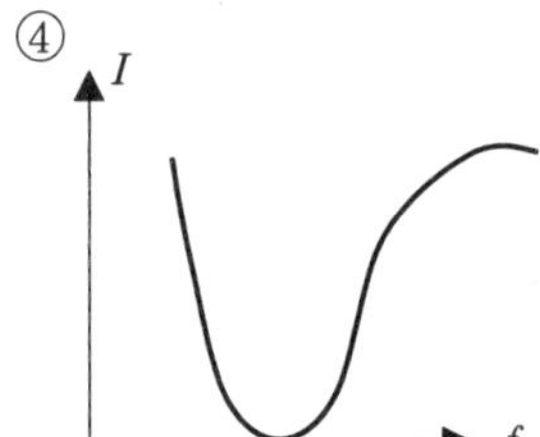

④

58 실효값이 5[A]이고 위상이 $\frac{\pi}{2}$[rad], 실효값이 $5\sqrt{3}$[A]이고 위상이 0인 두 사인파 교류의 합성전류와 위상각은?

① 6.85[A], 45[°] ② 10[A], 30[°]

③ $5\sqrt{3}$[A], 45[°] ④ 5[A], 90[°]

Answer

57 병렬 공진시의 임피던스는 최대(≒ ∞)이므로 공진 주파수에서의 전류는 최소가 되는 ④의 특성을 갖는다.

58 $I_0 = \sqrt{I_1^{\ 2} + I_2^{\ 2}} = \sqrt{5^2 + (5\sqrt{3})^2} \fallingdotseq 10[\text{A}]$

위상각 $\phi = \tan^{-1}\frac{I_1}{I_2} = \tan^{-1}\frac{5}{5\sqrt{3}} \fallingdotseq 30[°]$

답 – 57.④ 58.②

59 $v_1 = \sqrt{2}\ V_1 \sin(\omega t + \phi_1)$, $v_2 = \sqrt{2}\ V_2 \sin(\omega t + \phi_2)$인 두 파가 동상이 될 수 있는 조건은?

① $\phi_1 = \phi_2$
② $\phi_1 > \phi_2$
③ $\phi_1 < \phi_2$
④ $\phi_1 = \phi_2 + \frac{\pi}{2}$

60 $V_m \sin(\omega t + 30°)$와 $V_m \cos(\omega t - 60°)$와의 위상차는?

① 30°
② 60°
③ 90°
④ 동위상

61 정격전압이 100[V], 100[W]인 전구에 교류전압을 인가할 때 전압과 전류의 위상 관계로 옳은 것은?

① 전압이 전류보다 90° 앞선다.
② 전압과 전류는 동상이다.
③ 전류가 90° 앞선다.
④ 전압이 전류보다 90° 뒤진다.

62 삼각파의 최대값이 1이라면 실효값, 평균값은 각각 얼마인가?

① $\frac{1}{\sqrt{2}}$, $\frac{1}{\sqrt{3}}$
② $\frac{1}{\sqrt{3}}$, $\frac{1}{2}$
③ $\frac{1}{\sqrt{2}}$, $\frac{1}{2}$
④ $\frac{1}{\sqrt{2}}$, $\frac{1}{3}$

Answer

59 동상 … 동일한 주파수에서 위상차(시간적인 차이)가 없는 것을 의미하며 $\phi_1 = \phi_2$가 되어야 한다.

60 $E_m \cos(\omega t - 60°) = E_m \sin(\omega t - 60° + 90°) = E_m \sin(\omega t + 30°)$이므로 동위상이다.

61 일반 전구는 순수한 저항 요소로 볼 수 있으므로 위상차가 없다.

62 실효값 $= \frac{1}{\sqrt{3}}$, 평균값 $= \frac{1}{2}$

답 — 59.① 60.④ 61.② 62.②

63 60[Hz]의 2개의 교류전압 위상차가 $\frac{\pi}{6}$[rad]이었다면 이 위상차를 시간으로 표시하면 몇 초인가?

① $\frac{1}{20}$[초]
② $\frac{1}{120}$[초]
③ $\frac{1}{180}$[초]
④ $\frac{1}{720}$[초]

64 $v = V_m \sin(\omega t + \phi)$의 식에 대한 설명으로 옳지 않은 것은?

① 위상차는 0이다.
② v는 순시값이다.
③ 주파수는 $\frac{\omega}{2\pi}$이다.
④ V_m은 최대값이다.

65 $I_m \sin(\omega t + 30°)$[A]인 전류와 $E_m \cos(\omega t + 30)$[V]인 전압 사이의 위상차는 몇 [°]인가?

① 30[°]
② 60[°]
③ 0[°]
④ 90[°]

63

$\omega = 2\pi f$ 에서 $2\pi \times 60 = \frac{\theta}{t}$ 이므로 $120\pi = \frac{\frac{\pi}{6}}{t}$

$t = \frac{\frac{\pi}{6}}{120\pi} = \frac{\pi}{720\pi} = \frac{1}{720}$(초)

64 위상각 $\theta = (\omega t + \phi)$이므로 $+\phi$만큼 앞선다.

65 $\epsilon = E_m \cos(\omega t + 30^o) = E_m \sin(\omega t + 30^o + 90^o)$

$i = I_m \sin(\omega t + 30^o)[A]$

$\therefore \phi = 120^o - 30^o = 90^o$

답 – 63.④ 64.① 65.④

66 다음 회로에서 임피던스는?

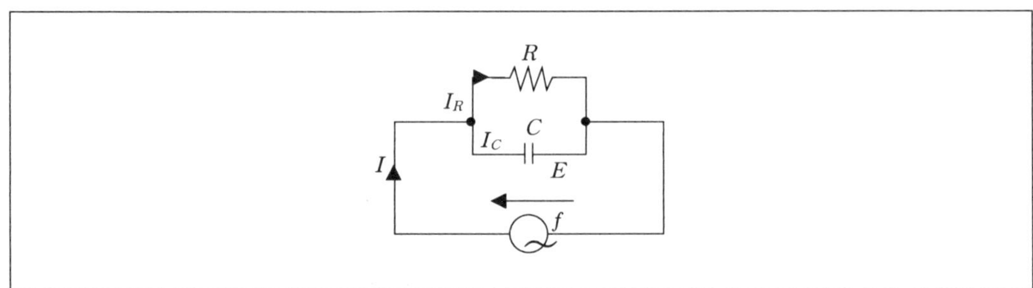

① $\sqrt{\frac{1}{R^2}+(\omega C)^2}$
② $\frac{1}{\sqrt{\frac{1}{R^2}+\frac{1}{\omega C^2}}}$
③ $\sqrt{R^2+\left(\frac{1}{\omega C}\right)^2}$
④ $\frac{1}{\sqrt{\frac{1}{R^2}+(\omega C)^2}}$

67 다음과 같은 공진특성곡선에서 $f_1=980$[kHz], $f_2=1,020$[kHz], $f_r=1,000$[kHz]일 때 Q의 크기로 옳은 것은?

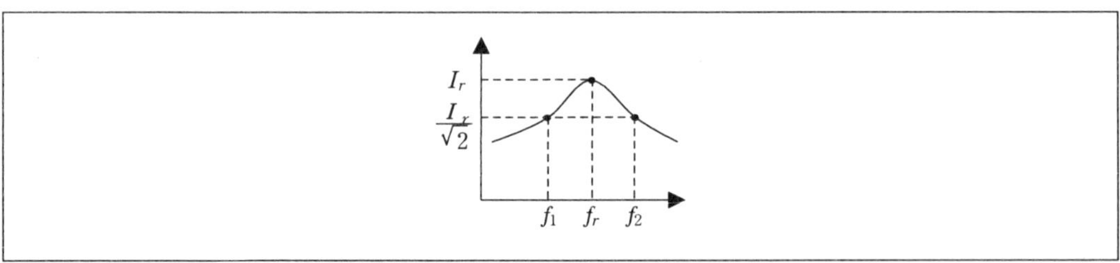

① 25
② 50
③ 10
④ 100

Answer

66 $Z=\frac{V}{I}=\frac{1}{\sqrt{\frac{1}{R^2}+(\omega C)^2}}[\Omega]$

67 $Q=\frac{f_\gamma}{f_2-f_1}=\frac{1,000}{1,020-980}=25$

답 66.④ 67.①

68 $R=5[\Omega]$, $L=10[\text{mH}]$, $C=1[\mu\text{F}]$가 직렬로 접속된 회로에 10[V]의 교류전압이 가해져서 공진상태가 될 때의 공진 주파수는?

① 1,600[Hz] ② 1,200[Hz]
③ 800[Hz] ④ 400[Hz]

69 직렬 공진회로에서 Q를 표시한 것 중 옳은 것은?

① $\dfrac{1}{R}\sqrt{\dfrac{L}{C}}$ ② $\dfrac{1}{R}\sqrt{\dfrac{C}{L}}$
③ $\dfrac{1}{L}\sqrt{\dfrac{C}{R}}$ ④ $\dfrac{1}{L}\sqrt{\dfrac{R}{C}}$

70 다음과 같은 병렬회로의 전체 임피던스는?

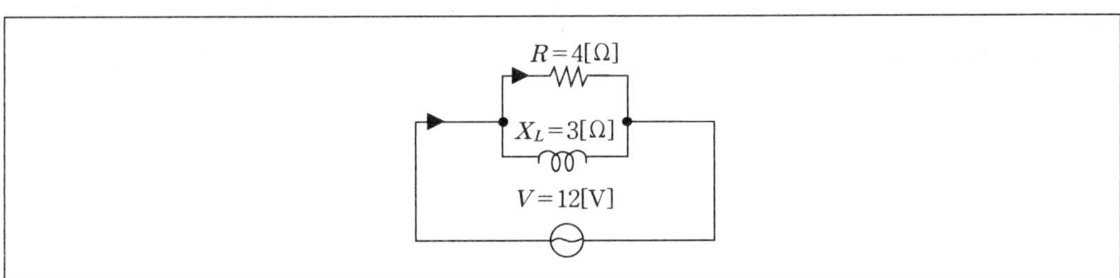

① 2.4[Ω] ② 3.5[Ω]
③ 4.6[Ω] ④ 7[Ω]

Answer

68 $f=\dfrac{1}{2\pi\sqrt{LC}}$

$=\dfrac{1}{2\pi\sqrt{10\times10^{-3}\times1\times10^{-6}}}\fallingdotseq 1,600[\text{Hz}]$

69 $Q=\dfrac{\omega L}{R}=\dfrac{1}{\omega CR}=\dfrac{1}{R}\sqrt{\dfrac{L}{C}}$

70 $Z=\dfrac{RX_L}{\sqrt{R^2+{X_L}^2}}=\dfrac{4\times3}{\sqrt{4^2+3^2}}=2.4[\Omega]$

답 68.① 69.① 70.①

71 $Z_1 = 3 + j10[\Omega]$, $Z_2 = 3 - j2[\Omega]$의 두 임피던스를 직렬로 연결하고 양단에 200[V]의 전압을 가한 경우 각 임피던스 양단의 전압은?

① $V_1 = 32 - j64$, $V_2 = 24 - j32$

② $V_1 = 64 + j32$, $V_2 = 16 + j32$

③ $V_1 = 252 - j86$, $V_2 = 126 + j64$

④ $V_1 = 196 + j72$, $V_2 = 4 - j72$

72 다음 중 직렬 공진시 최대가 되는 것은?

① 전류
② 임피던스
③ 리액턴스
④ 저항

73 $R = 4[\Omega]$, $X_L = 8[\Omega]$, $X_C = 5[\Omega]$의 직렬회로에 100[V]의 교류전압을 가할 때 이 회로에 흐르는 전류 [A]는?

① 5
② 10
③ 20
④ 40

Answer

71 합성임피던스는

$Z = Z_1 + Z_2 = 6 + j8,\ I = \frac{E}{Z} = \frac{200}{6+j8} = \frac{200(6-j8)}{100} = 12 - j16[A]$

$V_1 = I \times Z_1 = (12 - j16)(3 + j10) = 196 + j72$

$V_2 = I \times Z_2 = (12 - j16)(3 - j2) = 4 - j72$

72 직렬 공진시 회로의 임피던스는 최소가 되며, 전류는 최대가 된다.

73 $Z = \sqrt{R^2 + (X_L - X_C)^2} = \sqrt{4^2 + (8-5)^2} = 5[\Omega]$

$I = \frac{V}{Z} = \frac{100}{5} = 20[A]$

답 71.④ 72.① 73.③

74 다음 중 RL 병렬회로의 임피던스는?

① $Z=\sqrt{R^2+(\omega L)^2}$

② $Z=\dfrac{1}{\sqrt{R^2+(\omega L)^2}}$

③ $Z=\sqrt{\left(\dfrac{1}{R}\right)^2+\left(\dfrac{1}{\omega L}\right)^2}$

④ $Z=\dfrac{1}{\sqrt{\left(\dfrac{1}{R}\right)^2+\left(\dfrac{1}{\omega L}\right)^2}}$

75 RLC 직렬회로에서 전류가 전압보다 위상이 앞서기 위해서 만족해야 할 조건으로 옳은 것은?

① $X_L > X_C$

② $X_L < X_C$

③ $X_L = \dfrac{1}{X_C}$

④ $X_L = X_C$

76 다음과 같은 회로에서 E의 전압은?

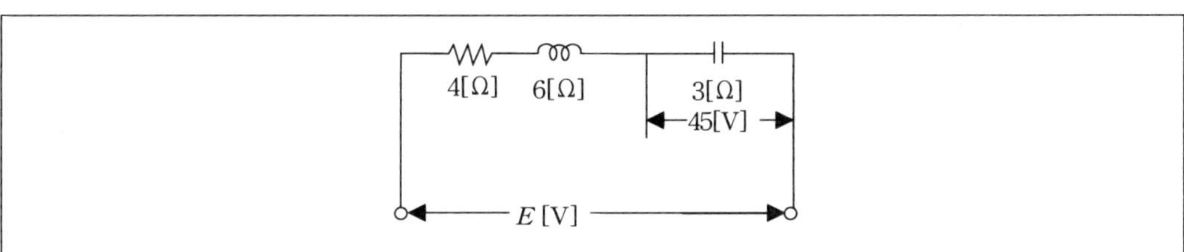

① 58[V]

② 60[V]

③ 75[V]

④ 90[V]

Answer

74 $Z=\dfrac{1}{\sqrt{\left(\dfrac{1}{R}\right)+\left(\dfrac{1}{X_L}\right)^2}}=\dfrac{1}{\sqrt{\left(\dfrac{1}{R}\right)^2+\left(\dfrac{1}{\omega L}\right)^2}}[\Omega]$

75 용량성 회로가 되어야 하므로 $X_L < X_C$이어야 한다.

76 회로의 전류 $I=\dfrac{V_C}{X_C}=\dfrac{45}{3}=15[A]$

$V=ZI=\sqrt{R^2+(X_L-X_C)^2}\cdot I$

$=\sqrt{4^2+(6-3)^2}\times 15=75[V]$

답 — 74.④ 75.② 76.③

77 저항 R과 인덕턴스 L 및 커패시턴스 C를 직렬로 접속한 회로에서 최대 전류를 흐르게 하는 조건은?

① $\omega L + \frac{1}{\omega C} = 1$ ② $\omega L - \frac{1}{\omega C} = 0$

③ $\omega L + \frac{1}{\omega C} = 0$ ④ $\frac{1}{\omega C} = 1$

78 다음과 같이 a – b 단자의 전압과 전류가 동상이 되려면 어떤 식이 성립되어야 하는가?

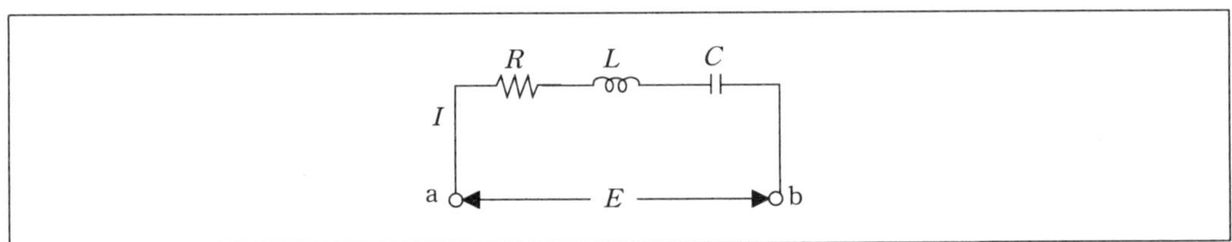

① $\omega L^2 C^2 = 1$ ② $\omega^2 LC = 1$

③ $\omega LC = 1$ ④ $\omega = LC$

79 저항 6[Ω], 유도 리액턴스 10[Ω], 용량 리액턴스 2[Ω]인 직렬회로의 임피던스는 얼마인가?

① 6[Ω] ② 8[Ω]

③ 10[Ω] ④ 12[Ω]

Answer

77 최대 전류의 조건은 공진 때, 즉 $X_L = X_C$인 때이므로

$\omega L = \frac{1}{\omega C}$, $\omega L - \frac{1}{\omega C} = 0$

78 $\omega L = \frac{1}{\omega C}$에서 $\omega^2 LC = 1$

79 $Z = \sqrt{R^2 + (X_L - X_C)^2} = \sqrt{6^2 + (10-2)^2} = 10[\Omega]$

답 – 77.② 78.② 79.③

80 다음과 같은 RLC 직렬회로의 각 소자의 양단전압을 측정한 결과 $V_R=30$[V], $V_L=50$[V], $V_C=10$[V]이었다. a－b 사이의 전압 V는 몇 [V]인가?

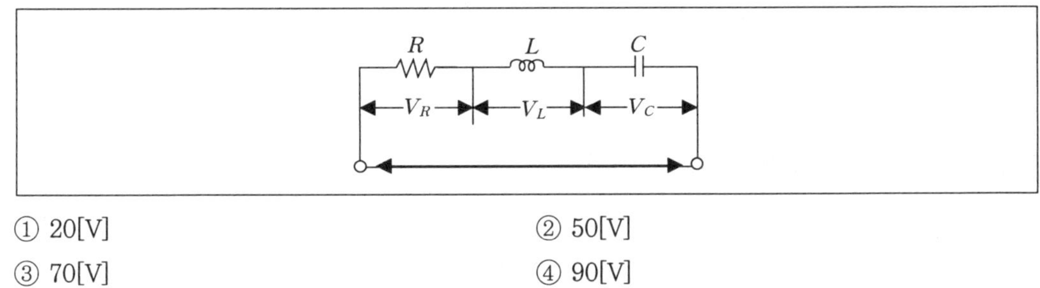

① 20[V]　　② 50[V]
③ 70[V]　　④ 90[V]

81 다음과 같은 회로에 10[A]의 전류가 흐르게 하려면 a, b 양단에 가해야 할 전압은 몇 [V]인가?

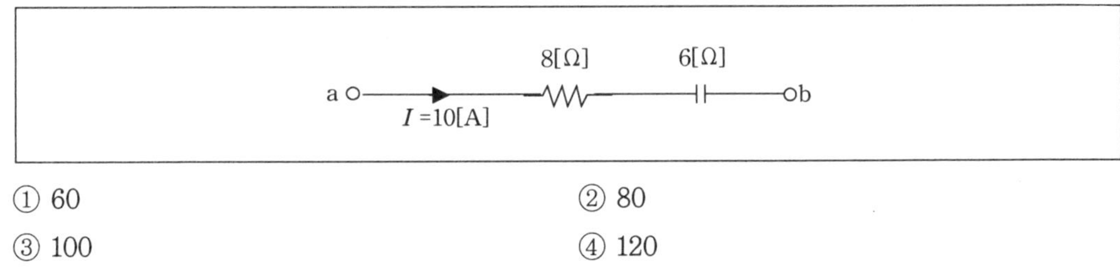

① 60　　② 80
③ 100　　④ 120

82 저항 R[Ω]과 유도 리액턴스 X[Ω]이 직렬로 접속된 회로에 100[V]의 교류전압을 가하면 20[A]의 전류가 전압보다 $\frac{\pi}{6}$[rad]만큼 뒤져서 흐른다. 이 회로의 X값은 몇 [Ω]인가?

① 5　　② 4.3
③ 3.3　　④ 2.5

Answer

80 $V=\sqrt{V_R^{\,2}+(V_L-V_C)^2}$
$=\sqrt{30^2+(50-10)^2}=50$[V]

81 $Z=\sqrt{R^2+X_C^{\,2}}=\sqrt{8^2+6^2}=10$[Ω]
$V=IZ=10\times10=100$[V]

82 $Z=\frac{V}{I}=\frac{100}{20}=5$[Ω], $\frac{\pi}{6}$[rad]$=30^\circ$
$X=Z\cdot\sin\theta=5\times\frac{1}{2}=2.5$[Ω]

답 80.② 81.③ 82.④

83 RLC 직렬회로에 있어서 직렬 공진의 경우 전압과 전류의 위상 관계로 옳은 것은?

① 전압과 전류는 동상이다.
② 전압이 전류보다 90° 앞선다.
③ 전압이 전류보다 90° 뒤진다.
④ 전압이 전류보다 45° 앞선다.

84 RLC 직렬회로의 합성 임피던스 [Ω]는?

① $R+\omega L+\dfrac{1}{\omega C}$

② $\sqrt{R^2+(\omega L)^2+\left(\dfrac{1}{\omega C}\right)^2}$

③ $\sqrt{R^2+\left(\omega L+\dfrac{1}{\omega C}\right)^2}$

④ $\sqrt{R^2+\left(\omega L-\dfrac{1}{\omega C}\right)^2}$

85 다음 중 RC 직렬회로의 임피던스는?

① $\sqrt{R^2+\omega^2 C^2}$
② $\sqrt{R^2+\dfrac{1}{\omega^2 C^2}}$
③ $\dfrac{1}{R^2+\omega^2 C^2}$
④ $\dfrac{1}{\sqrt{R^2+\omega^2 C^2}}$

Answer

83 직렬 공진이면 $X_L=X_C$이므로 $Z=R$뿐으로 저항성 회로가 되고 따라서 전압과 전류는 동상이다.

84 $Z=\sqrt{R^2+(X_L-X_C)^2}$
$=\sqrt{R^2+\left(\omega L-\dfrac{1}{\omega C}\right)^2}$ [Ω]

85 $Z=\sqrt{R^2+{X_C}^2}=\sqrt{R^2+\left(\dfrac{1}{\omega C}\right)^2}$
$=\sqrt{R^2+\dfrac{1}{\omega^2 C^2}}$ [Ω]

답 — 83.① 84.④ 85.②

86 우리나라 전등의 전압은 100[V]이다. 이때 전압이 0[V]로부터 $t = \frac{1}{360}$[sec]일 때의 순시값은?

① 86.6[V]　　② 100[V]

③ $100\sqrt{2}$ [V]　　④ 122[V]

87 다음과 같은 회로에 60[Hz], 100[V]의 교류전압을 가하였더니 위상이 60[°] 뒤진 3[A]의 전류가 흘렀다면 이 회로의 리액턴스(reactance)는?

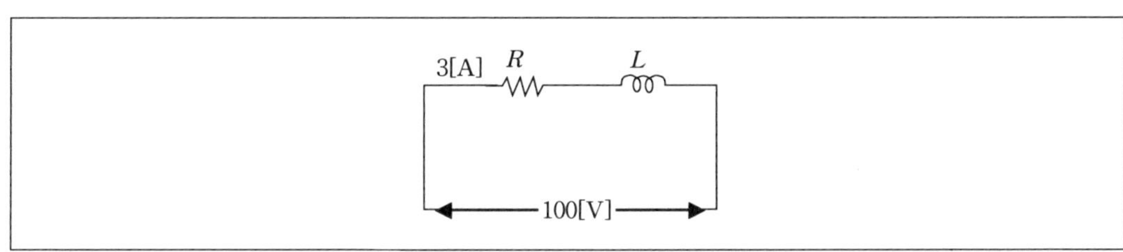

① 27.2[Ω]　　② 16.6[Ω]

③ 28.8[Ω]　　④ 33.3[Ω]

Answer

86 $V = V_m \sin\omega t = 100\sqrt{2}\sin 2\pi f t$

$= 100\sqrt{2}\sin 2\pi \times 60 \times \frac{1}{360}$

$= 100\sqrt{2}\sin\frac{120\pi}{360}$

$= 100\sqrt{2}\sin 60°$

$= 100\sqrt{2} \times \frac{\sqrt{3}}{2}$

$\fallingdotseq 122$[V]

87 $Z = \frac{V}{I} = \frac{100}{3}$[Ω]

$\sin\theta = \frac{X}{Z}$에서

$X = Z \cdot \sin\theta = \frac{100}{3} \times \frac{\sqrt{3}}{2} \fallingdotseq 28.8$[Ω]

답 86.④ 87.③

88 다음 회로에서 단자전압을 일정하게 유지하고 스위치를 닫았을 때 발생하는 전류가 닫기 전의 전류의 2배가 되도록 할 경우 저항 R의 값은?

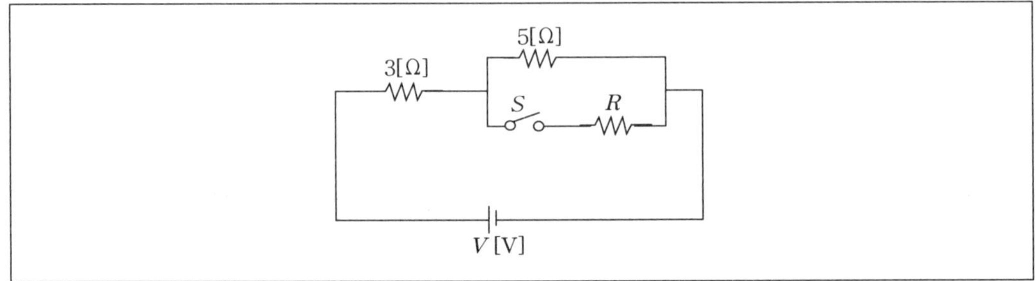

① $\frac{2}{5}$[Ω] ② $\frac{5}{4}$[Ω]
③ 2 [Ω] ④ 4 [Ω]

89 어떤 회로의 전압 및 전류가 $E = 20\angle 60^o [V]$, $I = 5\angle 30^o [A]$일 때 이 회로의 임피던스 $Z[\Omega]$은?

① $2 + \sqrt{3}j[\Omega]$ ② $2\sqrt{3} + 2j[\Omega]$
③ $3\sqrt{2} + j[\Omega]$ ④ $\sqrt{2} - 2j[\Omega]$

Answer

88 스위치를 닫기 전의 저항은 8[Ω]이므로 전류가 2배가 되도록 하려면 8[Ω]을 $\frac{1}{2}$로 해야 한다.

$3 + \frac{5R}{5+R} = \frac{8}{2} = 4$

$R = \frac{5}{4}[\Omega]$

89 $Z = \frac{E}{I} = \frac{20\angle 60^o}{5\angle 30^o} = 4(\cos 30^o + j\sin 30^o) = 2\sqrt{3} + 2j[\Omega]$

답 - 88.② 89.②

90 RC 직렬회로의 전압과 전류의 위상각 θ는?

① $\theta = \tan^{-1}\dfrac{1}{\omega CR}$　② $\theta = \tan\dfrac{\omega C}{R}$

③ $\theta = \tan^{-1}\omega CR$　④ $\theta = \tan^{-1}\dfrac{R}{\omega C}$

91 다음 회로에서 I [A]의 값은?

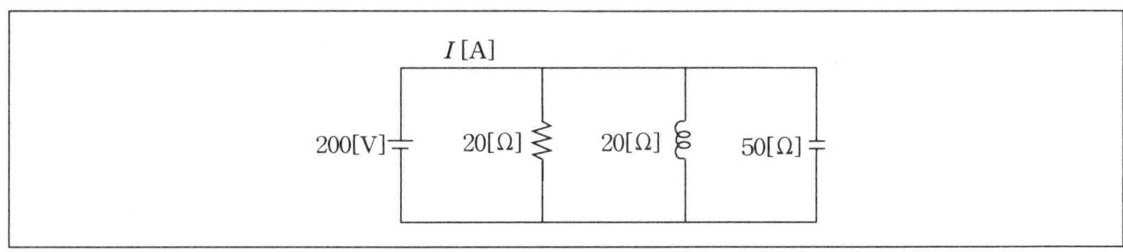

① 4[A]　② 8[A]
③ 12[A]　④ 16[A]

92 저항 6[Ω]과 유도 리액턴스 X_L [Ω]이 직렬로 접속된 회로에 60[Hz], 100[V]의 교류전압을 가하면 10[A]의 전류가 흐른다. 이 회로의 X_L은?

① 60[Ω]　② 10[Ω]
③ 8[Ω]　④ 6[Ω]

Answer

90 $\phi = \tan^{-1}\dfrac{X_C}{R} = \tan^{-1}\dfrac{1}{\omega CR} = \tan^{-1}\dfrac{1}{2\pi f\,CR}$[rad]

91 $I = \sqrt{IR^2 + (I_L - I_C)^2}$

$= \sqrt{\left(\dfrac{200}{20}\right)^2 + \left(\dfrac{200}{20} - \dfrac{200}{50}\right)^2}$

$= \sqrt{(10)^2 + (6)^2}$

$= \sqrt{100 + 36}$

$= \sqrt{136}$

$= 11.6 \fallingdotseq 12$[A]

92 $Z = \dfrac{V}{I} = \dfrac{100}{10} = 10$[Ω]

$Z = \sqrt{R^2 + {X_L}^2}$[Ω]에서

$X_L = \sqrt{Z^2 - R^2} = \sqrt{10^2 - 6^2} = 8$[Ω]

답 90.① 91.③ 92.③

93 다음 회로는 저항과 축전기로 구성되어 있다. 직류 전압을 인가하고 충분한 시간이 지난 후 R =100 Ω에 흐르는 전류 I [A]는?

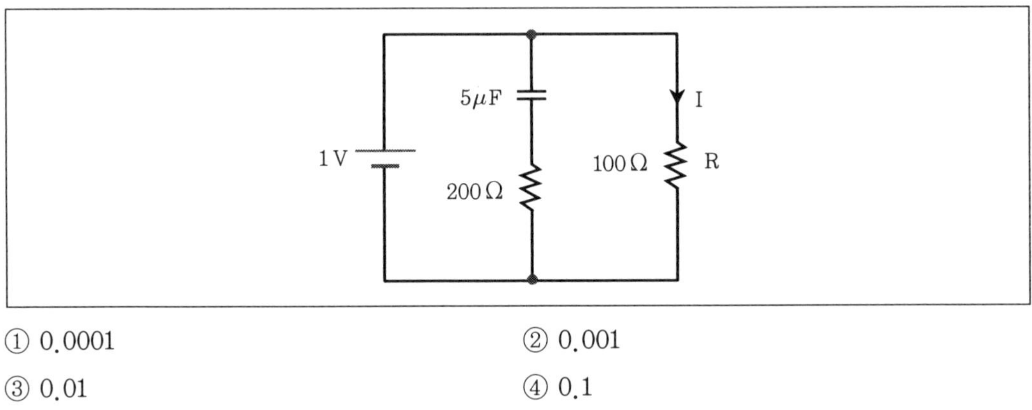

① 0.0001 ② 0.001

③ 0.01 ④ 0.1

94 다음 R−L−C 직렬회로에서 회로에 흐르는 전류 I는 전원의 주파수에 따라 크기가 변한다. 임의의 주파수에서 회로에 흐르는 전류가 최대가 되었다고 하면, 그때의 전류 I [A]는?

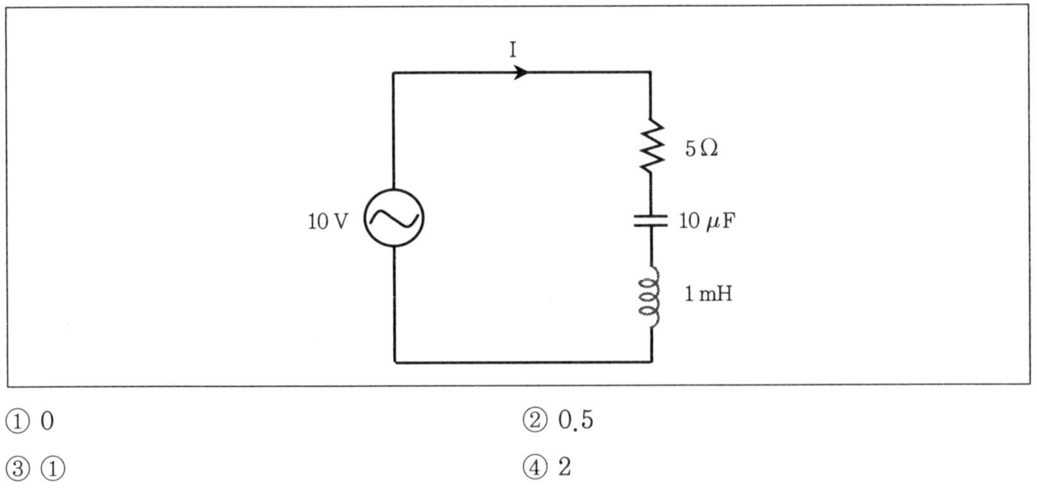

① 0 ② 0.5

③ ① ④ 2

Answer

93 옴의 법칙에 의하여 전류를 구하면 $I=\frac{V}{R}[A]=\frac{1}{100}=0.01[A]$

94 전류가 최대가 되었을 때, 즉 공진할 때는 유도 리액턴스와 용량 리액턴스가 같을 때이므로 임피던스 Z는 저항 성분만 남는다. 즉, $Z=\sqrt{5^2}=5[\Omega]$, 따라서 전류 I는 $I=\frac{V}{Z}=\frac{10}{5}=2[A]$

답— 93.③ 84.④

95 다음 회로에서 $R_1 = 1[\Omega]$, $R_2 = 2[\Omega]$, $R_3 = 1[\Omega]$, $X_L = 1[\Omega]$, $X_C = -1[\Omega]$이다. 부하 전체에 대한 등가 임피던스 $\dot{Z}_{ac}$ $[\Omega]$는?

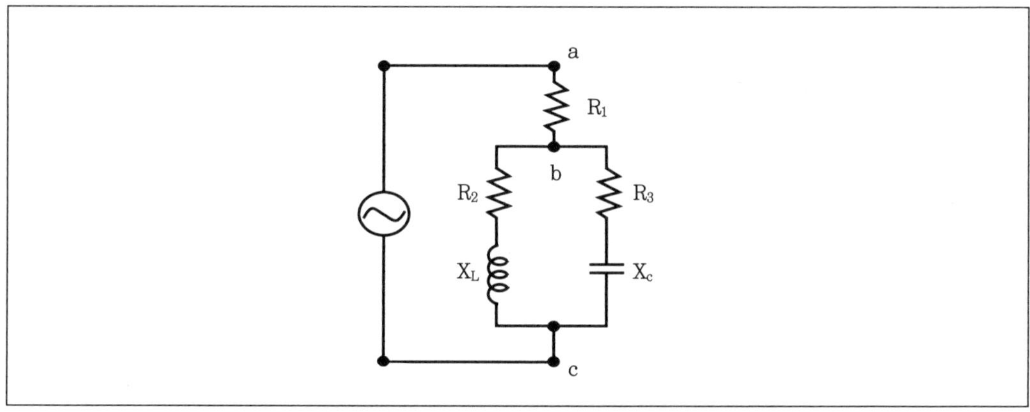

① $\dot{Z}_{ac} = 2 - j\frac{1}{3}$　② $\dot{Z}_{ac} = 2 + j\frac{1}{3}$

③ $\dot{Z}_{ac} = 2 - j\frac{1}{4}$　④ $\dot{Z}_{ac} = 2 + j\frac{1}{4}$

Answer

95 R-L 직렬 회로의 임피던스는 $2+j$, R-C 직렬 회로의 임피던스는 $1-j$,
병렬 접속이므로 합성 임피던스는 $\frac{(2+j)(1-j)}{(2+j)+(1-j)} = \frac{3-j}{3} = 1 - j\frac{1}{3}$
따라서 R1과 직렬 접속이므로 최종 합성 임피던스는 $2 - j\frac{1}{3}$가 된다.

답 ─ 95.①

교류전력

1 다음 중 유효전력을 나타내는 것은?

① $P = VI$ ② $P = VI\sin\theta$

③ $P = I^2X$ ④ $P = VI\cos\theta$

2 10[A]의 전류를 흘렸을 때 전력이 50[W]인 저항에 25[A]를 흘렸을 때의 전력은 몇 [W]인가?

① 312.5[W] ② 225.5[W]

③ 135.5[W] ④ 93.7[W]

3 전력을 $Q = VI\sin\theta$로 나타내는 전력의 단위로 적당한 것은?

① [W] ② [VA]

③ [Wh] ④ [Var]

Answer

1 유효전력 $P = VI\cos\theta = I^2 R$
(P : 유효전력[W], I : 전류[A], V : 전압[V], θ : 이루는 각[rad], R : 저항[Ω])

2 $P = I^2R$은 전류의 제곱에 비례하므로 $R \propto I^2$
$10^2 : 50 = 25^2 : x$를 계산하면
$x = 312.5$[W]

3 $Q = VI\sin\theta$는 무효전력을 나타내는 표현식이다.
부하에서 전력으로 사용될 수 없는 전력으로 단위는 [Var] 혹은 [kVar]를 사용한다.

답 1.④ 2.① 3.④

4 저항 20[Ω]에 실효값이 100인 사인파 전압을 인가할 때 저항에서 소비되는 유효전력은?

① 100[W] ② 200[W]
③ 300[W] ④ 500[W]

5 전압 $V=100+j50$[V], 전류 $I=6+j8$[A]일 때 유효전력 및 무효전력은?

① 1,000[W], 500[Var] ② 200[W], 1,100[Var]
③ 500[W], 1,000[Var] ④ 1,100[W], 200[Var]

6 전원전압이 100[V]에 역률이 80[%]인 소형 전동기를 연결하였더니 5[A]의 전류가 흘렀다면 전동기 소비전력은?

① 100[W] ② 200[W]
③ 400[W] ④ 500[W]

7 출력이 100[kW], 역률이 80[%]인 전동기의 피상전력은?

① 100[kVA] ② 125[kVA]
③ 150[kVA] ④ 200[kVA]

Answer

4 $P=\frac{V^2}{R}=\frac{100^2}{20}=500[\mathrm{W}]$

5 $P=\overline{V}I$
$=(100-j50)(6+j8)$
$=600+j800-j300-j^2 400$
$=600+j500+400$
$=1{,}000+j500$
유효전력은 1,000[W], 무효전력은 500[Var]이다.

6 $P=VI\cos\theta=100\times5\times0.8=400[\mathrm{W}]$

7 $P_a=\frac{P}{\cos\theta}=\frac{100}{0.8}=125[\mathrm{kVA}]$

답 4.④ 5.① 6.③ 7.②

8 저항과 리액턴스가 직렬로 연결된 회로에 100[V]의 교류전압을 가할 경우 이 회로에 흐르는 유효전류는? (단, $R=3[\Omega]$, $X=4[\Omega]$)

① 12[A]　　② 16[A]
③ 24[A]　　④ 32[A]

9 $R=8[\Omega]$, $X=6[\Omega]$인 병렬회로의 역률은?

① 0.6　　② 0.8
③ 0.9　　④ 0.5

10 역률 0.6인 300[kW]의 단상부하를 1시간 동안 사용할 경우 무효전력은?

① 200[kVA]　　② 300[kVA]
③ 400[kVA]　　④ 500[kVA]

Answer

8 $I=\frac{V}{Z}=\frac{V}{R+jX}=\frac{100}{3+j4}=\frac{100(3-j4)}{(3+j4)(3-j4)}$

$=\frac{300-j400}{9+16}=\frac{300-j400}{25}=12-j16$

∴ 유효전류는 실수부이므로 12[A]이다.

9 $\cos\theta=\frac{X}{Z}=\frac{X}{\sqrt{R^2+X^2}}=\frac{6}{\sqrt{8^2+6^2}}=0.6$

10 $P=VI\cos\theta=P_a\cos\theta$

$P_a=\frac{P}{\cos\theta}=\frac{300}{0.6}=500[\text{kVA}]$

$P_a=\sqrt{P^2+{P_r}^2}$

무효전력 $P_r=\sqrt{{P_a}^2-P^2}=\sqrt{500^2-300^2}$

$=400[\text{kVA}]$

답 8.① 9.① 10.③

11 임피던스가 $4+j5[\Omega]$인 RL 직렬회로에 100[V]의 교류전압을 인가할 때 유효전력은?

① 980[VA] ② 1,290[VA]
③ 1,610[VA] ④ 1,800[VA]

12 저항만의 회로에서 역률은?

① $\cos\theta = \frac{1}{2}$ ② $\cos\theta = 0$
③ $\cos\theta = 1$ ④ $\cos\theta = \frac{\sqrt{3}}{2}$

13 저항과 리액턴스가 직렬로 연결된 회로에 100[V]의 전압을 인가할 경우 전압, 전류의 무효성분은? (단, $R=10[\Omega]$, $X=8[\Omega]$)

① 78[V], 6.1[A] ② 62.5[V], 6.1[A]
③ 78[V], 4.9[A] ④ 62.5[V], 4.9[A]

Answer

11 $I=\frac{V}{Z}=\frac{100}{4+j5}=\frac{100(4-j5)}{(4+j5)(4-j5)}=\frac{400-j500}{16+25}=\frac{400-j500}{41}$
$=9.8-j12.2$
복소전력 $P_a=VI=100(9.8-j12.2)$
$=980+j1,220[\text{VA}]$
실수부는 유효전력, 허수부는 무효전력을 나타낸다.

12 $\theta=0$이므로 $\cos\theta=\cos 0°=1$

13 역률 $\cos\theta=\frac{R}{Z}=\frac{R}{\sqrt{R^2+X^2}}=\frac{10}{\sqrt{10^2+8^2}}\fallingdotseq 0.781$

무효율 $\sin\theta=\frac{X}{Z}=\frac{X}{\sqrt{10^2+8^2}}=\frac{8}{\sqrt{10^2+8^2}}\fallingdotseq 0.625$

전류 $I=\frac{V}{Z}=\frac{V}{\sqrt{R^2+X^2}}=\frac{100}{\sqrt{10^2+8^2}}\fallingdotseq 7.8[\text{A}]$

전압의 무효성분 $=V\sin\theta=100\times 0.625=62.5[\text{V}]$
전류의 무효성분 $=I\sin\theta=7.8\times 0.625=4.875\fallingdotseq 4.9[\text{V}]$

답 11.① 12.③ 13.④

14 다음 중 역률이 1인 회로는?

① R만으로 구성된 회로　② L만으로 구성된 회로
③ C만으로 구성된 회로　④ L, C로 구성된 회로

15 저항만인 부하에 $V=\sqrt{2}\,V\sin\omega t$[V]의 교류전압을 가할 때 I[A]의 전류가 흐른다면, 저항에서 소비되는 전력 [W]은?

① $VI\cos\theta$　② VI
③ $VI\sin\theta$　④ $\dfrac{VI}{2}$

16 다음 회로에서 역률은?

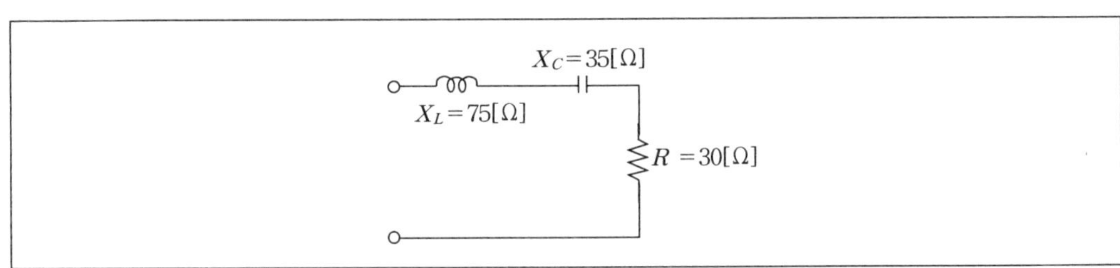

① 0.6　② 0.7
③ 0.8　④ 0.9

Answer

14 저항 R만으로 구성된 회로는 전압과 전류가 동상이므로 위상차가 0이다.
$\cos\theta=\cos 0=1$이므로 역률은 1이다.

15 저항만의 회로이므로 $P=VI\cos\theta=VI$[W]

16 $\cos\theta=\dfrac{R}{Z}=\dfrac{R}{\sqrt{R^2+(X_L-X_C)^2}}$
$=\dfrac{30}{\sqrt{30^2+(75-35)^2}}=0.6$

답 — 14.① 15.② 16.①

17 교류에서 $P = VI\cos\theta$ 는 무엇을 나타내는 것인가?

① 피상전력을 나타낸다.
② 무효전력을 나타낸다.
③ 유효전력을 나타낸다.
④ 순시전력을 나타낸다.

18 R = 3[Ω], X_L = 4[Ω]인 병렬회로의 역률은?

① 0.6
② 0.7
③ 0.8
④ 0.9

19 RL 병렬회로의 역률은 얼마인가?

① $\dfrac{R}{\sqrt{R^2+X_L^{\,2}}}$
② $\dfrac{X_L}{\sqrt{R^2+X_L^{\,2}}}$
③ $\dfrac{\sqrt{R^2+X_L^{\,2}}}{R}$
④ $\dfrac{\sqrt{R^2+X_L^{\,2}}}{X_L}$

Answer

17 유효전력 $P = VI\cos\theta$ [W]

18 $\cos\theta = \dfrac{X_L}{\sqrt{R^2+X_L^{\,2}}} = \dfrac{4}{\sqrt{3^2+4^2}} = 0.8$

19 $\cos\theta = \dfrac{X_L}{\sqrt{R^2+X_L^{\,2}}}$

※ RL 직렬회로의 역률 $\cos\theta = \dfrac{R}{\sqrt{R^2+X_L^{\,2}}}$

답 17.③ 18.③ 19.②

20 다음과 같은 RC 병렬회로의 역률은 얼마인가?

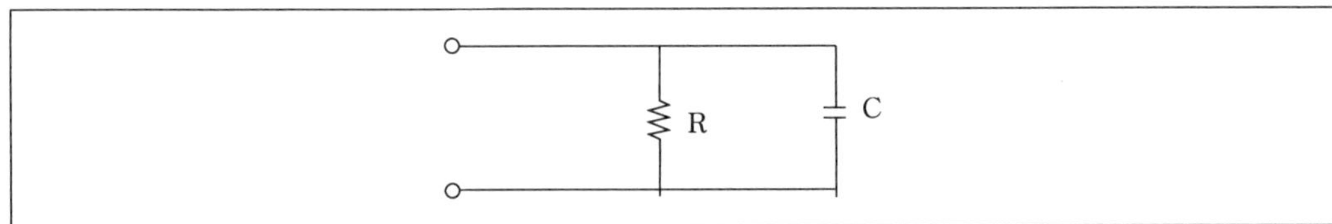

① $\dfrac{1}{\sqrt{1+(\omega RC)^2}}$
② $\sqrt{1+(\omega RC)^2}$

③ $\dfrac{1}{1+(\omega RC^2)}$
④ $1+(\omega RC)^2$

21 어떤 회로에 200[V]의 교류전압을 가하니 소비전력이 3.2[kW], 역률은 0.8이었다. 이 회로의 저항은 몇 [Ω]인가?

① 6.4
② 7.8
③ 8
④ 10

22 RX 직렬회로에 I [A]의 전류가 흐르는 경우 유효전력 P와 무효전력 P_r 은?

① $P=I^2\sqrt{R^2+X^2}$, $P_r=I^2R$
② $P=I^2R$, $P_r=I^2X$
③ $P=I^2\sqrt{R^2+X^2}$, $P_r=I^2R$
④ $P=I^2X$, $P_r=I^2R$

Answer

20

$$\cos\theta=\frac{X_C}{\sqrt{R^2+X_C{}^2}}=\frac{\frac{1}{\omega C}}{\sqrt{R^2+\frac{1}{\omega^2C^2}}}=\frac{1}{\sqrt{1+(\omega RC)^2}}$$

21 $I=\dfrac{P}{V\cos\theta}=\dfrac{3,200}{200\times0.8}=20[\mathrm{A}]$

$P=I^2R[\mathrm{W}]$에서

$R=\dfrac{P}{I^2}=\dfrac{3,200}{20^2}=8[\Omega]$

22 유효전력 $P=I^2R[\mathrm{W}]$, 무효전력 $P_r=I^2X[\mathrm{Var}]$

답 20.① 21.③ 22.②

23 교류전압 100[V], 소비전력 3[kW], 역률 60[%]인 부하의 등가직렬회로의 리액턴스는?

① 0.8[Ω]　　② 1.6[Ω]

③ 2.4[Ω]　　④ 3.2[Ω]

24 저항 10[Ω], 리액턴스 10[Ω]의 직렬회로에 200[V]의 교류전압을 인가할 경우 전압과 전류의 유효분은 얼마인가?

	전압	전류		전압	전류
①	93[V]	65[A]	②	112[V]	7.8[A]
③	140[V]	9.8[A]	④	210[V]	15[A]

Answer

23 $P = VI\cos\theta$

$I = \dfrac{P}{V\cos\theta} = \dfrac{3,000}{100 \times 0.6} = 50[\text{A}]$

$X = R\tan\theta = R\dfrac{\sqrt{1-\cos^2\theta}}{\cos\theta}$

R을 구해야 하므로

$R = \dfrac{P}{I_2} = \dfrac{3,000}{50^2} = 1.2[\Omega]$

$R\dfrac{\sqrt{1-\cos^2\theta}}{\cos\theta} = 1.2 \times \dfrac{\sqrt{1-0.6^2}}{0.6}$

$= 1.2 \times \dfrac{0.8}{0.6}$

$= 1.599 \fallingdotseq 1.6[\Omega]$

24 역률 $\cos\theta = \dfrac{R}{\sqrt{R^2+X^2}} = \dfrac{10}{\sqrt{10^2+10^2}} = 0.7$

$I = \dfrac{V}{Z} = \dfrac{V}{\sqrt{R^2+X^2}} = \dfrac{200}{\sqrt{10^2+10^2}} \fallingdotseq 14[\text{A}]$

전류의 유효분을 구하는 것이므로 역률을 이용하여 구하면 된다.

전압의 유효분 $V_e = V\cos\theta = 200 \times 0.7 = 140[\text{V}]$

전류의 유효분 $I_e = I\cos\theta = 14 \times 0.7 = 9.8[\text{V}]$

답 – 23.② 24.③

25 $Z=4+j3$의 회로에 120[V]의 교류전압을 인가할 경우 무효전력 및 피상전력은 얼마인가?

① 576[Var], 960[VA]
② 1,152[Var], 1,920[VA]
③ 1,296[Var], 2,160[VA]
④ 1,728[Var], 2,880[VA]

26 다음 회로에서 최대전력 전달조건으로 저항 R을 변화시킬 경우 저항에서 소비되는 최대전력은?

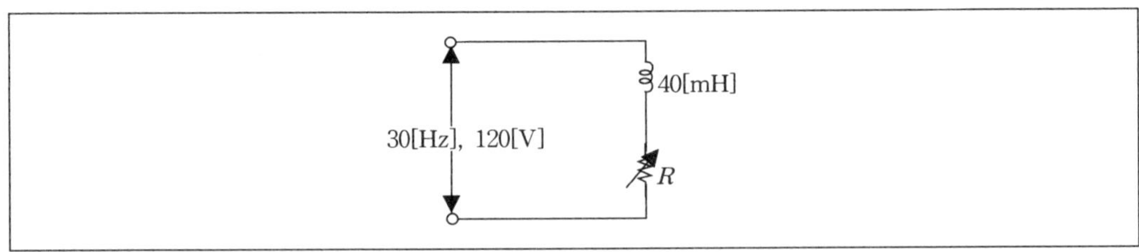

① 670[W]
② 960[W]
③ 1,240[W]
④ 1,730[W]

27 출력이 5[kW], 효율이 60[%]인 전동기를 1시간 사용했을 때 소비되는 전력량은?

① 1[kWh]
② 2[kWh]
③ 3[kWh]
④ 4[kWh]

Answer

25 $I=\dfrac{V}{Z}=\dfrac{120}{\sqrt{4^2+3^2}}=\dfrac{120}{5}=24[\text{A}]$

무효전력 $P_r=I^2X=24^2\times3=1{,}728[\text{Var}]$

피상전력 $P_a=I^2Z=24^2\times5=2{,}880[\text{VA}]$

26 $R=\omega L$일 경우 최대전력 전달조건이므로

$R=\omega L=2\pi\times30\times40\times10^{-3}=7.5[\Omega]$

$I=\dfrac{V}{Z}=\dfrac{V}{\sqrt{R^2+(\omega L)^2}}=\dfrac{V}{\sqrt{2}R}$

$P=I^2R=\left(\dfrac{V}{\sqrt{2}R}\right)^2\times R=\dfrac{V^2}{2R}=\dfrac{120^2}{2\times7.5}=960[\text{W}]$

27 $W=Pt\eta=5{,}000\times1\times0.6=3{,}000=3[\text{kWh}]$

답 25.④ 26.② 27.③

28 10[Ω]인 저항의 허용전류를 4[A]라고 할 때 허용전력은?

① 40[W] ② 80[W]
③ 120[W] ④ 160[W]

29 다음과 같은 회로의 단자 a, c에 120[V]를 인가할 경우 최대전력이 소모되는 저항은?

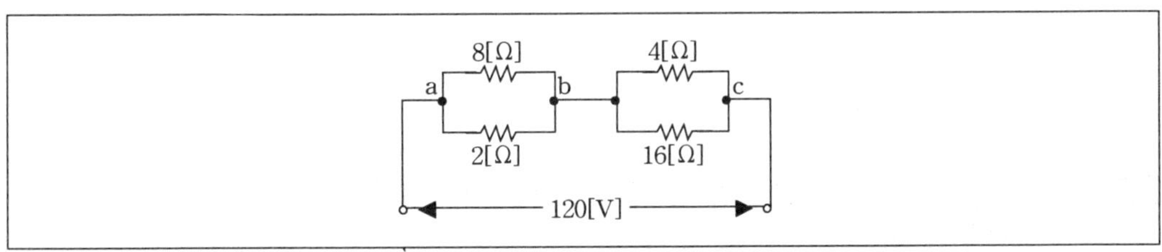

① 2[Ω] ② 4[Ω]
③ 8[Ω] ④ 16[Ω]

Answer

28 $P = I^2 R = 4^2 \times 10 = 160[\text{W}]$

29

$$E_{ab} = \frac{R_{ab}}{R_{ab}+R_{bc}} \times 120 = \frac{\frac{8\times2}{8+2}}{\frac{8\times2}{8+2}+\frac{4\times16}{4+16}} \times 100$$

$$= \frac{1.6}{1.6+3.2} \times 100 = 33.3 \fallingdotseq 33[\text{V}]$$

$$E_{bc} = 120 - E_{ab} = 120 - 33 = 87[\text{V}]$$

$P = \frac{E^2}{R}$에서

2[Ω]에서 소모되는 전력 $P_2 = \frac{33^2}{2} = 544.5[\text{W}]$

4[Ω]에서 소모되는 전력 $P_4 = \frac{87^2}{4} = 1,892.3[\text{W}]$

8[Ω]에서 소모되는 전력 $P_8 = \frac{33^2}{8} = 136.13[\text{W}]$

16[Ω]에서 소모되는 전력 $P_{16} = \frac{87^2}{16} = 473.1[\text{W}]$

답 28.④ 29.②

30 20[Ω]의 저항에 $V=120\sin\omega t$[V]의 전압을 인가하였을 때 순시전력은 얼마인가?

① $210\sin^2\omega t$ [W]　② $360\sin^2\omega t$ [W]
③ $570\sin^2\omega t$ [W]　④ $720\sin^2\omega t$ [W]

31 $30e^{j150°}$인 복소수의 무효분은 얼마인가?

① -15　② 15
③ $-15\sqrt{3}$　④ $15\sqrt{3}$

32 저항이 5[Ω], 유도 리액턴스가 4[Ω]이 직렬연결된 회로에 $v=210\sqrt{2}\,sin\omega t$[V]의 전압을 인가하였을 때 회로에 소비되는 전력은?

① 1.6[kW]　② 2.7[kW]
③ 5.4[kW]　④ 6.4[kW]

33 저항 R =20[Ω], 리액턴스 L =100[mH]인 코일에 120[V], 40[Hz]의 전압을 인가하였을 때 소비되는 전력은?

① 112[W]　② 169[W]
③ 281[W]　④ 364[W]

Answer

30 $I=\frac{V}{R}=\frac{120}{20}sin\omega t=6\sin\omega t$ [A]

$P=VI=120\sin\omega t\times 6\sin\omega t=720\sin^2\omega t$ [W]

31 $30e^{j150°}=30(\cos 150°+j\sin 150°)=-15\sqrt{3}+j15$

32 $I=\frac{V}{Z}=\frac{V}{\sqrt{R^2+{X_L}^2}}=\frac{210}{\sqrt{5^2+4^2}}=32.8$[A]

$P=I^2R=32.8^2\times 5$
$=5{,}379.2 \fallingdotseq 5.4$[kW]

33 $X_L=2\pi fL=2\pi\times 40\times 100\times 10^{-3}=25.12$[Ω]

$I=\frac{V}{Z}=\frac{V}{\sqrt{R^2+{X_L}^2}}=\frac{120}{\sqrt{20^2+25.12^2}}=3.75$[A]

$P=I^2R=3.75^2\times 20=281.25 \fallingdotseq 281$[W]

답― 30.④ 31.② 32.③ 33.③

34 한 회로의 유효전력이 600[W], 무효전력이 800[Var]일 때 피상전력은?

① 1[kVA] ② 600[kVA]
③ 800[kVA] ④ 1.4[kVA]

35 다음 평형 3상 회로에 대한 설명으로 옳은 것은? (단, 상전압 V는 100[V], 한 상의 부하는 8+j6[Ω] 이다)

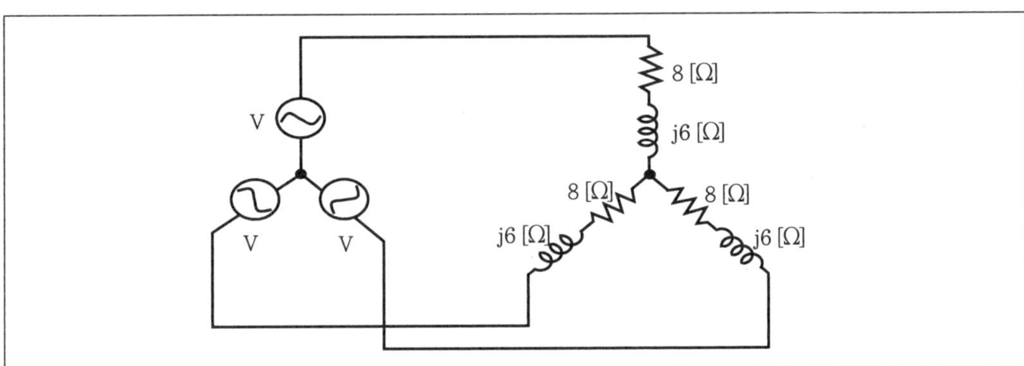

① 상전류는 10 [A], 선전류는 $10\sqrt{3}$ [A]이다.
② 피상전력은 $3\sqrt{3}$ [kVA]이다.
③ 각 상에서 상전압은 선전류보다 $\theta = \tan^{-1}\frac{6}{8}$ 만큼 위상이 앞선다.
④ 무효전력은 2.4 [kVar]이다.

Answer

34 $P_a = \sqrt{P^2 + P_r^{\ 2}} = \sqrt{600^2 + 800^2}$
$=1000[VA]= 1\,[kVA]$

35 평형 3상 Y결선에서의 상전류=선전류이며, 각 상에서 상전압은 선전류보다 $\theta = \tan^{-1}\frac{6}{8}$ 만큼 위상이 앞선다.

답 34.① 35.③

36 $R=5[\Omega]$, $X_C=6[\Omega]$이 직렬연결된 회로에 12[A]의 전류를 흘릴 경우 교류전력은?

① $720+j864$[VA]　② $864+j720$[VA]
③ $720-j864$[VA]　④ $864-j720$[VA]

37 R = 6[Ω]과 X_L = 12[Ω] 그리고 X_C = −4[Ω]가 직렬로 연결된 회로에 220 [V]의 교류전압을 인가할 때, 흐르는 전류[A] 및 역률은?

	전류[A]	역률
①	10	0.6
②	$10\sqrt{2}$	0.8
③	22	0.6
④	$22\sqrt{2}$	0.8

Answer

36 $P=I^2R=12^2\times5=720[W]$
$P_r=I^2X_C=12^2\times6=864[Var]$
$\therefore 720+j864[VA]$

37 R-L-C 직렬 회로의 임피던스는 $Z=\sqrt{R^2+(X_L-X_C)}$ 이므로
$Z=\sqrt{6^2+(12-4)^2}=10[\Omega]$이므로 $I=\frac{V}{Z}=\frac{220}{10}=22[A]$
역률 $\cos\theta=\frac{R}{Z}=\frac{6}{10}=0.6$

답 — 36.① 37.③

3상회로

1 **평형 3상 교류회로의 △와 Y결선에서 전압과 전류의 관계에 대한 설명으로 옳지 않은 것은?**

① △결선의 상전압의 위상은 Y결선의 상전압의 위상보다 30°앞선다.

② 선전류의 크기는 Y결선에서 상전류의 크기와 같으나, △결선에서는 상전류 크기의 $\sqrt{3}$ 배이다.

③ △결선의 부하임피던스의 위상은 Y결선의 부하임피던스의 위상보다 30° 앞선다.

④ △결선의 선전류의 위상은 Y결선의 선전류의 위상과 같다.

2 **부하 한 상의 임피던스가 6 + j8Ω인 3상 △결선회로에 100V의 전압을 인가할 때, 선전류[A]는?**

① 5　　② $5\sqrt{3}$

③ 10　　④ $10\sqrt{3}$

3 **2전력계법으로 3상전력을 측정할 때의 지시가 $P_1 = 300$[W], $P_2 = 300$[W]라면 부하전력은 몇 [W]인가?**

① 300[W]　　② $300\sqrt{3}$ [W]

③ 600[W]　　④ $600\sqrt{3}$ [W]

Answer

1 △결선의 부하임피던스의 위상은 Y결선의 부하임피던스의 위상보다 30° 뒤진다.

2 임피던스 Z는 $Z = \sqrt{6^2+8^2} = 10[\Omega]$, $I = \frac{V}{Z} = \frac{100}{10} = 10[A]$

선전류 $I_l = \sqrt{3} I_p = 10\sqrt{3}$

3 $P = P_1 + P_2 = 300 + 300 = 600$[W]

답 1.③ 2.④ 3.③

4 변압기의 V 결선시 이용률은 몇 [%]인가?

① 57.7 ② 70.7
③ 86.6 ④ 100

5 대칭 3상전압을 공급한 유도 전동기가 있다. 전동기에 다음과 같이 2개의 전력계 W_1 및 W_2 전압계 V, 전류계 A를 접속하니 각 계기의 지시가 다음과 같다. W_1 =5.96[kW], W_2 =1.31 [kW], V= 200[V], A= 30[A], 이 전동기의 역률은 몇 [%]인가?

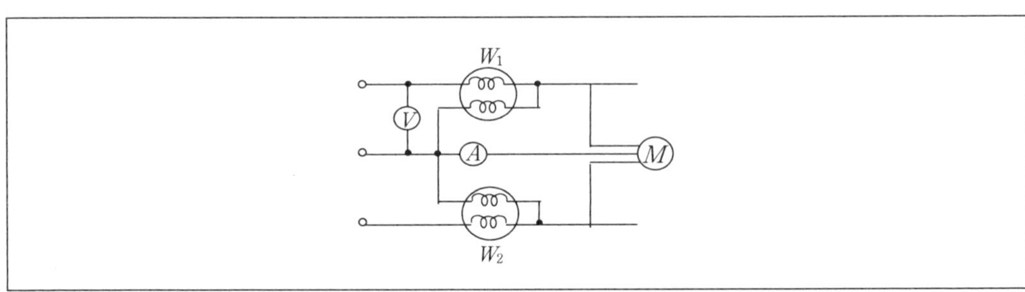

① 60 ② 70
③ 80 ④ 90

Answer

4 V 결선시 변압기 1대의 이용률은

$$\frac{P_v}{P}=\frac{\sqrt{3}\ V_P I_P \cos\theta}{2V_P I_P \cos\theta}=\frac{\sqrt{3}}{2}=0.8660 ≒ 0.866$$

0.866×100 = 86.6[%]

5 역률 $\cos\theta = \dfrac{P_1+P_2}{2\sqrt{P_1^{\ 2}+P_2^{\ 2}-P_1P_2}}$

$$= \frac{5.96+1.31}{2\sqrt{(5.96)^2+(1.31)^2-5.96\times1.31}}$$

$≒ 0.67\times100$

$= 67 ≒ 70[\%]$

답 – 4.③ 5.②

6 **다음 중 비대칭 다상 교류회로가 만드는 회전자계는?**

① 교번자계　② 타원형 회전자계
③ 원형 회전자계　④ 포물선 회전자계

7 **대칭 3상 Y 결선의 상전압이 220[V]이다. a상의 전원이 단선될 때 부하의 선간전압 [V]은?**

① 0　② 110
③ 220　④ 381

8 **불평형 3상 4선식의 3상전류가 $I_a=18+j4$[A], $I_b=-28+j24$[A], $I_c=-8-j22$[A]일 때 중성선 전류 I_n [A]는 얼마인가?**

① $18+j6$　② $-18+j6$
③ $54+j50$　④ $-54-j50$

Answer

6 회전자계의 종류
㉠ 원형 회전자계 : 대칭 다상 교류회로
㉡ 타원형 회전자계 : 비대칭 다상 교류회로
※ 단상 교류회로는 회전자계를 형성하지 않는다.

7 대칭 3상 Y결선

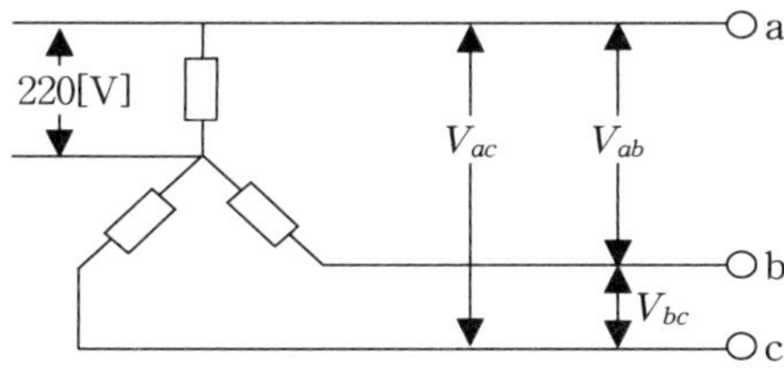

여기서 a상이 단선되면 $V_{ab} \cdot V_{ac}=0$이 된다.

8 $I_n=I_a+I_b+I_c$
$=18+j4+(-28)+j24+(-8)-j22$
$=-18+j6$

답 – 6.② 7.① 8.②

9 1상의 임피던스가 $Z=14+j48[\Omega]$인 평형 Δ 부하에 대칭 3상전압 200[V]가 인가되어 있다. 이 회로의 피상전력 [VA]은 얼마인가?

① 800　　② 1,200
③ 1,384　　④ 2,400

10 부하 단자전압이 220[V], 15[kW]의 3상 대칭부하에 3상전력을 공급하는 선로 임피던스가 $3+j2[\Omega]$일 때 부하가 뒤진 역률 80[%]이면 선전류 [A]는?

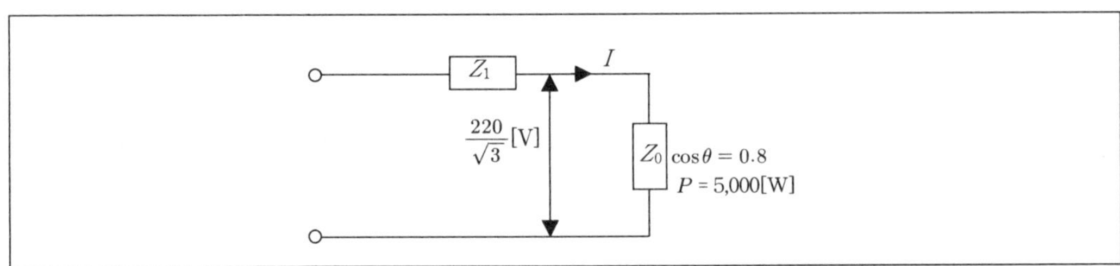

① $26.2-j19.7$　　② $39.36-j52.48$
③ $39.37-j29.53$　　④ $19.7+j26.4$

Answer

9 상전류 $I_P=\frac{V_P}{Z}=\frac{200}{\sqrt{14^2+48^2}}=\frac{200}{50}=4[A]$

선전류 $I_l=\sqrt{3}\,I_P=4\times\sqrt{3}=6.928[A]$

선전압 = 상전압이므로 200[V]

피상전력 $P_a=\sqrt{3}\,V_lI_l=\sqrt{3}\times200\times6.928=2{,}399.9=2{,}400[VA]$

10 그림과 같은 1상 등가회로에서 선전류 I는

$$I=\frac{P}{V\cos\theta}=\frac{5{,}000}{\frac{220}{\sqrt{3}}\times0.8}\fallingdotseq 49.21[A]$$

$\therefore I=I(\cos\theta-j\sin\theta)=49.21(0.8-j0.6)\fallingdotseq 39.37-j29.53[A]$

답 — 9.④　10.③

11 한 상의 임피던스가 $8+j6[\Omega]$인 Δ 부하에 200[V]를 인가할 때 3상전력 [kW]은?

① 3.2 ② 4.3
③ 9.6 ④ 0.5

12 $Z=8+j6[\Omega]$인 평형 Y 부하에 선간전압 200[V]인 대칭 3상전압을 인가할 때 선전류 [A]는?

① 11.5 ② 10.5
③ 7.5 ④ 5.5

13 다음과 같이 회로의 단자 a, b, c에 대칭 3상전압을 가하여 각 선전류를 같게 하려면 R은 몇 $[\Omega]$이어야 하는가?

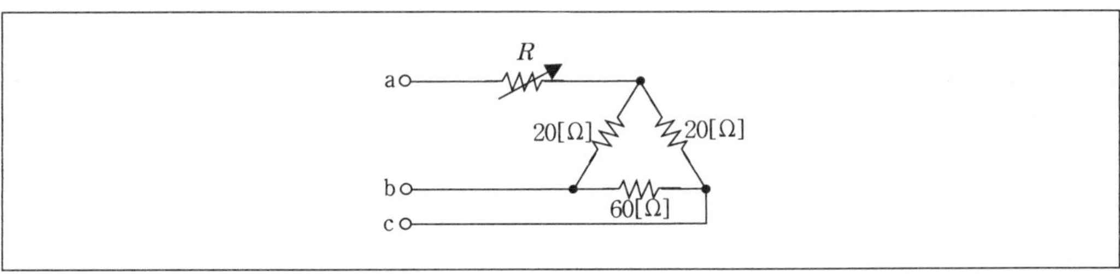

① 2 ② 8
③ 16 ④ 26

Answer

11 $I_P=\dfrac{V_P}{Z}=\dfrac{V_l}{\sqrt{R^2+X^2}}=\dfrac{200}{\sqrt{8^2+6^2}}=20[\text{A}]$

$P=3{I_p}^2R=3\times20^2\times8=9{,}600[\text{W}]=9.6\,[\text{kW}]$

12 $I_P=\dfrac{V_P}{Z}=\dfrac{\dfrac{V_l}{\sqrt{3}}}{\sqrt{8^2+6^2}}=\dfrac{200}{10\sqrt{3}}=11.5[\text{A}]$

13 $\dfrac{(R_1+R_2)\times R_3}{R_1+R_2+R_3}=\dfrac{(20+20)\times60}{20+20+60}=\dfrac{2{,}400}{100}=24[\Omega]$

평형 3상이므로 3으로 나누면 $\dfrac{24}{3}=8[\Omega]$

답 11.③ 12.① 13.②

14 R [Ω]인 3개의 저항을 전압 V [V]의 3상교류 선간에 다음과 같이 접속할 때 선전류는 얼마인가?

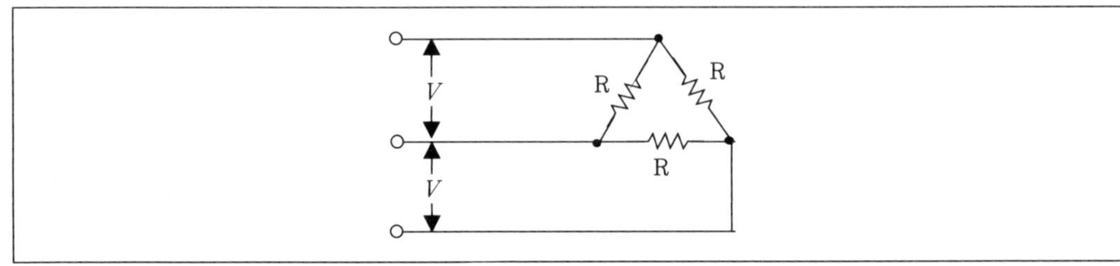

① $\dfrac{V}{\sqrt{3}\,R}$　　② $\dfrac{\sqrt{3}\,V}{R}$

③ $\dfrac{V}{3R}$　　④ $\dfrac{3V}{R}$

15 Δ 결선의 상전류가 각각 $I_{ab}=4\angle-36°$, $I_{bc}=4\angle-156°$, $I_{ca}=4\angle-276°$일 때 선전류 I_c는 얼마인가?

① $4\angle-306°$　　② $6.93\angle-306°$

③ $6.93\angle-276°$　　④ $4\angle-276°$

Answer

14 선전류 $I_l=\sqrt{3}\,I_P=\sqrt{3}\,\dfrac{V_P}{R}=\dfrac{\sqrt{3}\,V_l}{R}$

15 $I_{ab}=4\angle-36°$, $I_{bc}=4\angle-156°$, $I_{ca}=4\angle-276°$

선전류는 상전류의 $\sqrt{3}$ 배, 위상은 30° 뒤진다.

$\therefore\ I_a=4\sqrt{3}\angle(-36-30)°=6.928\angle-66°$

$I_b=4\sqrt{3}\angle(-156-30)°=6.928\angle-186°$

$I_c=4\sqrt{3}\angle(-276-30)°=6.928\angle-306°$

답 – 14.② 15.②

16 3상 4선식에서 중성선이 필요하지 않아서 중성선을 제거하여 3상 3선식을 만들기 위한 중성선에서의 조건식은 어떻게 되는가? (단, I_a, I_b, I_c는 각 상의 전류이다)

① 불평형 3상 $I_a + I_b + I_c = 1$
② 불평형 3상 $I_a + I_b + I_c = \sqrt{3}$
③ 불평형 3상 $I_a + I_b + I_c = 3$
④ 평형 3상 $I_a + I_b + I_c = 0$

17 12상 Y 결선 상전압이 100[V]일 때 단자전압 [V]은?

① 75.88
② 25.88
③ 100
④ 51.76

18 대칭 6상 전원이 있다. 환상결선으로 권선에 120[A]의 전류를 흘린다고 하면 선전류는 몇 [A]인가?

① 60
② 90
③ 120
④ 150

19 대칭 6상식의 성형결선의 전원이 있다. 상전압이 100[V]이면 선간전압은?

① 600[V]
② 300[V]
③ 220[V]
④ 100[V]

Answer

16 평형 3상으로 $I_a + I_b + I_c = \frac{V_a + V_b + V_c}{Z} = 0$ [A]이 되어야 한다.

17 $V_l = 2V_P \sin\frac{\pi}{n} = 2\times 100 \times \sin\frac{\pi}{12} = 51.76$[V]

18 $I_l = 2I_P \sin\frac{\pi}{n} = 2\times 120 \times \sin\frac{\pi}{6} = 120$[A]

19 $V_l = 2V_P \sin\frac{\pi}{n} = 2\times 100 \times \sin\frac{\pi}{6} = 200\times\sin 30° = 100$ [V]

답 — 16.④ 17.④ 18.③ 19.④

20 용량 30[kVA]의 단상변압기 2대를 V 결선하여 역률 0.8, 전력 20[kW]의 평형 3상부하에 전력을 공급할 때 변압기 1대가 분담하는 피상전력 [kVA]은?

① 14.4　　② 15
③ 20　　④ 30

21 용량이 50[kVA]인 단상변압기 3대를 Δ 결선으로 운전하던 중 한 대가 고장이 생겨 V 결선으로 변형한 경우 출력은 몇 [kVA]인가?

① $30\sqrt{3}$　　② $50\sqrt{3}$
③ $100\sqrt{3}$　　④ $200\sqrt{3}$

22 단상 변압기 3개를 Δ 결선하여 부하에 전력을 공급하고 있다. 변압기 1개의 고장으로 V 결선으로 한 경우 공급할 수 있는 전력과 고장 전 전력과의 비율 [%]은?

① 57.7　　② 66.7
③ 75.0　　④ 86.6

Answer

20 변압기 1대가 분담할 피상전력을 P_a, 부하의 피상전력을 $P_a{}'$이라면 $\sqrt{3}P_a = P_a{}'$

$$\therefore P_a = \frac{P_a{}'}{\sqrt{3}} = \frac{P}{\sqrt{3}\cos\theta} = \frac{20}{\sqrt{3}\times 0.8} = 14.4[\text{kVA}]$$

21 Δ 결선을 V 결선으로 바꿀 때 출력감소는 $\frac{1}{\sqrt{3}}$ 이므로 V 결선시 출력 P_o 는

$$P_o = \frac{1}{\sqrt{3}} \times 50 \times 3 = 50\sqrt{3}\ [\text{kVA}]$$

22 변압기 1대의 출력을 P라 하면

$$\frac{P_V}{P_\Delta} = \frac{\sqrt{3}P}{3P} = \frac{\sqrt{3}}{3} \fallingdotseq 0.577$$

$0.577 \times 100 = 57.7[\%]$

답 – 20.① 21.② 22.①

23 10[kVA]의 변압기가 그대로 공급할 수 있는 최대 3상전력 [kVA]은?

① 20　② 17.3
③ 14.1　④ 10

24 3상 평형부하에 선간전압 200[V]의 평형 3상 정현파 전압을 인가했을 경우 선전류는 8.6[A]가 흐르고 무효전력이 1,788[Var]이었다면 역률은 얼마인가?

① 0.6　② 0.7
③ 0.8　④ 0.9

25 V 결선의 출력은 $P = \sqrt{3}\, VI\cos\theta$ 로 표시된다. 여기서 V, I가 나타내는 것은?

① 선간전압, 상전류　② 상전압, 선간전류
③ 선간전압, 선전류　④ 상전압, 상전류

Answer

23 피상전력 $= 10[\text{kVA}] = \dfrac{P}{\cos\theta}$, $\cos\theta = \dfrac{P}{VI}$이므로

$$\frac{P}{\frac{P}{VI}} = \frac{PVI}{P} = VI \text{이므로}$$

$P = 10[\text{kVA}]$

24 피상전력을 P_a, 무효전력을 P_r 이라면

$P_a = \sqrt{3}\, VI = \sqrt{3} \times 200 \times 8.6 \fallingdotseq 2{,}980[\text{VA}]$

$P_r = P_a \sin\theta$에서

$$\sin\theta = \frac{P_r}{P_a} = \frac{1{,}788}{2{,}980} = 0.6$$

$\therefore \cos\theta = \sqrt{1 - \sin^2\theta} = \sqrt{1 - 0.6^2} = 0.8$

25 V 결선에서 출력(전력) $P = \sqrt{3}\, VI\cos\theta$ 에서 V는 선간전압, I는 선전류를 나타낸다.

답 — 23.④ 24.③ 25.③

26 대칭 3상 Y부하에서 각 상의 임피던스가 $Z=3+j4[\Omega]$이고, 부하전류가 20[A]일 때 이 부하의 무효전력 [Var]은?

① 1,600 ② 2,400
③ 3,600 ④ 4,800

27 다음에서 전력계 W 의 지시값은 얼마인가? (단, 부하의 역률은 $\cos\theta$ 이다)

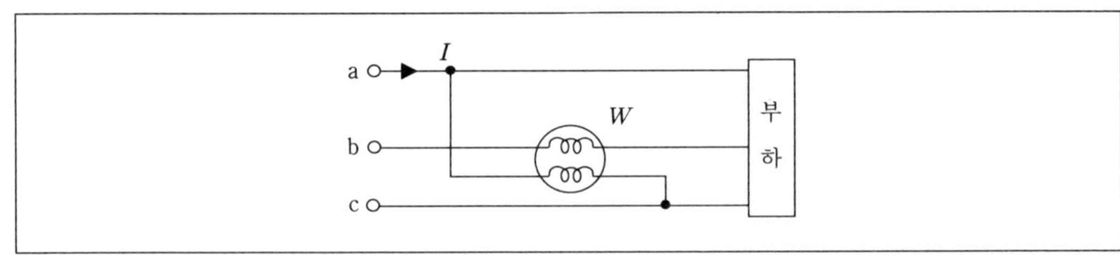

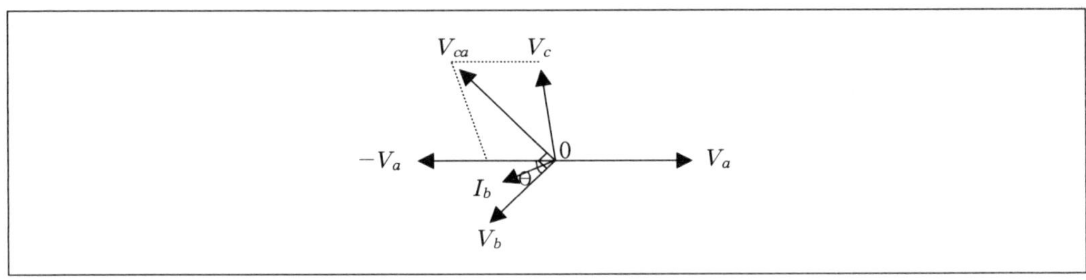

① $VI\sin\theta$ ② $\sqrt{3}\ VI\cos\theta$
③ $VI\cos\theta$ ④ $\sqrt{3}\ VI\sin\theta$

Answer

26 $Z=3+j4[\Omega]$에서 $\sqrt{3^2+4^2}=5[\Omega]$
$I=20[A]$
$V=I\cdot Z=5\times 20=100[V]$
선간전압 $V_l=V\sqrt{3}=100\sqrt{3}\ [V]$
역률 $\cos\theta=\dfrac{R}{Z}=\dfrac{3}{5}=0.6$
무효전력 $P_r=\sqrt{3}\ V_l I_l \sin\theta$ 이므로
$\sin\theta=\sqrt{1-\cos^2\theta}=\sqrt{1-0.36}=\sqrt{0.64}=0.8$
$P_r=\sqrt{3}\times 100\sqrt{3}\times 20\times 0.8=4,800[Var]$

27 전원과 부하가 모두 평형이라면 그림의 백터도에서
$W=|V_{ca}||I_b|\cos(90°-\theta)$
$=VI\cos(90°-\theta)=VI\sin\theta$

답 — 26.④ 27.①

28 $Z = 5\sqrt{3} + j5[\Omega]$인 3개의 임피던스를 Y 결선하여 250[V]의 대칭 3상전원에 연결하였다. 소비전력 [W]은?

① 3,125　　② 5,410
③ 6,250　　④ 7,120

29 단상 전력계로 3상전력을 측정하고자 한다. 전력계의 지시가 각각 200[W], 100[W]를 가리킬 때 부하의 역률은 몇 [%]인가?

① 94.8　　② 86.6
③ 50.0　　④ 31.6

30 2개의 단상 전력계로 3상 유도 전동기의 전력을 측정하였더니 한 전력계가 다른 전력계의 2배의 지시를 나타냈다고 한다. 전동기의 역률 [%]은? (단, 전압과 전류는 순정현파라고 한다)

① 70　　② 76.4
③ 86.6　　④ 90

Answer

28 $I_P = \dfrac{V_P}{Z} = \dfrac{250}{\sqrt{(5\sqrt{3})^2 + (5)^2}} \cdot \dfrac{1}{\sqrt{3}} = \dfrac{25}{\sqrt{3}}$

$P = I_P V_P \cdot \cos\theta = \dfrac{25}{\sqrt{3}} \cdot 250\sqrt{3} \cdot \dfrac{5\sqrt{3}}{10} \fallingdotseq 5410[W]$

29 역률 $\cos\theta = \dfrac{P_1 + P_2}{2\sqrt{{P_1}^2 + {P_2}^2 - P_1 P_2}} \times 100$

$= \dfrac{200 + 100}{2\sqrt{200^2 + 100^2 - 100 \times 200}} \times 100$

$= 0.866 \times 100 = 86.6[\%]$

30 $P_1 = 2P_2$라 하면

$\cos(30° - \theta) = 2\cos(30° + \theta)$에서 이 식을 정리하면

$\tan\theta = \dfrac{1}{\sqrt{3}}, \theta = 30°$

$\therefore \cos\theta = \cos 30° = 0.866$

답 28.② 29.② 30.③

31 2개의 전력계에 의한 3상전력 측정시 전 3상전력 W 는?

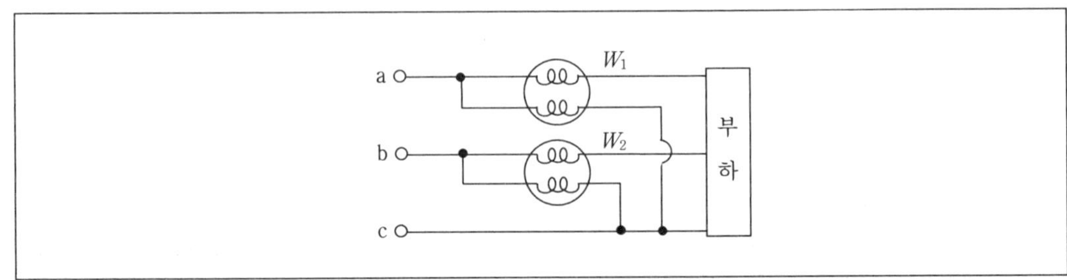

① $\sqrt{3}\,(W_1 + W_2)$　　② $3(W_1 + W_2)$

③ $W_1 + W_2$　　④ $\sqrt{W_1^{\,2} + W_2^{\,2}}$

32 선간전압 V [V]의 3상 평형 전원에 대칭 3상 부하저항 R [Ω]이 그림과 같이 접속되었을 때 a, b 두 상간에 접속된 전력계의 지시값이 W [W]라 하면 c상의 전류 [A]는?

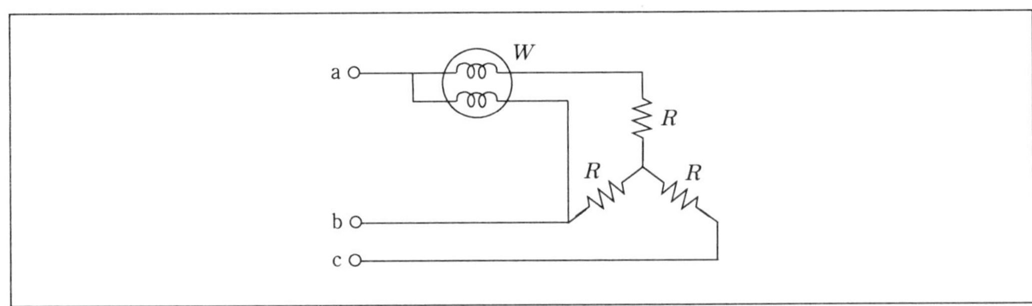

① $\dfrac{\sqrt{3}\,W}{V}$　　② $\dfrac{3W}{V}$

③ $\dfrac{W}{\sqrt{3}\,V}$　　④ $\dfrac{2W}{\sqrt{3}\,V}$

Answer

31 단상 전력계 2개를 접속하여 전력을 측정할 때 지시값을 각각 W_1, W_2라 하면 3상전력 $W = W_1 + W_2$이다.

32 전원 및 부하가 모두 대칭이므로 $V_{ab} = V_{bc} = V_{ca} = V$, $I_a = I_b = I_c = I$라 하면
소비전력 P는 $P = 2W = \sqrt{3}\,VI$

$\therefore I = \dfrac{2W}{\sqrt{3}\,V}$

답 – 31.③ 32.④

33 두 대의 전력계를 사용하여 평형부하의 3상회로의 역률을 측정하려고 한다. 전력계의 지시가 각각 P_1, P_2라 할 때 이 회로의 역률은?

① $\dfrac{\sqrt{P_1+P_2}}{P_1+P_2}$　② $\dfrac{P_1+P_2}{{P_1}^2+{P_2}^2-2P_1P_2}$

③ $\dfrac{P_1+P_2}{2\sqrt{{P_1}^2+{P_2}^2-P_1P_2}}$　④ $\dfrac{2P_1P_2}{\sqrt{{P_1}^2+{P_2}^2-P_1P_2}}$

34 $Z=24+j7[\Omega]$의 임피던스 3개를 다음과 같이 성형으로 접속하여 a, b, c 단자에 200[V]의 대칭 3상전압을 가했을 때 흐르는 전류 [A]와 전력 [W]은?

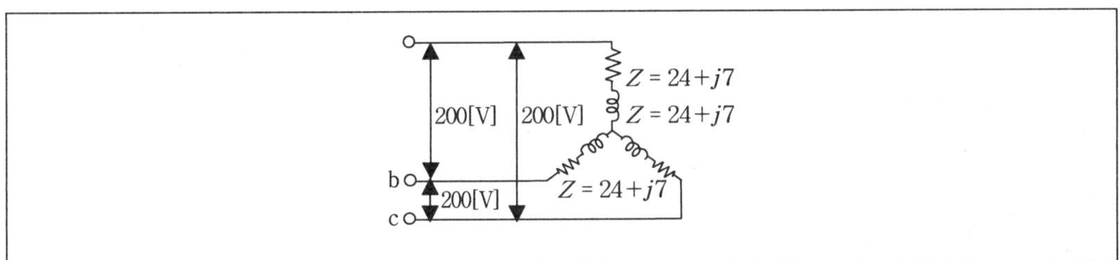

① $I=4.6$, $P=1,524$　② $I=6.4$, $P=1,636$

③ $I=5.0$, $P=1,500$　④ $I=6.4$, $P=1,346$

Answer

33 $P=P_1+P_2$, $P_r=\sqrt{3}(P_1-P_2)$이므로

$$\cos\theta=\frac{P_1+P_2}{\sqrt{(P_1+P_2)^2+3(P_1-P_2)^2}}=\frac{P_1+P_2}{\sqrt{4{P_1}^2+4{P_2}^2-4P_1P_2}}=\frac{P_1+P_2}{2\sqrt{{P_1}^2+{P_2}^2-P_1P_2}}$$

34

상전류 $I_P=\dfrac{V_P}{Z}=\dfrac{\frac{200}{\sqrt{3}}}{\sqrt{R^2+X^2}}=\dfrac{\frac{200}{\sqrt{3}}}{\sqrt{24^2+7^2}}=\dfrac{115}{25}=4.6[\text{A}]$

3상전력 $P=3{I_P}^2R=3\times(4.6)^2\times 24$

$=1,523.52 \fallingdotseq 1,524[\text{W}]$

답 33.③ 34.①

35 한 상의 임피던스가 $Z=20+j10[\Omega]$인 Y 결선 부하에 대칭 3상 선간전압 200[V]를 가할 때 유효전력 [W]은?

① 1,600 ② 1,700

③ 1,800 ④ 1,900

36 다음의 3상 Y 결선회로에서 소비하는 전력 [W]은? (단, $Z=24+j7$)

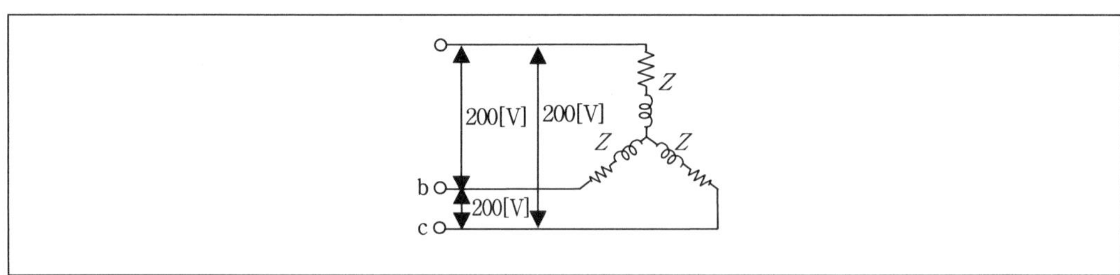

① 3,072 ② 1,524

③ 7,68 ④ 512

Answer

35 $V_l=200\,[\text{V}]$

$$I_l=\frac{\frac{200}{\sqrt{3}}}{\sqrt{20^2+10^2}}=\frac{115}{22}\fallingdotseq 5.2[\text{A}]$$

$$\cos\theta=\frac{R}{Z}=\frac{20}{22}=0.9$$

$$P=\sqrt{3}\,V_l I_l\cos\theta=\sqrt{3}\times 200\times 5.2\times 0.9\fallingdotseq 1,620\fallingdotseq 1,600[\text{W}]$$

36 $V_P=\dfrac{200}{\sqrt{3}}=115[\text{V}]$

$Z=24+j7,\ R=24[\Omega]$

$$I_P=\frac{115}{\sqrt{24^2+7^2}}=\frac{115}{\sqrt{576+49}}=\frac{115}{25}=4.6[\text{A}]$$

$$P=3I^2R=3\times 4.6^2\times 24=1,523.5\fallingdotseq 1,524[\text{W}]$$

답 35.① 36.②

37 다음 회로에서 평형부하에 평형 3상전압이 인가되어 있을 때 부하가 취할 수 있는 3상전력은?

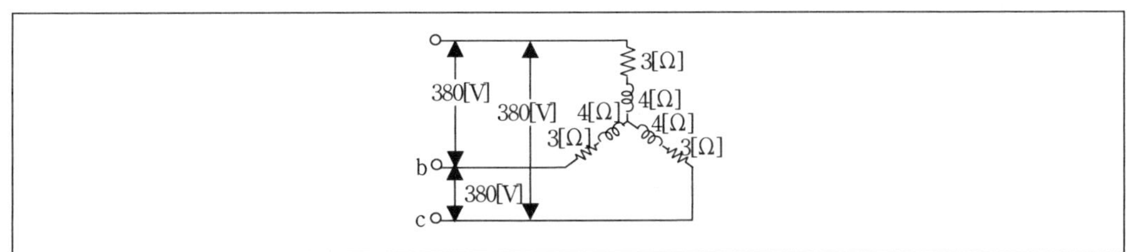

① 10,059[W]
② 17,424[W]
③ 29,040[W]
④ 52,258[W]

38 Δ 결선된 부하를 Y 결선으로 바꾸면 소비전력은 어떻게 되겠는가? (단, 선간전압은 일정하다)

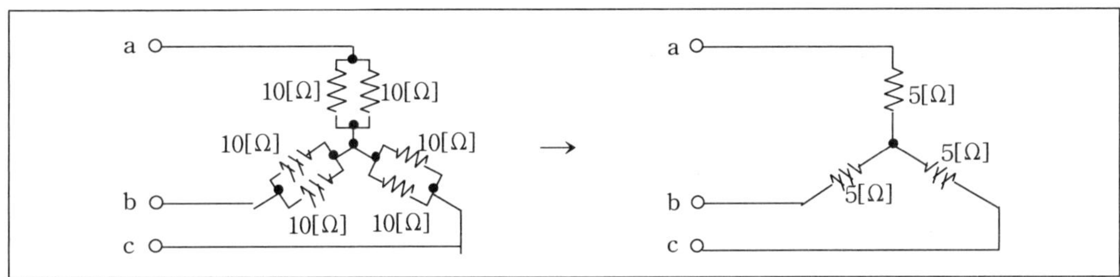

① 3배
② 9배
③ $\frac{1}{9}$배
④ $\frac{1}{3}$배

Answer

37 1상의 임피던스는 $Z_P = \sqrt{3^2+4^2} = 5[\Omega]$

상전압 $V_P = \frac{V_l}{\sqrt{3}} = \frac{380}{\sqrt{3}} \fallingdotseq 220[V]$

상전류 $I_P = \frac{V_p}{Z_p} = \frac{220}{5} = 44[A]$

$\therefore\ P = 3{I_P}^2 R = 3 \times 44^2 \times 3 = 17,424[W]$

38 $P_\Delta = 3I^2R = 3\left(\frac{V}{R}\right)^2 R = 3 \cdot \frac{V^2}{R}$

Y 결선시 상전의 $\frac{1}{\sqrt{3}}$ 이므로

$P_Y = 3 \cdot \frac{\left(\frac{V}{\sqrt{3}}\right)^2}{R} = \frac{V^2}{R}$

$\therefore P_Y = \frac{1}{3} P_\Delta$

답 37.② 38.④

39 다음 회로에서 저항 R이 접속되고, 여기에 3상 평형전압 V가 가해져 있다. X표한 곳에서 1선이 단선되었다고 하면 소비전력은 몇 배로 되는가?

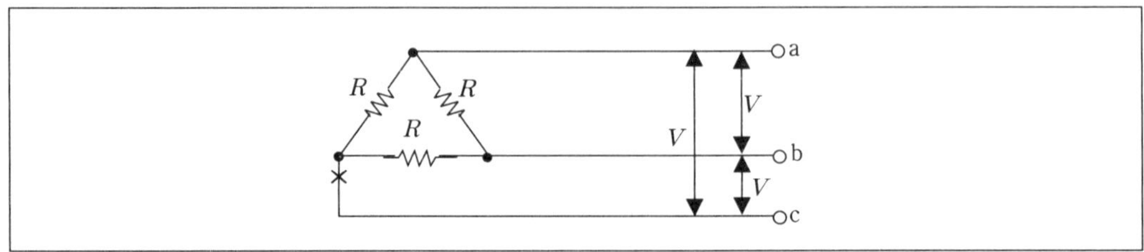

① 1　　② $\frac{1}{2}$
③ $\frac{1}{4}$　　④ $\frac{1}{\sqrt{2}}$

40 한 상의 임피던스가 $6+j8[\Omega]$인 Δ 부하에 대칭 선간전압 200[V]를 가한 경우의 3상전력은 몇 [W]인가?

① 2,400　　② 4,157
③ 7,200　　④ 12,470

Answer

39 Δ결선 1상의 전류 $I_\Delta = \frac{V}{R}$

$\therefore\ P_\Delta = 3{I_\Delta}^2 \cdot R = 3\left(\frac{V}{R}\right)^2 \cdot R = \frac{3V^2}{R}$

다음, c선이 단선되었을 때 a, b 간에는 두 개의 직렬부분이 병렬로 되었으므로 a, b간의 전류를 I_1, 소비전력을 P_1, a, b, c간의 전류를 I_2, 소비전력을 P_2라 하면,

$P_1 = {I_1}^2 R = \left(\frac{V}{R}\right)^2 \cdot R = \frac{V^2}{R}$

$P_2 = {I_2}^2 \cdot 2R = \left(\frac{V}{2R}\right)^2 \cdot 2R = \frac{V^2}{2R}$

그러므로, 병렬부분의 소비전력 P는

$P = P_1 + P_2 = \frac{V^2}{R} + \frac{V^2}{2R} = \frac{3V^2}{2R}$

$\therefore\ \frac{P}{P_\Delta} = \frac{\frac{3V^2}{2R}}{\frac{3V^2}{R}} = \frac{1}{2}$

40 $I_l = \frac{V_P}{Z} = \frac{200}{\sqrt{6^2+8^2}} = 20[\text{A}]$

$P = 3I^2R = 3\times 20^2 \times 6$
$= 7,200[\text{W}]$

답 ─ 39.② 40.③

41 1상의 임피던스가 $14+j48[\Omega]$인 Δ 부하에 대칭 선간전압 200[V]를 가한 경우의 3상전력은 몇 [W]인가?

① 672
② 692
③ 712
④ 732

42 3상 유도 전동기의 출력이 3[HP], 전압이 200[V], 효율 80[%], 역률 90[%]일 때 전동기에 유입되는 선전류의 값은 몇 [A]인가?

① 7.1
② 9.1
③ 6.8
④ 8.9

43 3상 평형부하의 전압이 100[V]이고, 전류가 10[A]일 때 소비전력 [W]은? (단, 역률=0.8)

① 1,385
② 1,732
③ 2,405
④ 2,800

Answer

41 $Z=\sqrt{14^2+48^2}=50$

$I_l=\dfrac{V_P}{Z}=\dfrac{200}{50}=4[\text{A}]$

$P=3I^2R=3\times4^2\times14=224\times3=672[\text{W}]$

42 $P_i=\dfrac{P_o}{\eta}=\sqrt{3}\,VI\cos\theta$

$I=\dfrac{P_o}{\eta\sqrt{3}\,V\cos\theta}=\dfrac{3\times746}{0.8\times\sqrt{3}\times200\times0.9}\fallingdotseq8.9[\text{A}]$

43 $P=\sqrt{3}\,VI\cos\theta=\sqrt{3}\times100\times10\times0.8\fallingdotseq1{,}385[\text{W}]$

답 41.① 42.④ 43.①

44 그림과 같이 3개의 저항을 Y결선하여 3상 대칭전원에 연결하여 운전하다가 한 선이 x 표시한 곳에서 단선되었다. 이 때 회로의 선전류 I_b는 단선 전에 비해 몇 [%]가 되는가? (단, 부하의 상전압은 200[V]이다.)

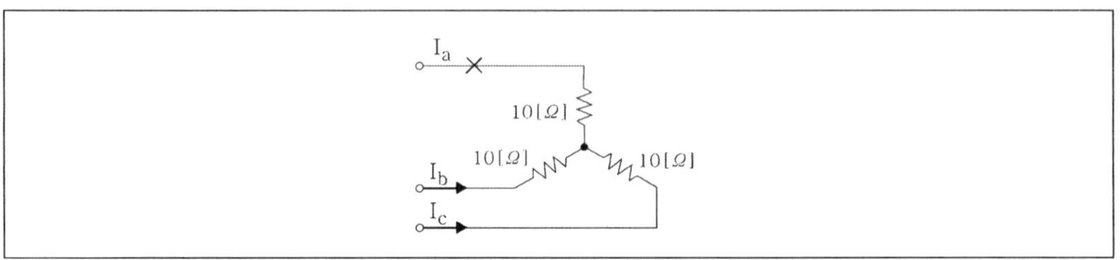

① 24.6 ② 43.3
③ 86.6 ④ 98.4

45 다상 교류회로의 설명 중 옳지 않은 것은? (단, n = 상수)

① 평형 3상교류에서 $\varDelta$ 결선의 상전류는 선전류의 $\dfrac{1}{\sqrt{3}}$과 같다.

② n상 전력 $P=\dfrac{1}{2\sin\dfrac{\pi}{n}}V_l\,I_l\cos\theta$이다.

③ 성형 결선에서 선간전압과 상전압과의 위상차는 $\dfrac{\pi}{2}\left(1-\dfrac{2}{n}\right)$[rad]이다.

④ 비대칭 다상 교류가 만드는 회전자계는 타원형 회전자계이다.

Answer

44 사고 전 $I_b=\dfrac{V}{\sqrt{3}}\times\dfrac{1}{10}=\dfrac{V}{10\sqrt{3}}$

사고 후 $I_b'=\dfrac{V}{2\times10}=\dfrac{V}{20}$

사고후/사고전=0.866

45 $P=\dfrac{n}{2\sin\dfrac{\pi}{n}}V_l\,I_l\cos\theta\,[\mathrm{W}]$

답 – 44.③ 45.②

46 평형 다상 교류회로에서 대칭 평형부하에 공급되는 총전력의 순시값에 대한 설명으로 옳은 것은?

① 시간에 관계없이 모든 다상 부하회로에서 항상 일정하다.
② 시간에 따라 불규칙적으로 변한다.
③ 3상 부하회로에 한해서 일정하다.
④ 시간에 따라 정현적으로 변화한다.

47 대칭 다상 교류에 의한 회전자계에 대한 설명으로 옳지 않은 것은?

① 대칭 3상 교류에 의한 회전자계는 원형 회전자계이다.
② 대칭 2상 교류에 의한 회전자계는 타원형 회전자계이다.
③ 3상 교류에서 어느 두 코일의 전류의 상순을 바꾸면 회전자계의 방향도 바뀐다.
④ 회전자계의 회전속도는 일정 가속도 w 이다.

48 대칭 10상 기전력의 선간전압과 상전압의 위상차는?

① 24[°] ② 48[°]
③ 72[°] ④ 96[°]

49 대칭 10상식 환상전압이 200[V]일 때 성형전압은? (단, $\sin 18° = 0.3$)

① 111[V] ② 222.1[V]
③ 333.3[V] ④ 377.6[V]

Answer

46 평형 다상회로에 공급되는 순시전력의 총합은 시간에 관계없이 일정하고 그 회로의 평균전력과 같다.

47 ② 대칭 2상 교류는 존재의 의미가 없으므로 회전자계는 없다.

48 $\theta = \frac{\pi}{2}\left(1-\frac{2}{n}\right) = \frac{\pi}{2}\left(1-\frac{2}{10}\right) = 72°$

49 $V = \frac{V_l}{2\sin\frac{\pi}{n}} = \frac{200}{2\sin\frac{\pi}{10}} = \frac{200}{2\times\sin 18°} = \frac{200}{0.6} = 333.3[\text{V}]$

답 46.① 47.② 48.③ 49.③

50 공간적으로 서로 $\frac{2\pi}{\eta}$[rad]의 각도를 두고 배치한 n개의 코일에 대칭 n상 교류를 흘리면 그 중심에 생기는 회전자계의 모양은?

① 원형 회전자계　　② 타원형 회전자계
③ 원통형 회전자계　　④ 원추형 회전자계

51 성형 결선 부하에 선간전압 210[V]의 3상 교류를 인가할 경우 선전류가 30[A]이고 역률이 0.8일 때 리액턴스는?

① 1.45[Ω]　　② 2.42[Ω]
③ 3.15[Ω]　　④ 4.36[Ω]

52 평형 3상 부하에 전력을 공급할 경우 선전류가 15[A]이고, 부하의 소비전력이 5[kW]일 때 부하 등가 Y회로에 대한 각 상의 저항은?

① 2.2[Ω]　　② 5.2[Ω]
③ 7.4[Ω]　　④ 9.6[Ω]

Answer

50 대칭 다상 교류회로가 만드는 회전자계의 모양은 원형이다.

51

1상의 임피던스 $Z=\frac{V_P}{I}=\frac{\frac{210}{\sqrt{3}0}}{3}=\frac{210}{30\sqrt{3}}=\frac{7}{\sqrt{3}}$

$X_L=Z\sin\theta$, $\sin\theta=\sqrt{1-\cos^2\theta}=0.6$

$X_L=\frac{7}{\sqrt{3}}\times 0.6=2.42[\Omega]$

52 Y결선 회로이므로 $P=3{I_P}^2R$

$R=\frac{P}{3{I_P}^2}=\frac{5{,}000}{3\times 15^2}=7.4[\Omega]$

답 — 50.① 51.② 52.③

53 100[V]의 대칭 3상 전원에 Δ 결선된 전열기가 있다. 전열기의 선로에 5[A]의 전류가 흐른다면 한 상의 전열기 저항은?

① 28[Ω] ② 35[Ω]
③ 38[Ω] ④ 60[Ω]

54 R [Ω]인 저항 3개를 동일한 전원에 Y 결선으로 접속시킬 때와 Δ 결선으로 접속시킬 때의 선전류의 크기비는?

① $\frac{1}{3}$ ② 1
③ 3 ④ $\frac{1}{\sqrt{3}}$

55 3상 $\Delta-\Delta$의 결선의 2차측에 150[V], 100[kVA], 역률 0.8의 평형부하가 접속되어 있을 때 변압기 2차측 전류는?

① 231[A] ② 385[A]
③ 462[A] ④ 576[A]

Answer

53 $R=\frac{V}{I_P}=\frac{V}{\frac{I}{\sqrt{3}}}=\frac{100\sqrt{3}}{5}=34.6 \fallingdotseq 35[\Omega]$

54 $\frac{I_Y}{I_\Delta}=\frac{\frac{V}{\sqrt{3}\ R}}{\frac{\sqrt{3}\ V}{R}}=\frac{RV}{3RV}=\frac{1}{3}$

55 $P_a=\sqrt{3}\ VI$

$I=\frac{P_a}{\sqrt{3}\times 150}=\frac{100\times 10^3}{\sqrt{3}\times 150}=384.9 \fallingdotseq 385[A]$

답— 53.② 54.① 55.②

56 3상 불평형 전압에서 역상전압이 100[V], 정상전압이 300[V], 영상전압이 30[V]일 때 전압의 불평형률은?

① 26[%] ② 33[%]
③ 50[%] ④ 59[%]

57 210[kW]의 3상 부하에 콘덴서를 연결하여 뒤진 역률 60[%]를 80[%]로 개선하려고 할 때 필요한 콘덴서의 용량은?

① 70[kVA] ② 105[kVA]
③ 123[kVA] ④ 140[kVA]

58 콘덴서 3개를 선간전압 2,700[V], 주파수 60[Hz]의 선로에 Δ 결선하여 90[kVA]가 되게 하려고 할 때 콘덴서 1개의 정전용량은?

① 7[μF] ② 11[μF]
③ 15[μF] ④ 18[μF]

Answer

56 $\text{불평형률} = \frac{\text{역상분}}{\text{정상분}} \times 100 = \frac{100}{300} \times 100 \fallingdotseq 33[\%]$

57 $Q_C = P(\tan\theta_1 - \tan\theta_2) = P\left(\frac{\sin\theta_1}{\cos\theta_1} - \frac{\sin\theta_2}{\cos\theta_2}\right)$

$= P\left(\frac{0.8}{0.6} - \frac{0.6}{0.8}\right) \fallingdotseq 123[\text{kVA}]$

58 $Q_C = 3\omega CV^2$

$C = \frac{Q_C}{3\omega V^2} = \frac{90 \times 10^3}{3 \times 2\pi \times 60 \times 2,700^2}$

$= 10.9 \times 10^{-6}$

$\fallingdotseq 11[\mu\text{F}]$

답 — 56.② 57.③ 58.②

59 대칭 n 상에서 상전류와 선전류 사이의 위상차는?

① $\frac{\pi}{2}\left(1-\frac{\pi}{n}\right)$　　② $\frac{\pi}{2}\left(1-\frac{2}{n}\right)$

③ $\frac{\pi}{2}\left(1-\frac{n}{2}\right)$　　④ $\frac{\pi}{2}\left(n-\frac{2}{n}\right)$

60 불평형 3상 교류회로에서 각 상의 전류가 $I_a = 5 + j2$[A], $I_b = -6 - j8$[A], $I_C = -4 + j6$[A]일 경우 전류의 대칭성분 중 정상성분의 크기는? (단, $a = e^{j\frac{2\pi}{3}}$)

① 5.89[A]　　② 7.37[A]

③ 10.32[A]　　④ 11.79[A]

Answer

59 상전류는 선전류보다 $\frac{\pi}{2}\left(1-\frac{2}{n}\right)$[rad]만큼 앞선다.

60 $a = e^{j\frac{2\pi}{3}}$ 이므로

$a = \cos\frac{2\pi}{3} + j\sin\frac{2\pi}{3} = -\frac{1}{2} + j\frac{\sqrt{3}}{2}$

$a^2 = \cos\frac{4\pi}{3} + j\sin\frac{4\pi}{3} = -\frac{1}{2} - j\frac{\sqrt{3}}{2}$

$I = \frac{1}{3}(I_a + aI_b + a^2 I_C)$

$= \frac{1}{3}\left\{5 + j2 + \left(-\frac{1}{2} + j\frac{\sqrt{3}}{2}\right) \times (-6 - j8) + \left(-\frac{1}{2} - j\frac{\sqrt{3}}{2}\right) \times (-4 + j6)\right\}$

$= \frac{1}{3}\{10 + 7\sqrt{3} + j3 - j\sqrt{3}\}$

$= 7.37 + j0.42$[A]

∴ 정상분은 7.37[A]이다.

답 — 59.② 60.②

2단자망과 4단자망

1 **다음 회로에 대한 전송 파라미터 행렬이 아래 식으로 주어질 때, 파라미터 A와 D는?**

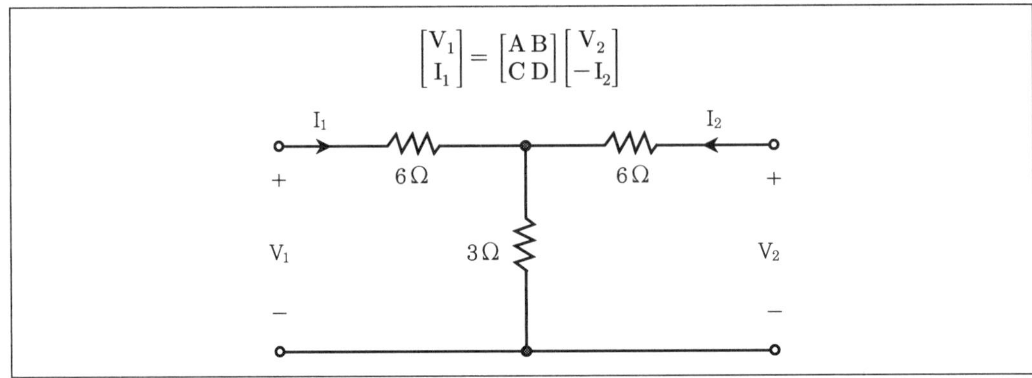

	A	D		A	D
①	3	2	②	3	3
③	4	3	④	4	4

2 **인피던스 $Z(s)$가 $\dfrac{s+20}{s^2+2RLs+2}$[Ω]으로 주어지는 2단자 회로에 직류전원 20[A]를 가할 때 회로의 단자전압 [V]은?**

① 100 ② 200

③ 300 ④ 400

Answer

1 T형 4단자망의 파라미터 A 와 D를 구하면 $A=1+\dfrac{Z_1}{Z_2}=1+\dfrac{6}{3}=3[\Omega]$,

$D=1+\dfrac{Z_3}{Z_2}=1+\dfrac{6}{3}=3[\Omega]$

2 직류이므로 $s=0$이므로

$Z(s)=\dfrac{20}{2}=10$

$V=Z(s)\cdot I=10\times 20=200[\text{V}]$

답 1.② 2.②

3 다음과 같은 회로의 임피던스 함수는?

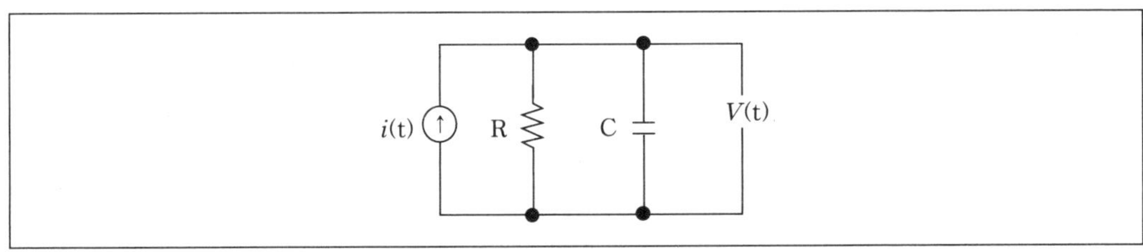

① $\dfrac{1}{\dfrac{1}{R}+C_S}$　　② $\dfrac{1}{R+C_S}$

③ $\dfrac{1}{R+\dfrac{1}{C_S}}$　　④ $R+\dfrac{1}{C_s}$

4 다음과 같은 회로가 정저항 회로가 되기 위해서는 C를 몇 [μF]로 하면 좋은가? (단, R= 100[Ω], L = 10[mH])

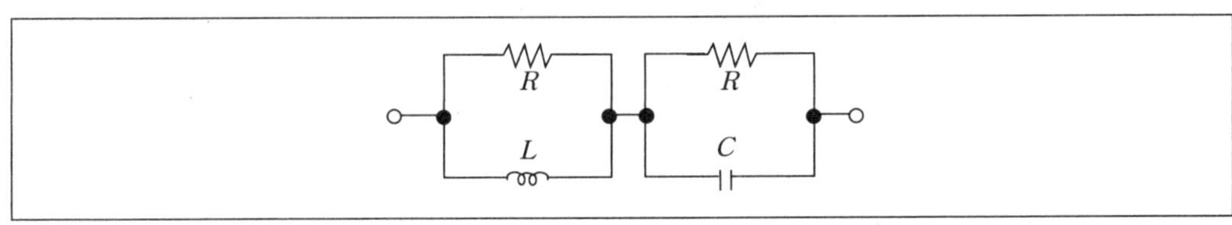

① 1　　② 10

③ 100　　④ 1,000

Answer

3 $i(t)=\dfrac{1}{R}V(t)+C\dfrac{dv(t)}{dt}$ 이 식을 초기값 0인 조건하에서 라플라스 변환하면

$I(s)=\left(\dfrac{1}{R}+C_S\right)V(s)$

$\therefore\ Z(a)=\dfrac{V(s)}{I(s)}=\dfrac{1}{\dfrac{1}{R}+C_S}$

4 $R^2=\dfrac{L}{C}$이므로, $C=\dfrac{L}{R^2}=\dfrac{10\times10^{-3}}{100^2}=1[\mu\text{F}]$

답 – 3.① 4.①

5 다음과 같은 회로의 임피던스를 표시하는 식은?

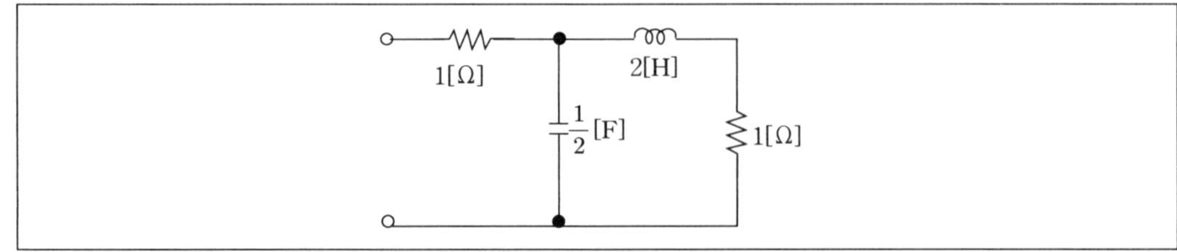

① $\dfrac{2S^2+S+2}{2S^2+5S+4}$ ② $\dfrac{2S^2+5S+4}{2S^2+S+2}$

③ $\dfrac{S^2+S+1}{S^2+5S+1}$ ④ $\dfrac{2S^2+5S+1}{S^2+S+1}$

6 다음과 같은 2단자망의 구동점 임피던스는 얼마인가? (단, $s=j\omega$)

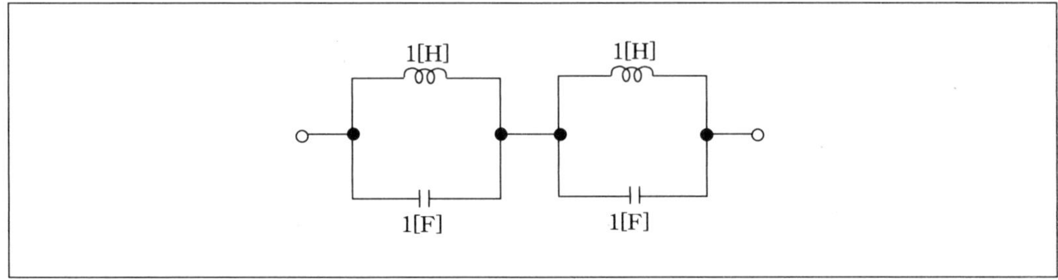

① $\dfrac{S}{S^2+1}$ ② $\dfrac{1}{S^2+1}$

③ $\dfrac{2S}{S^2+1}$ ④ $\dfrac{3S}{S^2+1}$

Answer

5

$$Z(s)=1+\frac{\dfrac{2(2S+1)}{S}}{(2S+1)+\dfrac{2}{S}}$$

$$=1+\frac{4S+2}{2S^2+S+2}$$

$$=\frac{2S^2+5S+4}{2S^2+S+2}\,[\Omega]$$

6

$$Z(s)=\frac{\dfrac{S}{S}}{S+\dfrac{1}{S}}\times 2=\frac{2S}{S^2+1}\,[\Omega]$$

답 — 5.② 6.③

7 다음과 같은 회로가 정저항 회로가 되기 위한 L [H]의 값은? (단, R=10[Ω], C =100[μF])

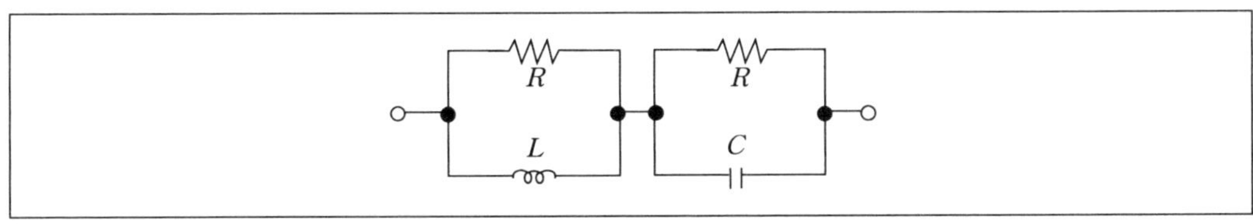

① 10 ② 2

③ 0.1 ④ 0.01

8 다음과 같은 회로가 정저항 회로가 되려면 ωL의 값은 몇 [Ω]인가?

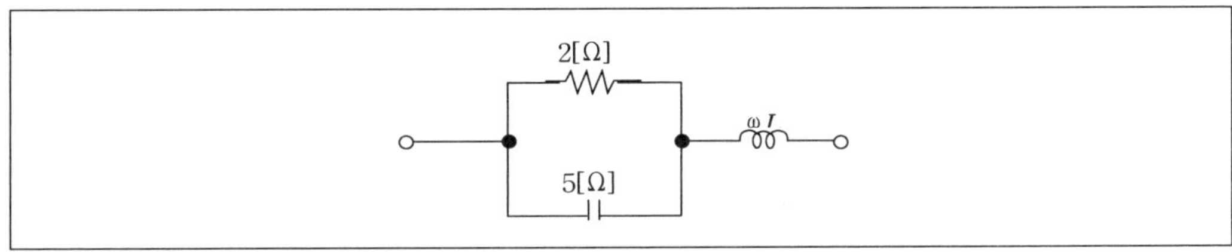

① 1.2 ② 1.6

③ 0.8 ④ 0.4

Answer

7 $R^2 = Z_1 \cdot Z_2 = \frac{L}{C}$가 되어야 하므로

$L = CR^2 = 100 \times 10^{-6} \times 10^2 = 0.01$[H]

8

$$Z = \frac{\frac{R}{j\omega C}}{R + \frac{1}{j\omega C}} + j\omega L = \frac{R}{1 + j\omega CR} + j\omega L$$

$$= \frac{R}{1 + \omega^2 C^2 R^2} + j\left(\omega L - \frac{\omega CR^2}{1 + \omega^2 C^2 R^2}\right)$$

$1 \gg \omega^2 C^2 R^2$이라 하면 $\omega L = \omega CR^2$인 경우 주파수와 무관하게 된다.

$\omega L = \omega CR^2 = \frac{2^2}{5} = \frac{4}{5} = 0.8$[Ω]

답 – 7.④ 8.③

9 다음과 같은 회로가 정저항 회로가 되려면 L의 값 [H]은?

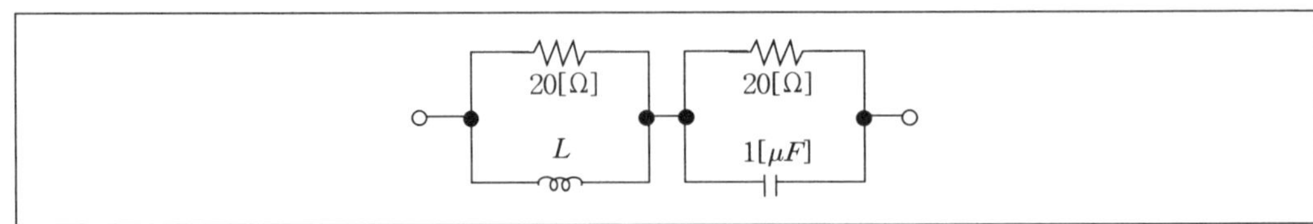

① 3×10^{-4}　　② 4×10^{-3}
③ 3×10^{-3}　　④ 4×10^{-4}

10 다음과 같은 회로가 정저항 회로로 되기 의해서는 C를 몇 [μF]로 하면 좋은가? (단, R = 10[Ω], L = 100[mH])

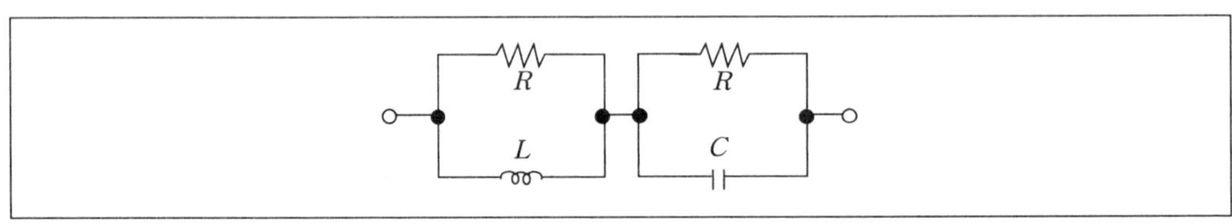

① 1　　② 10
③ 100　　④ 1,000

Answer

9 $R=\sqrt{\dfrac{L}{C}}$ 에서 $L=CR^2=1\times10^{-6}\times20^2=4\times10^{-4}$[H]

10 $R=\sqrt{\dfrac{L}{C}}$ 에서 $C=\dfrac{L}{R^2}=\dfrac{100\times10^{-3}}{10^2}=1,000$[μF]

답 – 9.④ 10.④

11 다음 회로가 주파수에 관계없이 일정한 임피던스를 가질 수 있는 C의 값은?

2[mH] C

10[Ω] 10[Ω]

① 20[μF] ② 10[μF]

③ 2.454[μF] ④ 0.24[μF]

12 다음과 같은 회로에서 $L=4$[mH], $C=0.1$[μF]일 때 이 회로가 정저항 회로가 되려면 R [Ω]의 값은?

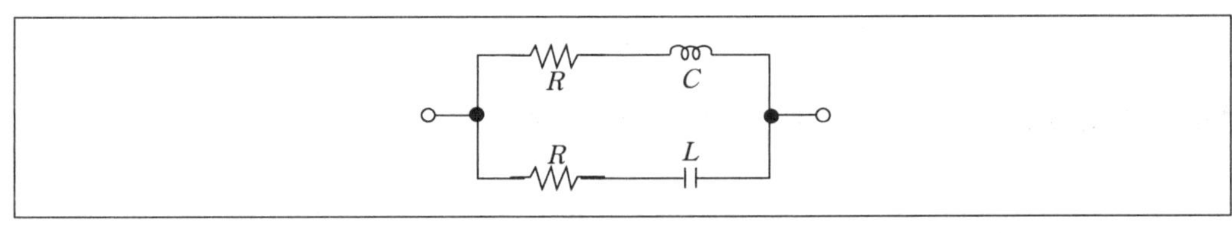

① 100 ② 400

③ 300 ④ 200

Answer

11 $R=\sqrt{\frac{L}{C}}$에서 C에 대해 정리하면

$$C=\frac{L}{R^2}=\frac{2\times10^{-3}}{10^2}=20[\mu\text{F}]$$

12 $$R=\sqrt{\frac{L}{C}}=\sqrt{\frac{4\times10^{-3}}{0.1\times10^{-6}}}=200[\Omega]$$

답 — 11.① 12.④

13 다음 회로가 주파수에 무관한 정저항 회로가 되기 위한 R의 값은?

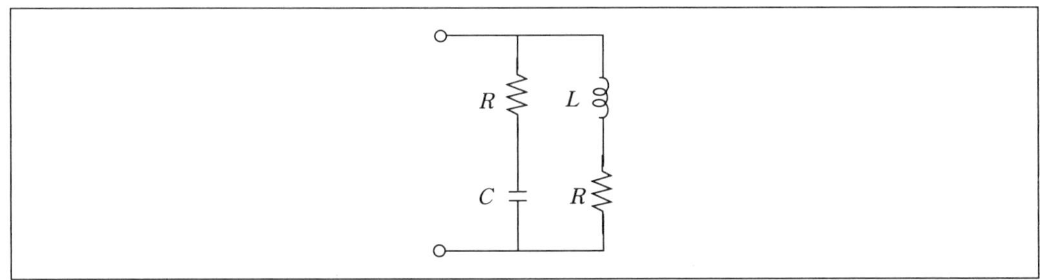

① $\dfrac{1}{\sqrt{LC}}$　　② $\sqrt{LC}$

③ $\sqrt{\dfrac{L}{C}}$　　④ $\sqrt{\dfrac{C}{L}}$

14 다음과 같은 (a), (b) 회로가 서로 역회로의 관계가 있으려면 L의 값 [mH]은?

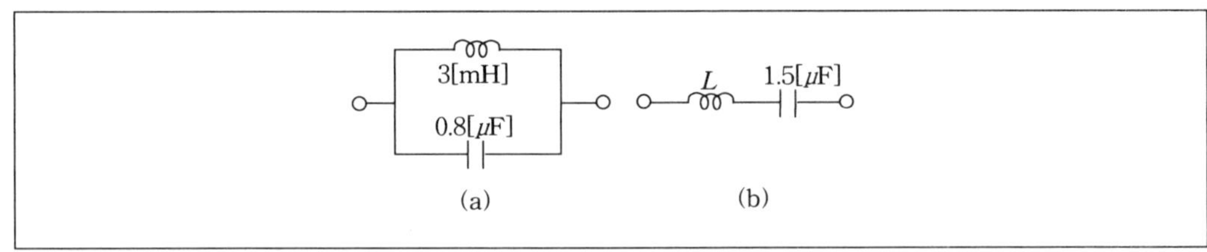

① 0.4　　② 0.8

③ 1.2　　④ 1.6

Answer

13 $R^2 = \dfrac{L}{C}$이므로 $R = \sqrt{\dfrac{L}{C}}$

14 $K^2 = \dfrac{L}{C} = \dfrac{3 \times 10^{-3}}{1.5 \times 10^{-6}} = 2{,}000$ (b)회로의 1.5[μF]는 (a)회로의 3[mH]의 역회로이므로,

$L = K^2 C = 2{,}000 \times 0.8 \times 10^{-6} = 1.6$[mH]

답 13.③ 14.④

15 다음과 같은 L형 4단자 회로망에 R_1, R_2를 정합하기 위한 Z_1의 값은? (단, $R_2 > R_1$)

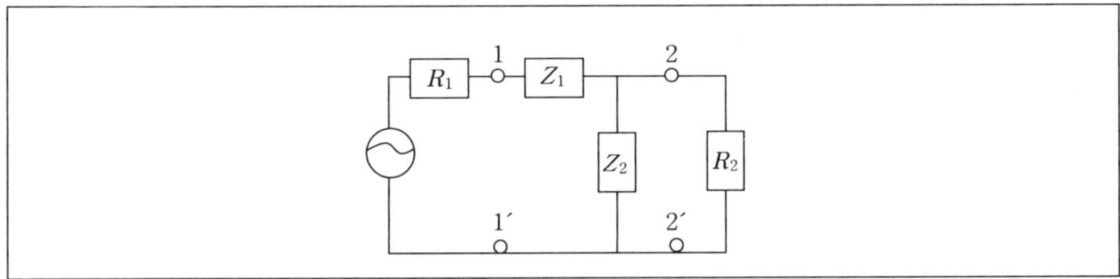

① $\pm jR_2\sqrt{\dfrac{R_1}{R_2-R_1}}$

② $\pm jR_1\sqrt{\dfrac{R_1}{R_2-R_1}}$

③ $\pm j\sqrt{R_2(R_2-R_1)}$

④ $\pm j\sqrt{R_1(R_2-R_1)}$

Answer

15 역 L형 여파기의 4단자 정수는

$A=1+\dfrac{Z_1}{Z_2}$, $B=Z_1$, $C=\dfrac{1}{Z_2}$, $D=1$

$$\therefore\ R_1=Z_{01}=\sqrt{\frac{AB}{CD}}=\sqrt{\frac{Z_1\left(1+\frac{Z_1}{Z_2}\right)}{\frac{1}{Z_2}}}=\sqrt{Z_1(Z_1+Z_2)}\ \cdots ㉠$$

$$R_2=Z_{02}=\sqrt{\frac{BD}{AC}}=\sqrt{\frac{Z_1}{\frac{1}{Z_2}\left(1+\frac{Z_1}{Z_2}\right)}}=\sqrt{\frac{Z_1Z_2}{Z_1+Z_2}}\ \cdots ㉡$$

식 ㉠, ㉡에서

$Z_1=\pm j\sqrt{R_1(R_2-R_1)}$

$Z_2=\mp Z_1=\mp jR_2\sqrt{\dfrac{R_1}{R_2-R_1}}$

답 – 15.④

16 다음과 같은 회로의 반복 파라미터 중 전파정수 r을 $\cosh^{-1}$로 표시한 것으로 옳은 것은?

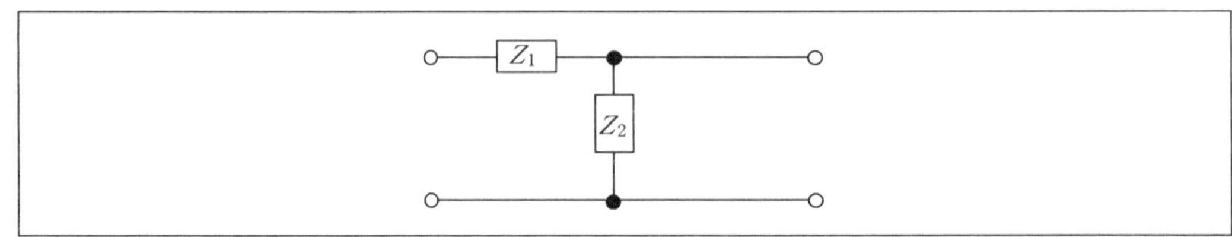

① $\cosh^{-1}\left(1+\frac{Z_1}{2Z_2}\right)$ ② $\cosh^{-1}\left(1+\frac{Z_1}{Z_2}\right)$

③ $\cosh^{-1}\left(1+\frac{2Z_1}{Z_2}\right)$ ④ $\cosh^{-1}\left(1+\frac{Z_2}{Z_1}\right)$

17 다음과 같은 4단자망의 영상 임피던스는 얼마인가?

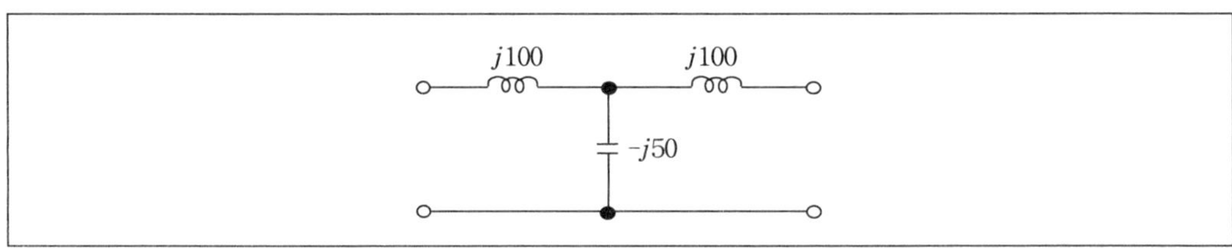

① $j\frac{1}{50}$ ② -1

③ 1 ④ 0

Answer

16

$$\begin{bmatrix} A & B \\ C & D \end{bmatrix} = \begin{bmatrix} 1+\frac{Z_1}{Z_2} & Z_1 \\ \frac{1}{Z_2} & 1 \end{bmatrix}$$

$$\therefore\ r = \cosh^{-1}\frac{A+D}{2} = \cosh^{-1}\frac{1+\frac{Z_1}{Z_2}+1}{2} = \cosh^{-1}\left(1+\frac{Z_1}{2Z_2}\right)$$

17 $\begin{bmatrix} A & B \\ C & D \end{bmatrix} = \begin{bmatrix} 1 & j100 \\ 0 & 1 \end{bmatrix}\begin{bmatrix} 1 & 0 \\ \frac{1}{-j50} & 1 \end{bmatrix}\begin{bmatrix} 1 & j100 \\ 0 & 1 \end{bmatrix} = \begin{bmatrix} -1 & 0 \\ j\frac{1}{50} & -1 \end{bmatrix}$

$$\therefore Z_0 = \sqrt{\frac{B}{C}} = \sqrt{\frac{0}{j\frac{1}{50}}} = 0$$

답 16.① 17.④

18 다음과 같은 회로망에서 Z_1을 4단자 정수에 의해 표시하면 어떻게 되는가?

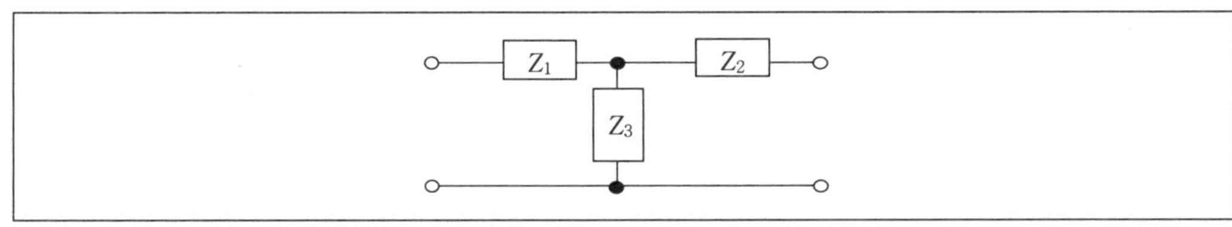

① $\frac{1}{C}$　　② $\frac{D-1}{C}$

③ $\frac{B-1}{C}$　　④ $\frac{A-1}{C}$

19 다음과 같은 회로망 N이 Z-Parameter로 나타내어져 있다고 한다면 Port 2가 개방되어 있을 때 G_{21}을 구하면?

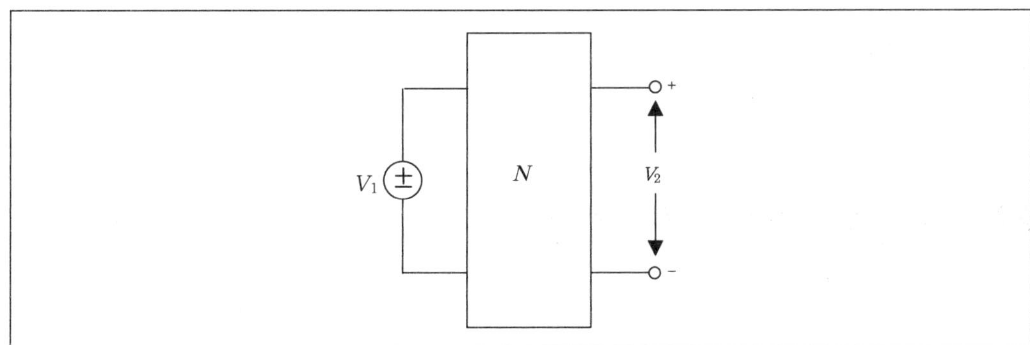

① $\frac{Z_{21}}{Z_{11}}$　　② $\frac{Z_{22}}{Z_{12}}$

③ $\frac{Z_{12}}{Z_{22}}$　　④ $\frac{Z_{11}}{Z_{21}}$

Answer

18 그림과 같은 4단자망의 4단자 정수 중 A와 C는, $A=1+\frac{Z_1}{Z_3}$, $C=\frac{1}{Z_3}$

$\therefore Z_1=(A-1)Z_3=\frac{A-1}{C}$

19 $\begin{bmatrix} I_2 \\ V_2 \end{bmatrix}=\begin{bmatrix} G_{11} & G_{12} \\ G_{21} & G_{22} \end{bmatrix}\begin{bmatrix} V_1 \\ I_2 \end{bmatrix}$이므로,

$G_{21}=\frac{V_2}{V_1}\Big|_{I_2=0}=\frac{Z_{21}\ I_1}{Z_{11}\ I_1}\Big|_{I_2=0}=\frac{Z_{21}}{Z_{11}}$

답 18.④ 19.①

20 어떤 회로망의 4단자 정수가 $A=8$, $B=j2$, $D=3+j2$이면 이 회로망의 C는 얼마인가?

① $24+j14$　　② $3-j4$

③ $8-j11.5$　　④ $4+j6$

21 다음과 같은 T형 회로에서 4단자 정수 중 A의 값은?

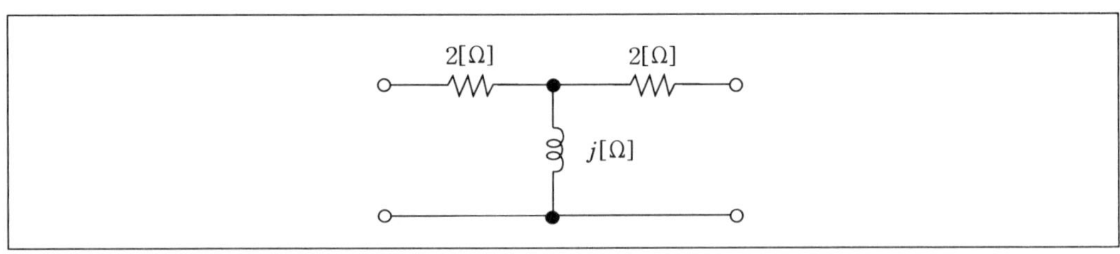

① $j5$　　② $1-j2$

③ $-j\dfrac{1}{5}$　　④ $1+j2$

22 $ABCD$ 4단자 정수의 관계를 바르게 표시한 것은?

① $AB-CD=1$　　② $AD-BC=1$

③ $AB+CD=1$　　④ $AD+BD=1$

Answer

20 $AD-BC=1$ 이므로,

$$C=\frac{AD-1}{B}=\frac{8(3+j2)-1}{j2}=8-j11.5$$

21 $\begin{bmatrix}1 & 2\\0 & 1\end{bmatrix}\begin{bmatrix}1 & 0\\-j & 1\end{bmatrix}\begin{bmatrix}1 & 2\\0 & 1\end{bmatrix}=\begin{bmatrix}1-2j & 4-4j\\-j & 1-2j\end{bmatrix}$

22 4단자 정수의 관계 $AD-BC=1$

답 – 20.③　21.②　22.②

23 어떤 2단자 쌍회로망의 Y-파라미터가 다음과 같다. aa′ 단자 간에 V_1=36[V], bb′ 단자 간에 V_2 = 24[V]의 정전압원을 연결하였을 때 I_1, I_2의 값은 각각 몇 [A]인가? (단, Y-파라미터는 [℧]단위이다)

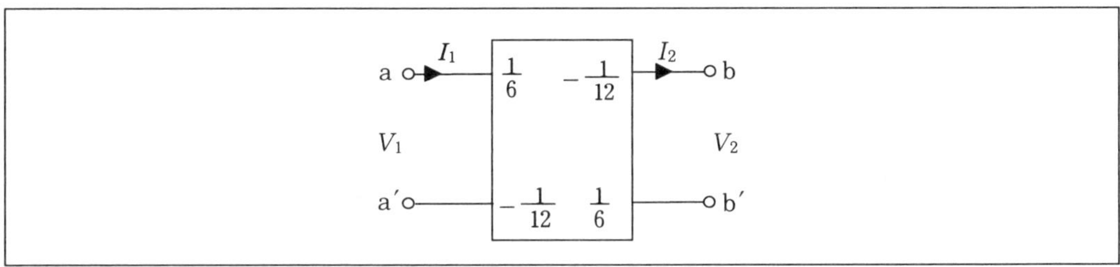

① $I_1 = 4,\ I_2 = 5$　② $I_1 = 5,\ I_2 = 4$

③ $I_1 = 1,\ I_2 = 4$　④ $I_1 = 4,\ I_2 = 1$

24 정 K형 필터(여파기)에 있어서 임피던스 Z_1, Z_2는 공칭 임피던스 K와 어떤 관계가 있는가?

① $Z_1 Z_2 = K$　② $\frac{Z_1}{Z_2} = K$

③ $\sqrt{\frac{Z_2}{Z_1}} = K$　④ $Z_1 Z_2 = K^2$

Answer

23 $\begin{bmatrix} I_1 \\ I_2 \end{bmatrix} = \begin{bmatrix} Y_{11} & Y_{12} \\ Y_{21} & Y_{22} \end{bmatrix} \begin{bmatrix} V_1 \\ V_2 \end{bmatrix}$

$= \begin{bmatrix} \frac{1}{6} & -\frac{1}{12} \\ -\frac{1}{12} & \frac{1}{6} \end{bmatrix} \begin{bmatrix} 36 \\ 24 \end{bmatrix} = \begin{bmatrix} 4 \\ 1 \end{bmatrix}$

24 정 K형 여파기가 되려면 임피던스 Z_1과 Z_2가 역회로의 관계가 되어야 한다. 즉, $Z_1 Z_2 = K^2$의 관계가 되어야 한다.

답– 23.④ 24.④

25 다음과 같은 고역필터의 공칭 임피던스를 R, 차단 주파수를 f_c로 해서 소자 C_1과 L_2를 표시한 식은?

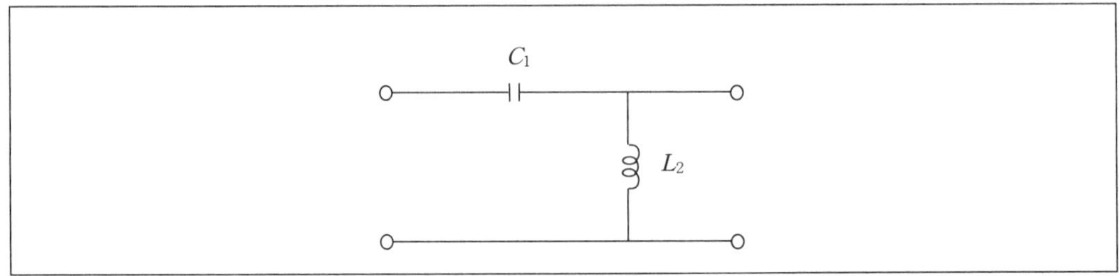

① $L_2 = \frac{R}{\pi f_c}$, $C_1 = \frac{1}{\pi f_c R}$　　② $L_2 = \frac{1}{\pi f_c R}$, $C_1 = \frac{R}{\pi f_c}$

③ $L_2 = \frac{R}{4\pi f_c}$, $C_1 = \frac{1}{4\pi f_c R}$　　④ $L_2 = \frac{1}{4\pi f_c R}$, $C_1 = \frac{1}{4\pi f_c}$

26 다음과 같은 정 K형 고역필터에서 공칭 임피던스가 600[Ω]이고, 차단 주파수가 40[kHz]일 때 L [mH], C [μF]는?

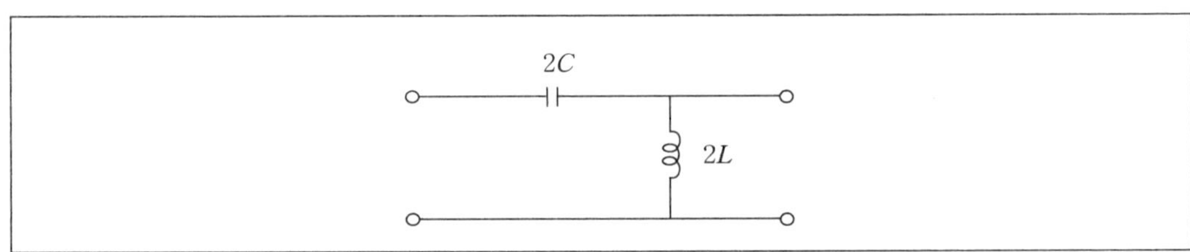

① $L = 1.119$, $C = 0.0033$　　② $L = 1.19$, $C = 0.0033$

③ $L = 11.9$, $C = 0.0033$　　④ $L = 11.19$, $C = 0.0033$

Answer

25 직렬요소는 커패시턴스로 $C_1 = \frac{1}{4\pi f_c K} = \frac{1}{4\pi f_c R}$

병렬요소는 인덕턴스 $L_2 = \frac{K}{4\pi f_c} = \frac{R}{4\pi f_c}$

26 $C = \frac{1}{4\pi f_c K} = \frac{1}{4 \times 3.14 \times 40 \times 10^3 \times 600} \fallingdotseq 0.0033[\mu\text{F}]$

$L = \frac{K}{4\pi f_c} = K^2 C = 600 \times 600 \times 0.0033 \times 10^{-6} \fallingdotseq 1.19[\text{mH}]$

답 25.③ 26.②

27 다음과 같은 정 K형 필터가 있다고 할 때 이 필터의 명칭으로 옳은 것은?

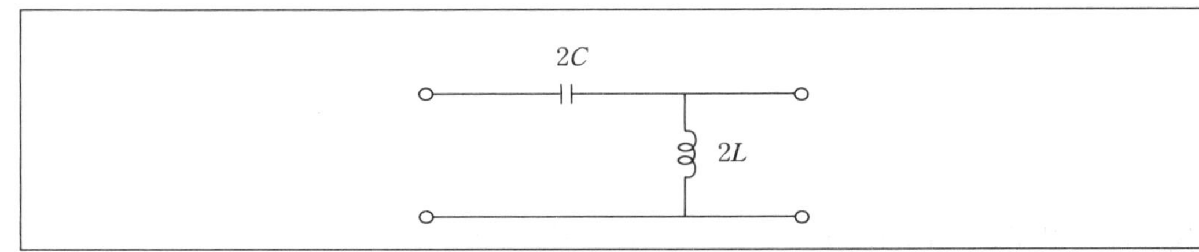

① 중역필터 ② 대역필터
③ 저역필터 ④ 고역필터

28 23[dB]의 감쇠는 전압비로서 다음 중 어느 것에 가장 가까운가?

① 11.5 : 1 ② 14 : 1
③ 20 : 1 ④ 31 : 1

Answer

27 여파기의 종류

㉠ 저역여파기

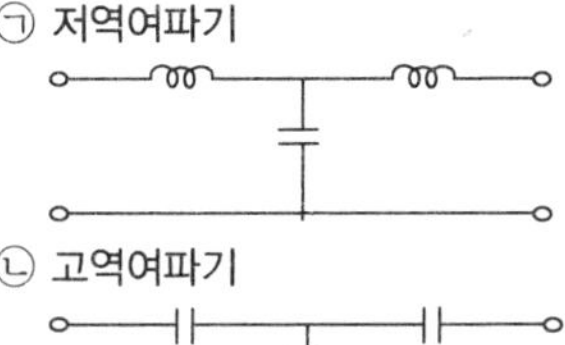

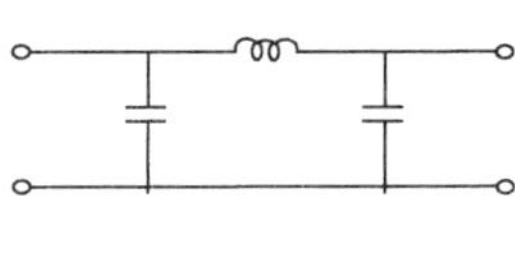

㉡ 고역여파기

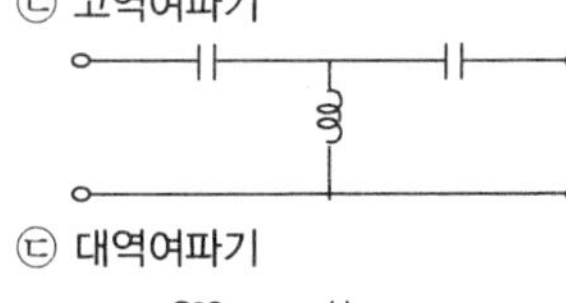

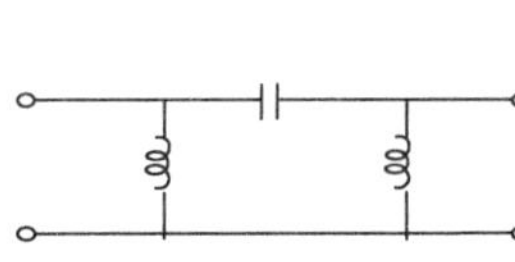

㉢ 대역여파기

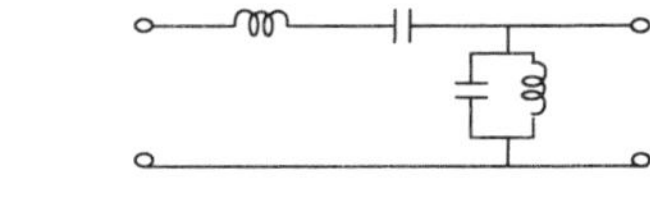

28 전압이 감쇠하는 비율(감쇠정수) a는 $a = 20\log_{10}\left(\dfrac{V_{max}}{V_{min}}\right)$[dB]이므로

$23 = 20\log_{10}\left(\dfrac{V_{max}}{V_{min}}\right)$

$\therefore \dfrac{V_{max}}{V_{min}} = 14.1$

답 27.④ 28.②

29 1[mV]의 입력을 가했을 때 100[mV]의 출력이 나오는 4단자 회로의 이득 [dB]은?

① 10
② 20
③ 30
④ 40

30 영상 임피던스 및 전달정수 Z_{01}, Z_{02}, θ 와 4단자 회로망의 정수 A, B, C, D와의 관계식 중 옳지 않은 것은?

① $A=\sqrt{\dfrac{Z_{01}}{Z_{02}}}\cosh\theta$
② $B=\sqrt{Z_{01}Z_{02}}\sinh\theta$
③ $C=\dfrac{1}{\sqrt{Z_{01}Z_{02}}}\cosh\theta$
④ $D=\sqrt{\dfrac{Z_{02}}{Z_{01}}}\cosh\theta$

31 T형 4단자 회로망에서 영상 임피던스 Z_{01}=75[Ω], Z_{02}=3[Ω]이고 전달정수가 0일 때 이 회로의 4단자 정수 A의 값은?

① 2
② 3
③ 4
④ 5

Answer

29 이득 $=20\log_{10}\dfrac{V_o}{V_i}=20\log_{10}\dfrac{100}{1}=20\times2=40$[dB]

30 $C=\dfrac{1}{\sqrt{Z_{01}Z_{02}}}\sinh\theta$이다.

31 $\dfrac{Z_{01}}{Z_{02}}=\dfrac{A}{D}$에서 $\dfrac{A}{D}=\dfrac{75}{3}=25$ …… ㉠

$\theta=\cosh^{-1}\sqrt{AD}$에서 $\cosh^{-1}\sqrt{AD}=0$

$\therefore AD=1$ …… ㉡

식 ㉠, ㉡에서

$A=5,\ D=\dfrac{1}{5}$

답 - 29.④ 30.③ 31.④

32 T형 4단자 회로망에서 영상 임피던스 $Z_{01}=50[\Omega]$, $Z_{02}=2[\Omega]$이고 전달정수가 0일 때 이 회로의 4단자 정수 D의 값은?

① 10　　② 5

③ $\frac{1}{5}$　　④ 0

33 다음과 같은 T형 회로에 대한 설명으로 옳지 않은 것은?

① 영상 임피던스 $Z_{01}=60[\Omega]$이다.

② 개방 구동점 임피던스 $Z_{11}=45[\Omega]$이다.

③ 단락 전달 어드미턴스 $Y_{12}=\frac{1}{80[\Omega]}$이다.

④ 전달정수 $\theta=\cosh^{-1}\frac{5}{3}$이다.

Answer

32 $\frac{Z_{01}}{Z_{02}}=\frac{A}{D}$에서 $\frac{50}{2}=25$

$\theta=\cosh^{-1}\sqrt{AD}$ 에서

$\cosh^{-1}\sqrt{AD}=0$

$\therefore AD=1$

$A=\frac{1}{D}$을 대입하면

$\frac{\frac{1}{D}}{D}=\frac{1}{D^2}=25,\ D=\frac{1}{5},\ A=5$

33 ② $Z_{11}=\frac{1}{45}[\Omega]$이다.

답 32.③　33.②

34 4단자 정수 $A=\frac{5}{3}$, $B=800[\Omega]$, $C=\frac{1}{450}[\Omega]$, $D=\frac{5}{3}$일 때 전달정수 θ는 얼마인가?

① log 5　　② log 4
③ log 3　　④ log 2

35 다음과 같은 회로의 영상 전달정수 θ를 $\cosh^{-1}$로 표시하면?

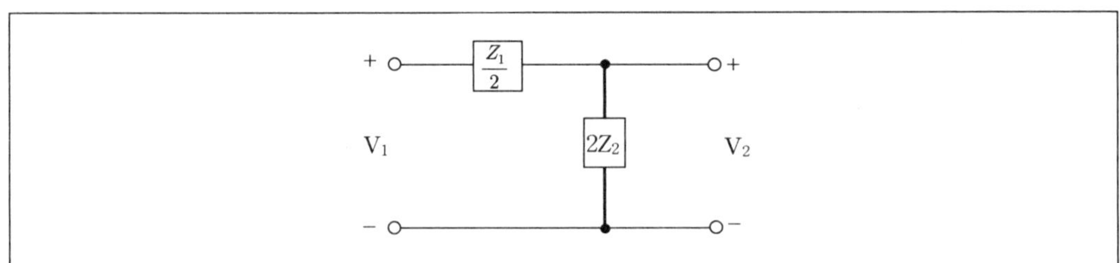

① $\cosh^{-1}\sqrt{1-\frac{Z_1}{4Z_2}\frac{Z_1}{2}}$　　② $\cosh^{-1}\sqrt{1+\frac{Z_1}{4Z_2}}$
③ $\cosh^{-1}\sqrt{\frac{Z_1}{4Z_2}-1}$　　④ $\cosh^{-1}\sqrt{\frac{Z_1}{Z_2}+1}$

Answer

34 $\theta=\log(\sqrt{AD}+\sqrt{BC})=\log\left(\sqrt{\frac{5}{3}\times\frac{5}{3}}+\sqrt{800\times\frac{1}{450}}\right)=\log 3$

35 Z_1, Z_2는 역관계에 있으므로 $Z_1 Z_2=K^2$이며 K는 공칭 임피던스이다.

$\theta=\cosh^{-1}\sqrt{AD}$, $A=1+\frac{Z_1}{Z_2}$, $D=1$이므로

$$AD=1+\frac{\frac{Z_1}{2}}{2Z_2}=\left(1+\frac{Z_1}{4Z_2}\right)\times 1=1+\frac{Z_1}{4Z_2}$$

$\therefore \cosh^{-1}\sqrt{1+\frac{Z_1}{4Z_2}}$

답 – 34.③ 35.②

36 다음과 같은 회로에서 영상 임피던스 Z_{01} [Ω]은?

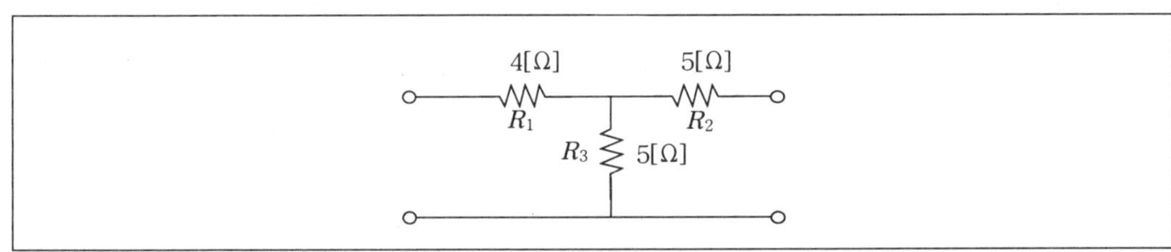

① 6.50 ② 10.50

③ 9.08 ④ 7.65

37 다음과 같은 T형 4단자망의 전달정수는?

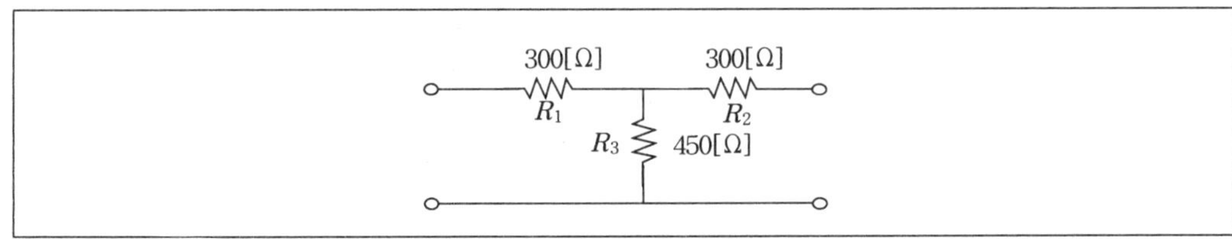

① $\log_e 2$ ② $\log_e \dfrac{1}{2}$

③ $\log_e \dfrac{1}{3}$ ④ $\log_e 3$

Answer

36

$$Z_{01} = \sqrt{Z_{1S} \cdot Z_{1O}} = \sqrt{\left(4+\frac{5\times5}{5+5}\right)\times(4+5)} = 7.648 ≒ 7.65[\Omega]$$

37 4단자 정수를 구하면 회로가 대칭이므로

$$A = D = 1+\frac{R_1}{R_3} = 1+\frac{300}{450} = \frac{5}{3}$$

$$B = R_1 + R_2 + \frac{R_1R_2}{R_3} = 300+300+\frac{300\times300}{450} = 800$$

$$C = \frac{1}{R_3} = \frac{1}{450}$$

$$\therefore\ \theta = \log_e(\sqrt{AD}+\sqrt{BC}) = \log_e\left(\sqrt{\frac{5}{3}\times\frac{5}{3}}+\sqrt{\frac{800}{450}}\right) = \log_e 3$$

답 36.④ 37.④

38 다음과 같은 4단자 회로의 파리미터 중 Y_{21}은?

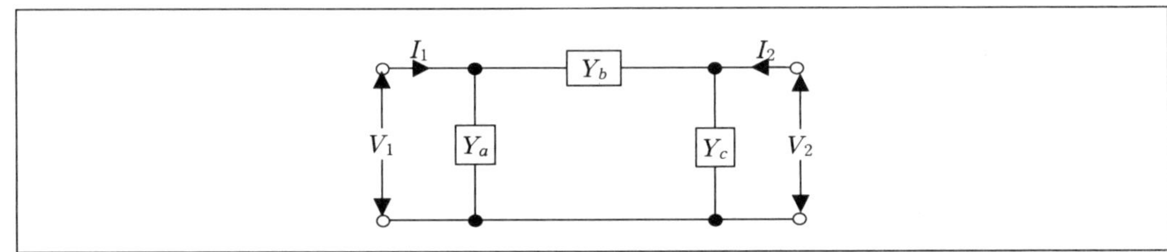

① $Y_a + Y_b$　　② $-Y_b$
③ Y_a　　④ $Y_b + Y_c$

39 다음과 같은 T형 회로의 영상 파라미터는?

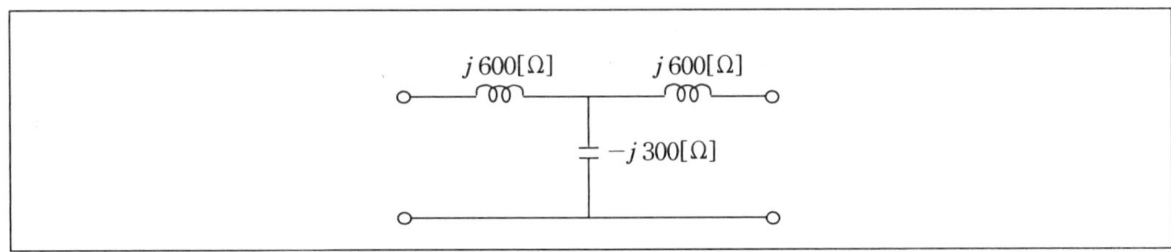

① 0　　② +1
③ −3　　④ −1

Answer

38
$$Y_{11} = \frac{I_1}{V_1}\bigg|_{V_2=0} = Y_a + Y_b$$
$$Y_{12} = \frac{I_1}{V_2}\bigg|_{V_1=0} = \frac{-Y_b V_2}{V_2} = -Y_b$$
$$Y_{21} = \frac{I_2}{V_1}\bigg|_{V_2=0} = \frac{-Y_b V_1}{V_1} = -Y_b$$
$$Y_{22} = \frac{I_2}{V_2}\bigg|_{V_1=0} = Y_b + Y_c$$

39
$$\begin{bmatrix} A & B \\ C & D \end{bmatrix} = \begin{bmatrix} 1 & j600 \\ 0 & 1 \end{bmatrix} \begin{bmatrix} 1 & 0 \\ j\frac{1}{300} & 1 \end{bmatrix} \begin{bmatrix} 1 & j600 \\ 0 & 1 \end{bmatrix} = \begin{bmatrix} -1 & 0 \\ j\frac{1}{300} & -1 \end{bmatrix}$$
$$\therefore \theta = \cosh^{-1}\sqrt{AD} = \cosh^{-1}1 = 0$$

답 — 38.② 39.①

40 다음 회로의 전달 어드미턴스는?

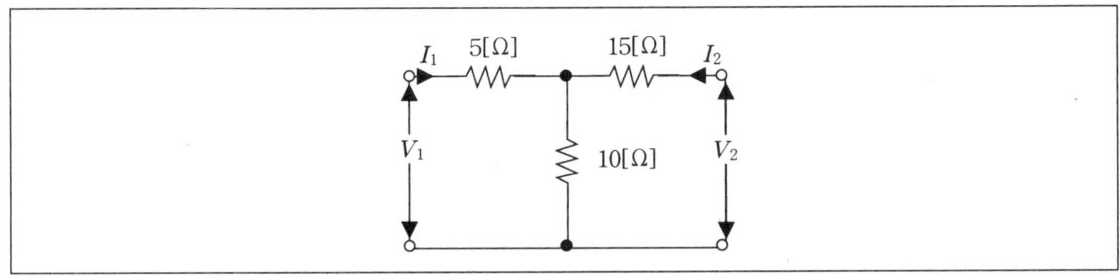

① $\frac{1}{11}[\Omega]$　　② $-\frac{1}{11}[\Omega]$

③ $-\frac{2}{55}[\Omega]$　　④ $\frac{3}{55}[\Omega]$

41 다음 대칭 T형 회로의 4단자 정수가 $A=D=2$, $B=4[\Omega]$, $C=0.02[\Omega]$일 때 임피던스 Z의 값은 얼마인가?

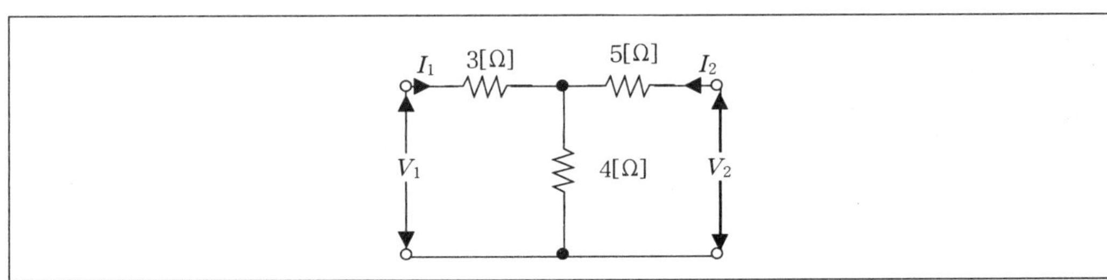

① 0.02[Ω]　　② 2[Ω]

③ 4[Ω]　　④ 50[Ω]

Answer

40 $Y_{11} = \frac{I_1}{V_1}\Big|_{V_2=0} = \frac{1}{V_1}\times\frac{V_1}{5+\frac{15\times 10}{15+10}} = \frac{1}{11}[℧]$

$Y_{12} = \frac{I_1}{V_2}\Big|_{V_1=0} = \frac{-\frac{10}{5+10}I_2}{V_2} = -\frac{\frac{10}{5+10}}{V_2}\times\frac{V_2}{15+\frac{5\times 10}{5+10}} = -\frac{2}{55}[℧] = Y_{21}$

$Y_{22} = \frac{I_2}{V_2}\Big|_{V_1=0} = \frac{1}{V_2}\times\frac{V_2}{15+\frac{5\times 10}{5+10}} = \frac{3}{55}[℧]$

41 $A=1+ZY$, $C=Y$가 성립하므로

$Z=\frac{A-1}{Y}=\frac{A-1}{C}=\frac{2-1}{0.02}=50[\Omega]$

답 40.③ 41.④

42 다음 4단자망의 AD의 값은?

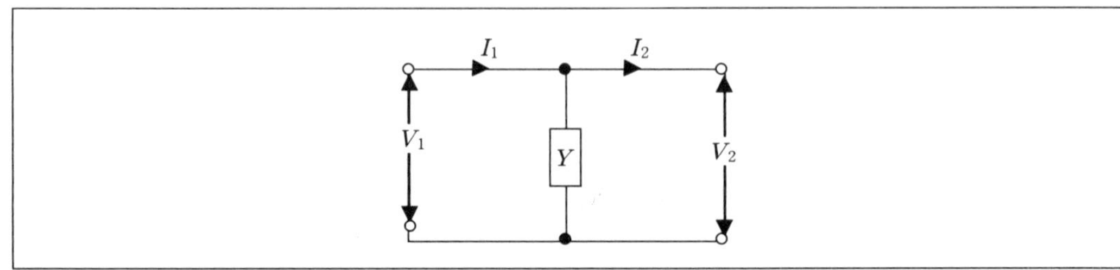

① Y ② 0

③ 1 ④ −1

43 H 파라미터 중 출력단락 전류이득을 나타내는 것은?

① H_{11} ② H_{12}

③ H_{21} ④ H_{22}

Answer

42

$$A = \frac{V_1}{V_2}\bigg|_{I_2=0} = \frac{V_1}{V_1} = 1$$

$$B = \frac{V_1}{I_2}\bigg|_{V_2=0} = \frac{0}{I_2} = 0$$

$$C = \frac{I_1}{V_2}\bigg|_{I_2=0} = \frac{I_1}{\frac{I_1}{Y}} = Y$$

$$D = \frac{I_1}{I_2}\bigg|_{V_2=0} = \frac{I_2}{I_1} = 1$$

$AD = 1 \times 1 = 1$

43

$$\begin{bmatrix} V_1 \\ I_2 \end{bmatrix} = \begin{bmatrix} H_{11} & H_{12} \\ H_{21} & H_{22} \end{bmatrix} \begin{bmatrix} I_1 \\ V_2 \end{bmatrix}$$

$H_{11} = \frac{V_1}{I_1}\bigg|_{V_2=0}$ – 출력단락시 입력측 임피던스

$H_{12} = \frac{V_1}{V_2}\bigg|_{I_1=0}$ – 입력개방시 전압이득

$H_{21} = \frac{I_2}{I_1}\bigg|_{I_2=0}$ – 출력단락시 전류이득

$H_{22} = \frac{I_2}{V_2}\bigg|_{I_1=0}$ – 입력개방시 출력측 어드미턴스

답 – 42.③ 43.③

44 다음 회로에서 어드미턴스 파라미터 Y_{21}의 값은?

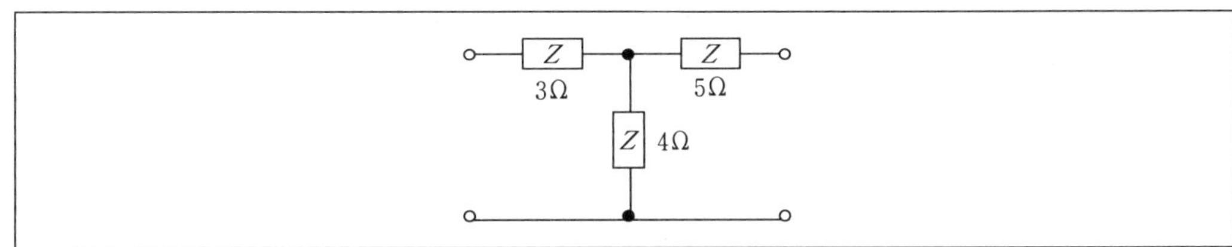

① $\frac{9}{47}[\Omega]$　　② $\frac{7}{47}[\Omega]$

③ $\frac{4}{47}[\Omega]$　　④ $-\frac{4}{47}[\Omega]$

45 다음 T형 회로에서 4단자 정수 B의 값은?

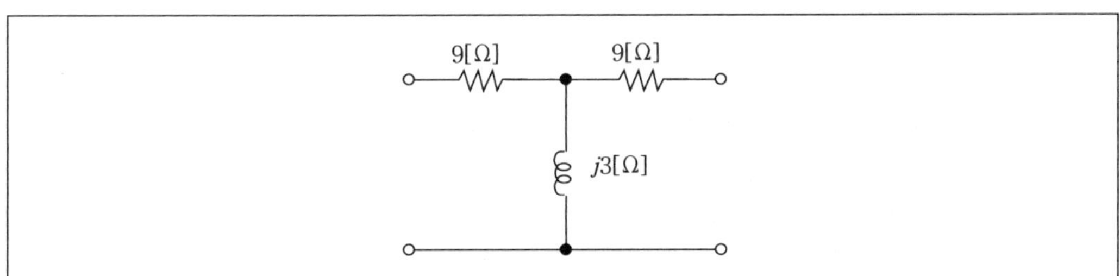

① $1-j3$　　② $1+j3$

③ $-\frac{1}{j3}$　　④ $18-j27$

Answer

44 $Y_{11}=\frac{I_1}{V_1}\Big|_{V_2=0}=\frac{1}{V_1}\times\frac{V_1}{3+\frac{5\times4}{5+4}}=\frac{9}{47}[℧]$

$Y_{12}=\frac{I_1}{V_2}\Big|_{V_1=0}=\frac{-\frac{4}{3+4}I_2}{V_2}=-\frac{\frac{4}{3+4}}{V_2}\times\frac{V_2}{5+\frac{3\times4}{3+4}}=-\frac{4}{47}=Y_{21}[℧]$

$Y_{22}=\frac{I_2}{V_2}\Big|_{V_1=0}=\frac{1}{V_2}\times\frac{V_2}{5+\frac{3\times4}{3+4}}=\frac{7}{47}[℧]$

45 $\begin{bmatrix}A & B\\ C & D\end{bmatrix}=\begin{bmatrix}1 & 9\\ 0 & 1\end{bmatrix}\begin{bmatrix}1 & 0\\ \frac{1}{j3} & 1\end{bmatrix}\begin{bmatrix}1 & 9\\ 0 & 1\end{bmatrix}=\begin{bmatrix}1-j3 & 18-j27\\ \frac{1}{j3} & 1-j3\end{bmatrix}$

답 44.④ 45.④

과도현상

1 **다음 R−L 회로에서 t = 0인 시점에 스위치(SW)를 닫았을 때에 대한 설명으로 옳은 것은?**

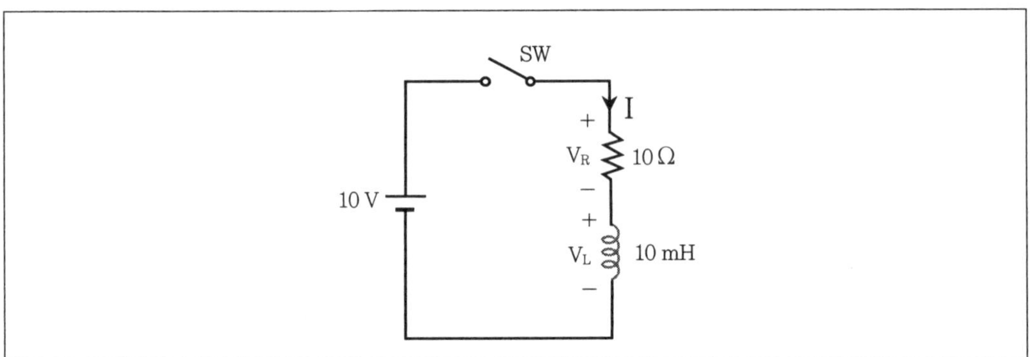

① 회로에 흐르는 초기 전류(t = 0+)는 1 A이다.

② 회로의 시정수는 10 ms이다.

③ 최종적(t = ∞)으로 V_R 양단의 전압은 10 V이다.

④ 최초(t = 0+)의 V_L 양단의 전압은 0 V이다.

2 **각 상의 임피던스가 $Z = 4 + j\,3[\Omega]$인 평형 3상 Y부하에 정현파 상전류 10[A]가 흐를 때, 이 부하의 선간전압의 크기 [V]는?**

① 70　　② 87

③ 96　　④ 160

Answer

1 t=0인 시점에 스위치를 닫았을 때 회로에 흐르는 초기 전류는 0이며, 최종적으로 V_R양단의 전압은 10[V]가 된다.

2 상전류 = 선전류이므로

상전압(V_P) = $ZI = \sqrt{4^2+3^2} \times 10 = 50$

상전압(V_P) = 선간전압(V_l)/$\sqrt{3}$ 에서

$V_l = V_P\sqrt{3} = 50\sqrt{3} = 86.6 \fallingdotseq 87$

답 – 1.③ 2.②

3 일그러진 펄스의 파형에서 상승부가 정상부보다 위로 돌출되는 현상을 무엇이라 하는가?

① 새그 ② 링깅
③ 언더슈트 ④ 오버슈트

4 1[MΩ]의 저항과 1[μF]콘덴서의 직렬회로에서 시상수는 얼마인가?

① 0.01[sec] ② 0.1[sec]
③ 1[sec] ④ 10[sec]

5 3상전력을 측정하는 2개의 전력계 중 하나의 지시가 0이었다면 회로의 역률[%]은?

① 45.4 ② 50
③ 70.7 ④ 86.6

6 RL 직렬회로에 $t=0$에서 직류전압 V[V]를 가한 후 $\frac{L}{R}$[s] 후의 전류의 값은 몇 [A]인가?

① $\frac{V}{R}$ ② $0.368\frac{V}{R}$
③ $0.5\frac{V}{R}$ ④ $0.632\frac{V}{R}$

Answer

3 ① 파형이 아래로 내려가는 부분의 정도를 말한다.
② 코일과 콘덴서의 공진현상으로 인하여 감쇠적으로 진동하는 왜곡현상을 말한다.
③ 펄스파형의 하강부가 정상부보다 아래로 돌출되는 현상을 말한다.

4 시상수 $T=RC=1\times10^{6}\times1\times10^{-6}=1$[sec]

5 역률 $\cos\theta=\frac{P_1+P_2}{2\sqrt{P_1{}^2+P_2{}^2-P_1P_2}}$

$=\frac{P_1+0}{2\sqrt{P_1{}^2+0-0}}$

$=\frac{P_1}{2\sqrt{P_1{}^2}}=\frac{P_1}{2P_1}=\frac{1}{2}=0.5$

$=0.5\times100=50[\%]$

6 $i=\frac{V}{R}\left(1-\epsilon^{-\frac{R}{L}\times\frac{L}{R}}\right)=\frac{V}{R}(-1-\epsilon^{-1})=\frac{V}{R}\times0.632[\text{A}]$

답 3.④ 4.③ 5.② 6.④

7 다음에서 스위치 S를 1로 하여 콘덴서 C를 충전시킨 후 S를 2로 하여 방전시킬 때의 방전 전류 i [A] 는 어떻게 표시되는가?

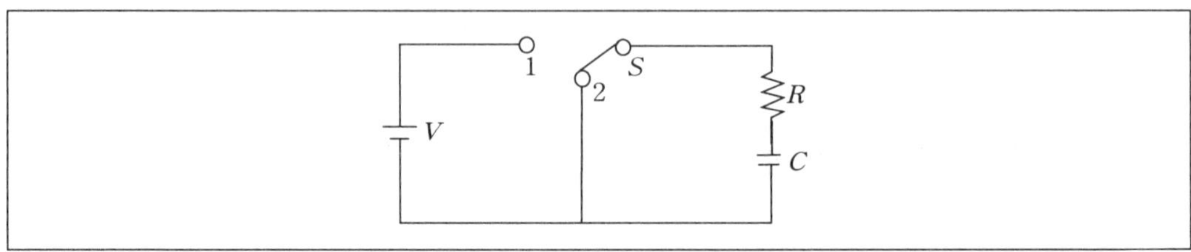

① $i = -\dfrac{V}{R}\epsilon^{-\frac{1}{CR}t}$　② $i = \dfrac{V}{R}\left(1-\epsilon^{-\frac{1}{CR}t}\right)$

③ $i = \dfrac{V}{R}\left(1+\epsilon^{-\frac{1}{CR}t}\right)$　④ $i = \dfrac{V}{R}\epsilon^{-\frac{1}{CR}t}$

8 다음에서 스위치 S를 닫을 때 전류 I [A]는?

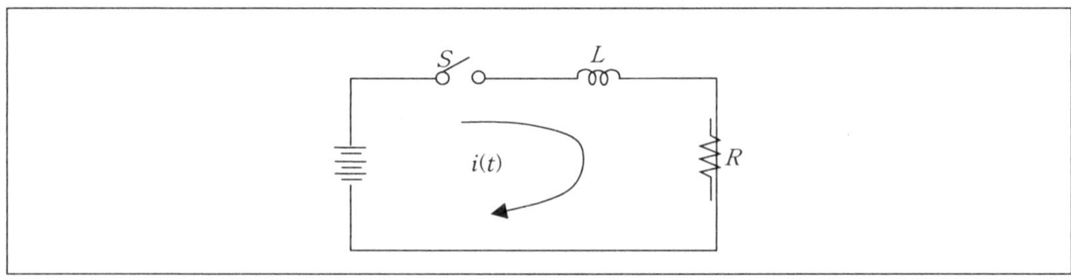

① $\dfrac{V}{R}\left(1-\epsilon^{-\frac{L}{R}t}\right)$　② $\dfrac{V}{R}\left(1-\epsilon^{-\frac{R}{L}t}\right)$

③ $\dfrac{V}{R}\epsilon^{-\frac{R}{L}t}$　④ $\dfrac{V}{R}\epsilon^{-\frac{L}{R}t}$

Answer

7 방전과정은 충전의 경우와는 반대 현상으로 방전 전류는 $i=-\dfrac{V}{R}\epsilon^{-\frac{1}{CR}t}$ 이 된다.

8 RL 직렬회로이므로 $i=\dfrac{V}{R}\left(1-\epsilon^{-\frac{R}{L}t}\right)$[A]이다.

답 – 7.① 8.②

9 RC 직렬회로에서 콘덴서 양단의 방전전압 V_{cp} 는?

① $-V\epsilon^{-\frac{1}{CR}t}$　　② $-\frac{V}{R}\epsilon^{-\frac{1}{CR}t}$

③ $V\epsilon^{-\frac{1}{CR}t}$　　④ $\frac{V}{R}\epsilon^{-\frac{1}{CR}t}$

10 RLC회로와 계기의 과도특성에 대한 설명으로 옳지 않은 것은?

① RLC의 비진동과 계기의 과제동이 비슷하다.

② RLC의 진동상태는 계기의 부족제동과 비슷하다.

③ RLC의 임계상태는 계기의 임계제동과 비슷하다.

④ RLC의 시상수는 계기의 전압과 비슷하다.

11 $R=5[\Omega]$, $L=1$[H]인 직렬회로의 시상수는?

① 0.1[sec]　　② 0.2[sec]

③ 0.3[sec]　　④ 0.4[sec]

Answer

9 RC 직렬회로 … 콘덴서의 충전특성에 의해 과도현상이 나타나는 회로로 콘덴서 양단전압 $V_{cp}=v-v_R=V\left(1-\epsilon^{\frac{t}{RC}}\right)$이므로 과도현상 발생시 $V\epsilon^{-\frac{t}{RC}}$가 된다.

10 계기의 과도특성과 RLC회로의 과도특성 비교

구분	RLC 회로	계기제동
진동상태	$R^2<\frac{4L}{C}$	부족제동
비진동상태	$R^2>\frac{4L}{C}$	과제동
임계상태	$R^2=\frac{4L}{C}$	임계제동

11 $T=\frac{L}{R}=\frac{1}{5}=0.2[\text{sec}]$

답— 9.③ 10.④ 11.②

12 RC 직렬회로에서 C양단의 전압 V_C는?

① $V\epsilon^{-\frac{1}{CR}t}$[V]
② $-\frac{V}{R}\epsilon^{-\frac{1}{CR}t}$[V]
③ $V\epsilon\left(1-\epsilon^{-\frac{1}{CR}t}\right)$[V]
④ $V\left(1-\epsilon^{-\frac{1}{CR}t}\right)$[V]

13 RC 직렬회로에서 충전전류는 초기전류의 몇 [%]인가?

① 36.8[%]
② 34.2[%]
③ 63.2[%]
④ 68.3[%]

14 RC 직렬회로에서 $R=500$[kΩ], $C=2$[μF]일 때 시상수는 얼마인가?

① 0.01[sec]
② 0.1[sec]
③ 1[sec]
④ 10[sec]

Answer

12 콘덴서의 양단의 전압 V_C는 전원전압 V와 저항의 양단 전압 V_R[V]과의 차로서 다음 식과 같이 나타낸다.

$V_C = V - V_R$[V]

$V_C = \left(V - V\epsilon^{-\frac{1}{CR}t}\right) = V\left(1-\epsilon^{-\frac{1}{CR}t}\right)$

13 $T=CR$[sec]후의 충전전류의 값은

$i = I\epsilon^{-\frac{t}{T}} = I\epsilon^{-1} = \frac{I}{\epsilon} = \frac{1}{2.718}I = 0.368I$[A]로 되고

최초의 전류 $I=\frac{V}{R}$[A]의 36.8[%]로 된다.

14 $T=CR=2\times10^{-6}\times500\times10^{3}=1$[sec]

답 12.④ 13.① 14.③

15 다음 회로에서 스위치 S를 닫을 때의 충전전류식으로 옳은 것은?

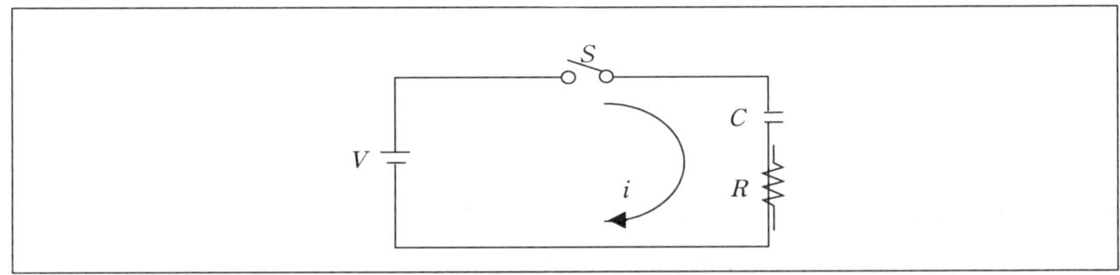

① $\frac{V}{R}\left(1-\epsilon^{-\frac{1}{CR}t}\right)$ ② $\frac{V}{R}\epsilon^{-\frac{1}{CR}t}$

③ $\frac{V}{R}\left(1+\epsilon^{-\frac{1}{CR}t}\right)$ ④ $\frac{V}{R}\epsilon^{-CRt}$

16 저항 25[Ω], 유도 리액턴스 8[Ω], 용량 리액턴스 8[Ω]으로 된 병렬회로에 전압 100[V]를 가하는 경우에 흐르는 전류 [A] 및 위상각 [rad]은?

① 4[A], 0[rad] ② 4[A], π [rad]

③ 5[A], 0[rad] ④ 5[A], π [rad]

Answer

15
RC 직렬회로에서 스위치를 닫을 때의 전류 특성식 $i=\frac{V}{R}\epsilon^{-\frac{1}{RC}t}$이다.

16 $X_L=X_C$이므로

$$I=\frac{V}{R}=\frac{100}{25}=4[\text{A}]$$

$$\theta=\tan^{-1}\frac{\frac{1}{X_L}-\frac{1}{X_C}}{\frac{1}{R}}=\tan^{-1}\frac{0}{\frac{1}{25}}$$

$$=\tan^{-1}0=0[\text{rad}]$$

답 15.② 16.①

17 $R=50[\text{k}\Omega]$, $C=0.5[\mu\text{F}]$의 직렬회로에 100[V]의 직류전압을 가했을 때 전류 I의 초기값은?

① 2[mA]　　② 20[mA]
③ 200[mA]　　④ 2[A]

18 코일의 권수 $N=2000$, 저항 $R=50[\Omega]$이며 전류 $I=5[A]$를 흘릴 경우 자속 $\Phi=5\times10^{-2}[Wb]$이다. 이 회로의 시정수[s]는?

① 0.2[s]　　② 0.3[s]
③ 0.4[s]　　④ 0.5[s]

17 RC 직렬회로의 과도 충전전류

$I=I\epsilon$[A]에서 $I=\dfrac{V}{R}$[A]는 충전전류의 초기값이다.

$\therefore I=\dfrac{V}{R}=\dfrac{100}{50\times10^3}=2[\text{mA}]$

18 코일의 인덕턴스 $L=\dfrac{N\Phi}{I}$, $R-L$ 직렬회로 시정수 $T=\dfrac{L}{R}$

$L=\dfrac{N\Phi}{I}=\dfrac{2000\times5\times10^{-2}}{5}=20[H]$ 이며 $T=\dfrac{L}{R}=\dfrac{20}{50}=0.4[s]$

답 – 17.① 18.③

19 RLC 직렬회로에서 회로가 임계적으로 제동되는 회로의 저항값은?

① $R=\sqrt{\frac{L}{C}}$

② $R=2\sqrt{\frac{L}{C}}$

③ $R=2\sqrt{\frac{C}{L}}$

④ $R=\frac{1}{\sqrt{C}}$

20 다음은 직류과도현상의 저항 $R[\Omega]$과 인덕턴스$L[H]$의 직렬회로에 관한 사항들이다. 이 중 바르지 않은 것은?

① 과도 기간에 있어서의 인덕턴스 L의 단자전압은 $v_L(t)=Ee^{-\frac{R}{L}t}$이다.

② 회로의 시정수는 $\tau=\frac{L}{R}[s]$이다.

③ 과도기간에 있어서의 저항 R의 단자전압은 $v_{R(t)}=E(1-e^{-\frac{L}{R}t})$이다.

④ $t=0$에서 직류전압 $E[V]$를 가하는 경우 $t[s]$ 후의 전류는 $i(t)=\frac{E}{R}(1-e^{-\frac{R}{L}t})[A]$이다.

Answer

19 $R^2=\frac{4L}{C}$에서 $R=\sqrt{\frac{4L}{C}}=2\sqrt{\frac{L}{C}}$

20 과도기간에 있어서의 저항 R의 단자전압은 $v_{R(t)}=E(1-e^{-\frac{R}{L}t})$이다.

답 19.② 20.③

비정현파

비정현파의 해석

1 $10\sqrt{2}\sin 3\pi t$[V]를 기본파로 하는 비정현주기파의 제5고조파 주파수 [Hz]를 구하면?

① 5.5 ② 6.5
③ 7.5 ④ 8.5

2 신호를 여러 개의 정현파의 합으로 표시하는 방법은?

① 노튼의 정리 ② 중첩의 원리
③ 테일러 급수 ④ 푸리에 급수

3 다음 중 푸리에 급수의 전개를 할 수 없는 것은?

① $s(t) = 2\cos\pi t + 3\cos 2\pi t$
② $s(t) = 2\cos\pi t + 3\cos 2t$
③ $s(t) = 2\cos\frac{1}{2}t + 3\cos 3.5t$
④ $s(t) = 2\cos t + \cos 3t$

Answer

1 $f = \frac{\omega}{2\pi} = \frac{3\pi}{2\pi} = 1.5$

$f_5 = 5 \times f = 5 \times 1.5$
$= 7.5$

2 푸리에 급수는 주기적으로 반복되는 파형에 대해서만 사용할 수 있다.

3 기본 주파수의 배수가 아닌 비주기 함수이다.

답 1.③ 2.④ 3.②

4 **다음 중 푸리에 급수의 성질에 대한 설명으로 옳은 것은?**

① 신호함수 $s(t)$가 고조파 성분만을 포함하고 있는 경우 시간의 원점을 변경시켜도 푸리에 급수의 전개에 어떤 우수 고조파 성분도 부가되지 않는다.
② 신호함수 $s(t)$가 우함수이면 푸리에 급수는 직류항만으로 표시된다.
③ 신호함수 $s(t)$가 우함수이면 푸리에 급수는 sine항만으로 표시된다.
④ 신호함수 $s(t)$가 기함수이면 푸리에 급수는 cosine항만으로 표시된다.

5 **"2개의 게이트 함수 $f_a(t)$와 $f_b(t)$를 합하면 상수(직류)가 된다고 할 때 $f_a(t)$의 주파수 스펙트럼의 포락선의 모양은 $f_b(t)$의 주파수 스펙트럼의 모양과 동일하다."는 정리를 무엇이라 하는가?**

① 중첩의 정리　　② 테브낭의 정리
③ 플랜카렐의 정리　　④ 상보정리

6 $v(t)=(t-3)^2$**일 때** $\int_{-\infty}^{\infty} v(t)\delta(t+4)dt$ **의 값은?**

① 49　　② 36
③ 12　　④ 3

Answer

4 푸리에 급수의 개념

$$s(t)=a_0+\sum_{n=1}^{\infty}(a_n\cos n\omega t+b_n\sin n\omega t)$$

㉠ $s(t)$가 우함수 $s(-x)=s(x)$이면 계수 b_1, b_2 …… b_n는 모두 0이므로 푸리에 급수는 cosine항만으로 표시된다.
㉡ $s(t)$가 기함수 $s(-x)=-s(x)$이면 계수 a_0, a_1, a_2 …… a_n는 모두 0이므로 푸리에 급수는 sine항만으로 표시된다.

5 2개의 파형이 합해져서 직류를 이루면 이 두 파형은 서로 상보관계에 있다고 한다.

6 $\int_{-\infty}^{\infty}(t-3)^2\delta(t+4)dt\big|_{t=-4}=(t-3)^2\big|_{t=-4}=(-4-3)^2=(-7)^2=49$

답 – 4.① 5.④ 6.①

7 $\int_{-\infty}^{\infty} e^{\cos t}\delta(t-\pi)dt$**의 값은?**

① 0.368　② 0.732
③ 0.632　④ 1

8 $v(t)=t^2$ **일 때** $\int_{-\infty}^{\infty} v(t)\delta(t-3)dt$ **의 값은?**

① 6　② 9
③ 18　④ 81

9 **푸리에 변환에 관한 설명 중 옳지 않은 것은?**

① 시간 지연된 함수를 푸리에 변환하며 위상이 변화한 함수가 된다.
② 푸리에 변환은 선형성을 갖는다.
③ 푸리에 변환은 신호의 주파수 특성을 나타낸다.
④ 비주기 함수는 푸리에 급수를 이용하여 나타낼 수 있다.

Answer

7 $t=\pi$에서 π가 구간 $(-\infty, \infty)$에 속한다.

$$\int_{-\infty}^{\infty} e^{\cos t}\delta(t-\pi)dt = e^{\cos\pi} = e^{-1} = 0.368$$

8 $\int_{-\infty}^{\infty} v(t)\delta(t-3)dt \mid_{t=3}$에서 $t=3$이므로

$t^2 = 3^2 = 9$

9 푸리에 변환

㉠ 비주기적인 임의의 파형의 주파수 스펙트럼은 푸리에 변환으로 나타낸다.
㉡ 비주기적 파형은 푸리에 변환을 적용할 수 있다.
㉢ 주기적 파형은 푸리에 급수를 적용할 수 있다.

답 7.① 8.② 9.④

10 주기 $T=4$ [sec]인 주기적인 단위 구형파 함수의 푸리에 계수 Fn은?

① $Fn=\frac{1}{4}Sa\left(\frac{n\pi}{4}\right)$　　② $Fn=\frac{1}{4}Sa\left(\frac{n\pi}{2}\right)$

③ $Fn=\frac{1}{2}Sa\left(\frac{n\pi}{4}\right)$　　④ $Fn=\frac{1}{2}Sa\left(\frac{n\pi}{2}\right)$

11 주기가 T인 충격파열(unit impluse train)을 푸리에 변환한 것으로 옳은 것은?

① 일련의 게이트 함수가 반복적으로 나타난다.

② 일련의 표본 함수가 반복적으로 나타난다.

③ 주기가 $T\left(\omega_0=\frac{2\pi}{T}\right)$이고 크기가 $2\omega_0$인 충격파열이 된다.

④ 주기가 $T\left(\omega_0=\frac{2\pi}{T}\right)$이고 크기가 ω_0인 충격파열이 된다.

12 단위 임펄스 함수 $\delta(t)$의 성질에 대한 설명으로 옳지 않은 것은?

① $f(t)\delta(t-t_0)=f(t-t_0)$이다.　　② $\delta(2t)=\frac{1}{2}\delta(t)$이다.

③ 우함수이다.　　④ 면적은 1이다.

Answer

10 $Fn=\frac{1}{T}F(\omega)\big|_{\omega=n\omega_0},\ \omega_0=\frac{2\pi}{T}$

11 일련의 주기 충격파 함수는 콤함수라고 한다. $\delta_T(t)=\sum_{n=-\infty}^{\infty}\frac{1}{T}e^{jn\omega_0 t}$이 식의 푸리에 변환 $F[\delta_T(t)]$를 구하면

$F[\delta_T(t)]=2\pi\sum_{n=-\infty}^{\infty}\frac{1}{T}\delta(\omega-n\omega_0)=\omega_0\sum_{n=-\infty}^{\infty}(\omega-n\omega_0)=\omega_0\delta\omega_0(\omega),\ \omega_0=\frac{2\pi}{T}$

시간영역에서 주기 충격파열을 푸리에 변환하면 주파수 영역에서도 주기적인 충격파열이 되면 크기는 ω_0이다.

12 ① $f(t)\delta(t-t_0)=f(t_0)\delta(t-t_0)$이다.

답 10.② 11.④ 12.①

13 **우함수의 주기 구형파를 푸리에 변환한 결과로 옳은 것은?**

① 직류성분만 존재한다.
② 직류와 사인성분이 존재한다.
③ 직류와 코사인성분이 존재한다.
④ 코사인 성분만 존재한다.

14 **비정현파 전압** $v = 200\sqrt{2}\,sin\omega t + 100\sqrt{2}\,sin2\omega t + 50\sqrt{2}\,sin3\omega t$ **의 왜형률로 옳은 것은?**

① 1　　② 0.56
③ 0.5　　④ 0.28

Answer

13 우함수는 여현 대칭이므로 직류와 코사인성분이 존재한다.

14 왜형률 $D = \dfrac{\sqrt{100^2 + 50^2}}{200} \fallingdotseq 0.56$

답 13.③ 14.②

15 다음 비정현파 교류 전압과 전류간의 역률은?

$$v = 30\sin\omega t + 40\sin 3\omega t\ [\text{V}]$$
$$i = 40\sin\omega t + 30\sin 3\omega t\ [\text{A}]$$

① 0.96 ② 0.72
③ 0.48 ④ 0.24

16 3상 교류 대칭 전압에 포함되는 고조파에서 상순이 기본파와 동일한 것은?

① 제5고주파 ② 제7고주파
③ 제9고주파 ④ 제11고주파

Answer

15 $P = \dfrac{30 \times 40}{2} + \dfrac{40 \times 30}{2} = 600 + 600 = 1,200[\text{W}]$

$P_a = VI = \sqrt{\dfrac{30^2 + 40^2}{2}} \times \sqrt{\dfrac{40^2 + 30^2}{2}} \fallingdotseq 1,250$

역률 $\cos\theta = \dfrac{P}{P_a} = \dfrac{1,200}{1,250} \fallingdotseq 0.96$

16 상순이 기본파와 동일한 것은 3상이므로 $(3n+1)$고조파로 제7고조파, 제13고조파, …… 등이다.

답 ─ 15.① 16.②

라플라스 변환

1 단위 계단 함수 $u(t)$의 라플라스 변환은?

① $\dfrac{1}{s}$ ② $\dfrac{1}{e^{-st}}$

③ $\dfrac{1}{s}e^{-st}$ ④ e^{-st}

2 함수 $f(t)$의 라플라스 변환은 어떤 식으로 정의되는가?

① $\int_0^\infty f(t)e^{st}dt$ ② $\int_0^\infty f(t)e^{-st}dt$

③ $\int_{-\infty}^\infty f(t)e^{st}dt$ ④ $\int_{-\infty}^\infty f(t)e^{-st}dt$

3 $f(t)=3t^2$의 라플라스 변환은?

① $\dfrac{6}{s^3}$ ② $\dfrac{6}{s^2}$

③ $\dfrac{3}{s^3}$ ④ $\dfrac{3}{s^2}$

Answer

1 $\mathcal{L}[u(t)]=\int_0^\infty e^{-st}dt=\left[\dfrac{e^{-st}}{-s}\right]_0^\infty=\dfrac{1}{s}$

2 라플라스 변환 $f(t)=\mathcal{L}[f(t)]$

$=\int_o^\infty f(t)e^{-st}dt$

3 $\mathcal{L}[at^n]=\dfrac{an!}{s^{n+1}}$에서 $\mathcal{L}[3t^2]=\dfrac{3\times 2!}{s^{2+1}}=\dfrac{6}{s^3}$

답 1.① 2.② 3.①

4 그림과 같은 램프(Ramp) 함수의 라플라스 변환으로 옳은 것은?

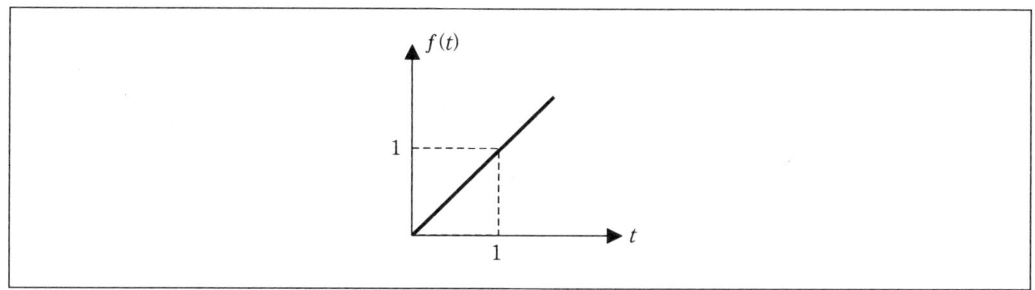

① $\frac{1}{s^2}$　　② $\frac{e^t}{s}$

③ $\frac{k}{s}$　　④ $\frac{1}{s}$

5 단위 램프 함수 $p(t) = tu(t)$의 라플라스 변환은?

① $\frac{1}{s^4}$　　② $\frac{1}{s^3}$

③ $\frac{1}{s}$　　④ $\frac{1}{s^2}$

Answer

4 $f(t) = tu(t)$

$\mathcal{L}[f(t)] = \mathcal{L}[tu(t)] = \int_0^\infty te^{-st}dt$

부분적분 $\int f'(t)g(t)dt = f(t)g(t) - \int f(t)g'(t)dt$ 에서

$(f'(t) = e^{-st},\ g(t) = 1,\ f(t) = -\frac{1}{s}e^{-st},\ g'(t) = 1)$을 대입한다.

$$\int_0^\infty te^{-st}dt = \left[t\left(-\frac{1}{s}e^{-st}\right)\right]_0^\infty - \int_0^\infty \left(-\frac{1}{s}e^{-st}\right)dt = \frac{1}{s^2}$$

5 $p(t) = tu(t) = \mathcal{L}[tu(t)] = \int_0^\infty te^{-st}dt \left[-\frac{1}{s}te^{-st}\right]_0^\infty - \frac{1}{s^2}\left[e^{-st}\right]_0^\infty = \frac{1}{s^2}$

답 – 4.① 5.④

6 다음 파형의 라플라스 변환은?

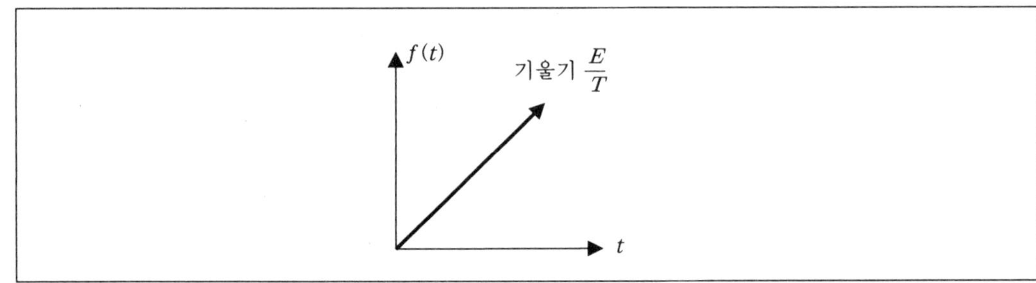

① $\frac{E}{Ts}$　　② $\frac{E}{s}$

③ $\frac{E}{Ts^2}$　　④ $\frac{E}{s^2}$

7 $f(t)=t^2$ 의 라플라스 변환은?

① $\frac{2}{s^4}$　　② $\frac{2}{s^3}$

③ $\frac{2}{s^2}$　　④ $\frac{2}{s}$

Answer

6 $f(t)=\frac{E}{T}tu(t)$

$$F(s)=\mathcal{L}[f(t)]=\mathcal{L}\left[\frac{E}{T}tu(t)\right]$$

$$=\frac{E}{T}\mathcal{L}[tu(t)]=\frac{E}{T}\cdot\frac{1}{s^2}=\frac{E}{Ts^2}$$

7 $$F(s)=\mathcal{L}[f(t)]=\mathcal{L}[(t^2)]=\int_b^\infty t^2e^{-st}dt=\left[-\frac{1}{s}t^2e^{-st}\right]_0^\infty-\int_0^\infty -\frac{1}{s}2te^{-st}dt$$

$$=\frac{2}{s}\int_0^\infty te^{-st}dt=\frac{2}{s}\cdot\frac{1}{s^2}=\frac{2}{s^3}$$

답 6.③ 7.②

8 $f(t) = At^2$의 라플라스 변환으로 옳은 것은?

① $\frac{2A}{s^3}$

② $\frac{A}{s^3}$

③ $\frac{2A}{s^2}$

④ $\frac{A}{s^2}$

9 주어진 시간함수 $f(t) = 3u(t) + 2e^{-t}$ 일 때 라플라스 변환 $F(s)$는?

① $\frac{5s+1}{(s+1)s^2}$

② $\frac{3s}{s^2+1}$

③ $\frac{5s+3}{s(s+1)}$

④ $\frac{s+3}{s(s+1)}$

10 기전력 $E_m \sin\omega t$ 의 라플라스 변환은?

① $\frac{\omega}{s^2-\omega^2}E_m$

② $\frac{s}{s^2-\omega^2}E_m$

③ $\frac{\omega}{s^2+\omega^2}E_m$

④ $\frac{2}{s^2+\omega^2}E_m$

Answer

8 $F(s) = \mathcal{L}[At^2] = A \cdot \frac{2}{s^3} = \frac{2A}{s^3}$

9 $F(s) = \mathcal{L}[f(t)] = \mathcal{L}[3u(t) + 2e^{-t}]$

$= \frac{3}{s} + \frac{2}{s+1} = \frac{5s+3}{s(s+1)}$

10 $E_m \sin\omega t = E_m \mathcal{L}[\sin\omega t] = \frac{\omega}{s^2+\omega^2} \cdot E_m$

답 8.① 9.③ 10.③

11 $f(t) = 1 - e^{-at}$ 의 라플라스 변환은? (단, a는 상수이다)

① $\dfrac{a}{s(s-a)}$　　② $\dfrac{a}{s(s+a)}$

③ $\dfrac{2s+a}{s(s+a)}$　　④ $u(s) - e^{-as}$

12 $10t^3$의 라플라스 변환은?

① $\dfrac{80}{s^4}$　　② $\dfrac{10}{s^4}$

③ $\dfrac{30}{s^4}$　　④ $\dfrac{60}{s^4}$

13 $e^{j\omega t}$ 의 라플라스 변환은?

① $\dfrac{\omega}{s^2+\omega^2}$　　② $\dfrac{1}{s^2+\omega^2}$

③ $\dfrac{1}{s+j\omega}$　　④ $\dfrac{1}{s-j\omega}$

11 $F(s) = \mathcal{L}[f(t)] = \mathcal{L}[1-e^{-at}] = \dfrac{1}{s} - \dfrac{1}{s+a} = \dfrac{a}{s(s+a)}$

12 $F(s) = \mathcal{L}[f(t)] = \mathcal{L}[10t^3] = \dfrac{10\times 3!}{s^{3+1}} = \dfrac{60}{s^4}$

13 $f(t) = e^{j\omega t}$

$$F(s) = \mathcal{L}[f(t)] = \mathcal{L}[e^{j\omega t}] = \int_0^\infty e^{j\omega t}e^{-st}dt$$

$$= \int_0^\infty e^{-(s-j\omega)t}dt$$

$$= \frac{1}{s-j\omega}e^{-(s-j\omega)t}\Big|_0^\infty$$

$$= \frac{1}{s-j\omega}$$

답 11.② 12.④ 13.④

14 $f(t)=\sin t+2\cos t$ 를 라플라스 변환하면?

① $\dfrac{2s}{(s+1)^2}$　② $\dfrac{2s+1}{s^2+1}$

③ $\dfrac{2s+1}{(s+1)^2}$　④ $\dfrac{2s}{s^2+1}$

15 $\cos t\ -\cos 2t$의 라플라스 변환은?

① $\dfrac{1}{(s^2-1)(s^2+4)}$　② $\dfrac{-3s}{(s^2-1)(s^2-4)}$

③ $\dfrac{3s}{(s^2+1)(s^2+4)}$　④ $\dfrac{3}{(s^2-1)(s^2-4)}$

16 $1-\cos\omega t$를 라플라스 변환한 것으로 옳은 것은?

① $\dfrac{\omega^2}{s(s^2-\omega^2)}$　② $\dfrac{s^2}{s(s^2-\omega^2)}$

③ $\dfrac{\omega^2}{s(s^2+\omega^2)}$　④ $\dfrac{s}{s^2+\omega^2}$

Answer

14 $F(s)=\mathcal{L}[f(t)]=\mathcal{L}[\sin t]+\mathcal{L}[2\cos t]=\dfrac{1}{s^2+1}+2\cdot\dfrac{2}{s^2+1}=\dfrac{2s+1}{s^2+1}$

15 $f(t)=\cos t-\cos 2t$

$\mathcal{L}[\cos t-\cos 2t]=\dfrac{s}{s^2+1}-\dfrac{s}{s^2+4}=\dfrac{3s}{(s^2+1)(s^2+4)}$

16 $f(t)=1-\cos\omega t$

$\mathcal{L}[1-\cos\omega t]=\dfrac{1}{s}-\dfrac{s}{s^2+\omega^2}=\dfrac{\omega^2}{s(s^2+\omega^2)}$

답 ― 14.② 15.③ 16.③

17 선형 시불변 회로망의 응답이 $h(t)=u(t)(e^{-t}+2e^{-2t})$일 때 이것을 라플라스 변환한 값은?

① $\dfrac{-s-4}{(s-1)(s-2)}$　　② $\dfrac{3s+2}{(s+1)(s+2)}$

③ $\dfrac{3s}{(s-1)(s-2)}$　　④ $\dfrac{3s+4}{s(s+1)(s+2)}$

18 $f(t)=\delta(t)-be^{-bt}$의 라플라스 변환은? [단, $\delta(t)$는 임펄스 함수이다]

① $\dfrac{s}{s+b}$　　② $\dfrac{1}{s(s+b)}$

③ $\dfrac{s(1-b)+5}{s(s+b)}$　　④ $\dfrac{b}{s+b}$

19 $\mathcal{L}[f(t-L)u(t-L)]$의 값은? (단, L은 지연시간이고, $\mathcal{L}[f(t)]=F(s)$이다)

① $e^{-Ls}F(s-a)$　　② $e^{-Ls}F(s)$

③ $e^{Ls}F(s-a)$　　④ $e^{Ls}F(s)$

Answer

17 $F(s)=\mathcal{L}[h(t)]=\dfrac{1}{s}(e^{-t}+2e^{-2t})=\dfrac{1}{s}\left(\dfrac{1}{s+1}+\dfrac{2}{s+2}\right)$

$=\dfrac{1}{s}\dfrac{s+2+2s+2}{(s+1)(s+2)}=\dfrac{1}{s}\dfrac{3s+4}{(s+1)(s+2)}$

18 $F(s)=\mathcal{L}[f(t)]=\mathcal{L}[\delta(t)-be^{-bt}]=1-b\dfrac{1}{s+b}=\dfrac{s}{s+b}$

19 $\mathcal{L}[f(t-L)u(t-L)]=\displaystyle\int_0^\infty f(t-L)u(t-L)e^{-st}dt=\int_L^\infty f(t-L)e^{-Ls}dt$

$(t-L)$을 $t=x-L$, $d\pi=dt$ 이므로

$\mathcal{L}[f(t-L]u(t-L)]=\displaystyle\int_0^\infty f(n)e^{-S(x+L)}$

$=e^{-Ls}\displaystyle\int_0^\infty f(x)e^{-Ls}d\pi$

$=e^{-Ls}F(s)$

답 17.④ 18.① 19.②

20 cosωt 의 라플라스 변환은?

① $\dfrac{\omega}{s^2+\omega^2}$ ② $\dfrac{\omega}{s^2-\omega^2}$

③ $\dfrac{s}{s^2+\omega^2}$ ④ $\dfrac{s}{s^2-\omega^2}$

21 $f(t)=\sin\omega t$ 로 주어졌을 때 $\mathcal{L}[e^{-at}\sin\omega t]$ 를 구하면?

① $\dfrac{s^2+\omega^2}{(s^2-\omega^2)^2}$ ② $\dfrac{s^2-\omega^2}{(s^2+\omega^2)^2}$

③ $\dfrac{s+a}{(s+a)^2+\omega^2}$ ④ $\dfrac{\omega}{(s+a)^2+\omega^2}$

Answer

20 $f(t)=\cos\omega t$ 에 대한 라플라스 변환은 $\mathcal{L}[f(t)]=\mathcal{L}[\cos\omega t]=\int_0^\infty \cos\omega t\, e^{-st}dt$ 이며, $\cos\omega t$ 의 지수형을 적용한다.

$\cos\omega t=\dfrac{e^{j\omega t}+e^{-j\omega t}}{2}$

$$\mathcal{L}[\cos\omega t]=\int_0^\infty \cos\omega t e^{-st}dt=\frac{1}{2}\int_0^\infty (e^{j\omega t}+e^{-j\omega t})e^{-st}dt=\frac{1}{2}\int_0^\infty (e^{-(s-j\omega)t}+e^{-(s+j\omega)t})dt$$

$$=\frac{1}{2}\left(\frac{1}{s-j\omega}+\frac{1}{s+j\omega}\right)=\frac{1}{2}\frac{s+j\omega+s-j\omega}{(s-j\omega)(s+j\omega)}=\frac{1}{2}\frac{2s}{(s-j\omega)(s+j\omega)}=\frac{s}{s^2+\omega^2}$$

21 $\mathcal{L}[e^{-at}f(t)]=f(s+a)$

$\mathcal{L}[\sin\omega t]=\dfrac{\omega}{s^2+\omega^2}$

$\mathcal{L}[e^{-at}\sin\omega t]=\dfrac{\omega}{(s+a)^2+\omega^2}$

답 ― 20.③ 21.④

22 $\mathcal{L}\left[\frac{d}{dt}\cos\omega t\right]$의 값은?

① $\frac{-\omega^2}{s^2+\omega^2}$　　② $\frac{\omega^2}{s^2+\omega^2}$

③ $\frac{-s^2}{s^2+\omega^2}$　　④ $\frac{s^2}{s^2+\omega^2}$

23 감쇠 지수 함수 $Ae^{-at}\sin\omega t$의 라플라스 변환은?

① $\frac{As}{(s+a)^2+\omega^2}$　　② $\frac{A\omega}{s^2+\omega^2}$

③ $\frac{A\omega}{(s+a)^2+\omega^2}$　　④ $\frac{A\omega}{(s-a)^2+\omega^2}$

24 $\mathcal{L}[\sin t]=\frac{1}{s^2+1}$을 이용하여 ㉠, ㉡을 구한 것으로 바르게 짝지어진 것은?

㉠ $\mathcal{L}[\cos\omega t]$	㉡ $\mathcal{L}[\sin at]$

① ㉠ $\frac{1}{s+a}$ ㉡ $\frac{1}{s-w}$　　② ㉠ $\frac{s}{s^2+\omega^2}$ ㉡ $\frac{a}{s^2+a^2}$

③ ㉠ $\frac{1}{s+a}$ ㉡ $\frac{s}{s+\omega}$　　④ ㉠ $\frac{1}{s^2-a^2}$ ㉡ $\frac{1}{s^2-w^2}$

Answer

22 $\mathcal{L}\left[\frac{d}{dt}coswt\right]=\mathcal{L}[-w\cdot siwwt]=-w\cdot\frac{w}{s^2+w^2}=-\frac{w^2}{s^2+w^2}$

23 $\mathcal{L}[e^{-at}f(t)]=F(s+a)$

$\mathcal{L}[Ae^{-at}\sin\omega t]=\frac{A\omega}{(s+a)^2+\omega^2}$

24 ㉠ $\mathcal{L}[\cos\omega t]=\frac{s}{s^2+\omega^2}$　㉡ $\mathcal{L}[\sin at]=\frac{a}{s^2+a^2}$

답 22.① 23.③ 24.②

25 감쇠 여현파 함수 $e^{-at}\cos\omega t$ 의 라플라스 변환으로 옳은 것은?

① $\dfrac{\omega}{s^2+\omega^2}$
② $\dfrac{s+a}{(s+a)^2+\omega^2}$
③ $\dfrac{\omega}{(s+a)^2+\omega^2}$
④ $\dfrac{s+a}{(s+a)+\omega}$

26 $f(t)=\cos^2 t$ 인 함수의 라플라스 변환은?

① $\dfrac{1}{2s}+\dfrac{s}{2(s^2+4)}$
② $e^{-2t}\cos t$
③ $\dfrac{1}{s^2}+\dfrac{4}{s}$
④ $\dfrac{2}{2(s^2+4)}-\dfrac{1}{2s}$

27 $f(t)=\sin(\omega t+\theta)$의 라플라스 변환으로 옳은 것은?

① $\dfrac{\omega\cos\theta+s\sin\theta}{s^2+\omega^2}$
② $\dfrac{\cos\theta+\sin\theta}{s^2+\omega^2}$
③ $\dfrac{\omega\cos\theta}{s^2+\omega^2}$
④ $\dfrac{\omega\sin\theta}{s^2+\omega^2}$

Answer

25 $F(s)=\mathcal{L}[e^{-at}\cos\omega t]=\int_0^\infty e^{-at}\cos\omega t\cdot e^{-st}dt=\int_0^\infty \cos\omega t e^{-(s+a)t}dt=\dfrac{s+a}{(s+a)^2+\omega^2}$

26 반각의 정리에 의해 $\cos^2 t=\dfrac{1+\cos 2t}{2}$

$\mathcal{L}[\cos^2 t]=\mathcal{L}\left[\dfrac{1+\cos 2t}{2}\right]=\dfrac{1}{2}[\mathcal{L}(1)+\mathcal{L}(\cos 2t)]=\dfrac{1}{2}\left(\dfrac{1}{s}+\dfrac{s}{s^2+4}\right)$

27 $f(t)=\sin(\omega t+\theta)=\sin\omega t\cdot\cos\theta+\cos\omega t\cdot\sin\theta$

$\mathcal{L}[\sin(\omega t+\theta)]=\cos\theta\mathcal{L}[\sin\omega t]+\sin\theta\mathcal{L}[\cos\omega t]$

$=\cos\theta\cdot\dfrac{\omega}{s^2+\omega^2}+\sin\theta\cdot\dfrac{s}{s^2+\omega^2}$

$=\dfrac{\omega\cos\theta+s\sin\theta}{s^2+\omega^2}$

답 25.② 26.① 27.①

28 함수 $f(t)=te^{at}$ 의 라플라스 변환으로 옳은 것은?

① $F(s)=\dfrac{1}{s(s-a)^2}$　　② $F(s)=\dfrac{1}{s(s-a)}$

③ $F(s)=\dfrac{1}{s-a}$　　④ $F(s)=\dfrac{1}{(s-a)^2}$

29 $f(t)=t^2e^{at}$ 를 라플라스 변환한 것은?

① $\dfrac{2}{(s+a)^3}$　　② $\dfrac{2}{(s+a)^2}$

③ $\dfrac{2}{(s-a)^3}$　　④ $\dfrac{2}{(s-a)^2}$

30 $f(t)=te^{-at}$ 를 라플라스 변환한 $F(s)$의 값으로 옳은 것은?

① $\dfrac{1}{s+a}$　　② $\dfrac{1}{(s+a)^2}$

③ $\dfrac{1}{s(s+a)}$　　④ $\dfrac{2}{(s+a)^2}$

Answer

28 $\mathcal{L}(t)=\dfrac{1}{s^2}$, $\mathcal{L}[e^{at}f(t)]=F(s-a)$

$\mathcal{L}[te^{at}]=\dfrac{1}{(s-a)^2}$

29 $\mathcal{L}[t^2]=\dfrac{2}{s^3}$

$\mathcal{L}[e^{at}f(t)]=F(s-a)$

$\mathcal{L}[f(t^2e^{at})]=\dfrac{2}{(s-a)^3}$

30 $\mathcal{L}[t]=\dfrac{2}{s^2}$

$\mathcal{L}[f(t)e^{-at}]=F(s+a)$

$\mathcal{L}[te^{-at}]=\dfrac{1}{(s+a)^2}$

답 28.④ 29.③ 30.②

31 다음 중 옳지 않은 것은?

① $\mathcal{L}\left[f\left(\frac{t}{a}\right)\right]=aF(as)\ \ (a>0)$

② $\mathcal{L}\left[e^{-at}f(t)\right]=F(s+a)$

③ $\mathcal{L}\left[f(t-a)\right]=eF(s)$

④ $\mathcal{L}\left[af_1(t)+bf_2(t)\right]=aF_1(s)+bF_2(s)$

32 $f=t\cos\omega t$를 라플라스 변환한 것은?

① $\frac{2\omega s}{(s^2-\omega^2)^2}$

② $\frac{s^2-\omega^2}{(s^2+\omega^2)^2}$

③ $\frac{s^2+\omega^2}{(s^2+\omega^2)^2}$

④ $\frac{2\omega s}{(s^2+\omega^2)^2}$

33 $f=t\sin\omega t$ 의 라플라스 변환으로 옳은 것은?

① $\frac{2\omega s}{(s^2+\omega^2)^2}$

② $\frac{w^2}{(s^2+\omega^2)^2}$

③ $\frac{\omega s}{(s^2+\omega^2)^2}$

④ $\frac{\omega}{(s^2+\omega^2)^2}$

Answer

31 ③ $\mathcal{L}[f(t-a)]=e^{-as}F(s)$

32

$$\mathcal{L}[t\cos\omega t]=(-1)\frac{d}{ds}[\mathcal{L}(\cos\omega t)]=-\frac{d}{ds}\cdot\frac{s}{s^2+\omega^2}$$

$$=-\frac{s^2+\omega^2}{(s^2+\omega^2)^2}+\frac{2s^2}{(s^2+\omega^2)^2}=\frac{s^2-\omega^2}{(s^2+\omega^2)^2}$$

33

$$F(s)=(-1)\frac{d}{ds}[\mathcal{L}(\sin\omega t)]=(-1)\frac{d}{ds}\cdot\frac{\omega}{s^2+\omega^2}=\frac{2\omega s}{(s^2+\omega^2)^2}$$

답 — 31.③ 32.② 33.①

34 $f(t) = \mathcal{L}\left[e^{-4t}\cos(10t - 30°)u(t)\right]$의 값으로 옳은 것은?

① $\dfrac{0.866s + 5}{s^2 + 100}$

② $\dfrac{0.866(s+4) + 5}{(s+4)^2 + 100}$

③ $\dfrac{0.866s + 5}{(s+4)^2 + 100}$

④ $\dfrac{0.866s + 10}{(s+4)^2 + 100}$

35 다음을 라플라스 변환한 것은?

$$f(t) = \sin(\omega t + \theta)$$

① $\dfrac{\omega\cos\theta + s\sin\theta}{s^2 + \omega^2}$

② $\dfrac{\cos\theta + \sin\theta}{s^2 + \omega^2}$

③ $\dfrac{\omega\cos\theta}{s^2 + \omega^2}$

④ $\dfrac{\omega\sin\theta}{s^2 + \omega^2}$

36 $f(t) = 1$을 바르게 라플라스 변환한 것은?

① $\dfrac{1}{s^2}$

② s

③ $\dfrac{1}{s}$

④ 1

Answer

34 시간추이정리에 의하여

$$\mathcal{L}\left[e^{-4t}\cos(10t - 30°)u(t)\right] = \mathcal{L}\left[\cos(10t - 30°)u(t)\right]_{s=s+4}$$

$$= \frac{0.866s + 5}{s^2 + 100}\Bigg|_{s=s+4} = \frac{0.866(s+4)+5}{(s+4)^2 + 100}$$

35 $f(t) = \sin(\omega t + \theta) = \sin\omega t \cdot \cos\theta + \cos\omega t \cdot \sin\theta$

$$\mathcal{L}[\sin(\omega t + \theta)] = \cos\theta\,\mathcal{L}[\sin\omega t] + \sin\theta\,\mathcal{L}[\cos\omega t]$$

$$= \cos\theta \cdot \frac{\omega}{s^2 + \omega^2} + \sin\theta \cdot \frac{s}{s^2 + \omega^2} = \frac{\omega\cos\theta + s\sin\theta}{s^2 + \omega^2}$$

36 $F(s) = \mathcal{L}[1] = \displaystyle\int_0^\infty e^{-st}dt = \left[-\frac{1}{s}e^{-st}\right]_0^\infty = \frac{1}{s}$

답 34.② 35.① 36.③

37 $\dfrac{d}{dt}f(t)$의 라플라스 변환은? (단, $\mathcal{L}[f(t)] = F(s)$)

① $sF(s)+f(0)$　　② $sF(s)-f(0)$
③ $sF(s)$　　④ $F(s)$

38 다음 식을 라플라스 변환하여 전류를 구한 것으로 옳은 것은? (단, $t=0$에서 $i(0)=0$, $\int_{\infty}^{0} i(t)=0$이다)

$$50u(t) = \frac{di}{dt}(t) + 4i(t) + 4\int i(t)dt$$

① $-50e^{-2t}$　　② $-50e^{2t}$
③ $50te^{-2t}$　　④ $50te^{2t}$

Answer

37 $\mathcal{L}\left[\dfrac{d}{dt}f(t)\right] = \int_0^\infty f'(t)e^{-st}dt$ 이므로

$\int f(t)g'(t)dt = f(t)g(t) - \int f'(t)g(t)dt$ 를 이용하여 계산하면

$$\mathcal{L}[f'(t)] = \int_0^\infty f'(t)e^{-st}dt$$
$$= [e^{-st}f(t)]_0^\infty - \int_0^\infty (-se^{-st})ft\,dt$$
$$= -f(0) + s\int_0^\infty f(t)e^{-st}dt$$
$$= -f(0) + sF(s)$$

38 $sI(s) + 4I(s) + 4\dfrac{I(s)}{s} = \dfrac{50}{s}$

$sI(s) + 4I(s) + \dfrac{4I(s)}{s} = \dfrac{50}{s}$

$I(s) = \dfrac{50}{s^2+4s+4} = \dfrac{50}{(s+2)^2}$

$\therefore\ i(t) = 50te^{-2t}$

답 ─ 37.② 38.③

39 $5\dfrac{d^2q}{dt^2}+\dfrac{dq}{dt}=10\sin t$ 의 라플라스 변환으로 옳은 것은? (단, 모든 초기조건을 0으로 한다)

① $\dfrac{10}{(s^2+5)(s^2+1)}$　② $\dfrac{10}{2(s^2+1)}$

③ $\dfrac{10}{(5s^2+s)(s^2+1)}$　④ $\dfrac{10}{5(s+1)(s+1)}$

40 다음 미분방정식의 $Q(s)$를 바르게 나타낸 것은? [단, $q(0)=0$, $q'(0)=-1$]

$$\frac{d^2q}{dt^2}+\frac{dq}{dt}=t^2+2t$$

① $Q(s)=\dfrac{s^3+2s+2}{s^2(s-1)}$　② $Q(s)=\dfrac{s^3+2s+2}{s^3(s^2+s)}$

③ $Q(s)=\dfrac{s^3+2s+2}{s^3(s-1)^2}$　④ $Q(s)=\dfrac{s^3+2s+2}{s^3(s+1)^2}$

Answer

39 모든 초기조건이 0이므로 라플라스 변환을 하면

$$\{5s^2Q(s)-sq(0)-q'(0)\}+sQ(s)=\frac{10}{s^2+1}$$

$$Q(s)(5s^2+s)=\frac{10}{s^2+1}$$

$$\therefore\ Q(s)=\left(\frac{1}{5s^2+s}\right)\left(\frac{10}{s^2+1}\right)$$

40 $[s^2Q(s)-sq(0)-q'(0)]+[sQ(s)-q(0)]=\dfrac{2}{s^3}+\dfrac{2}{s^2}$

$$Q(s)(s^2+s)=\frac{2}{s^3}+\frac{2}{s^2}+1$$

$$\therefore\ Q(s)=\frac{s^3+2s+2}{s^3(s^2+s)}$$

답 39.③ 40.②

41 다음과 같은 파형의 라플라스 변환으로 옳은 것은?

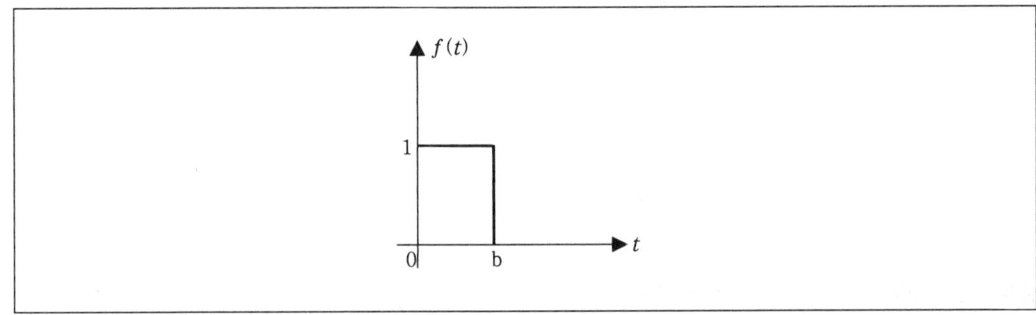

① $\frac{1}{s}(1+e^{-bs})$
② $\frac{1}{s}(1-e^{-bs})$
③ $\frac{1}{b}\left(\frac{1+e^{-bs}}{s}\right)$
④ $\frac{1}{b}\left(\frac{1-e^{-bs}}{s}\right)$

42 다음과 같이 표시되는 파형을 함수로 바르게 나타낸 것은?

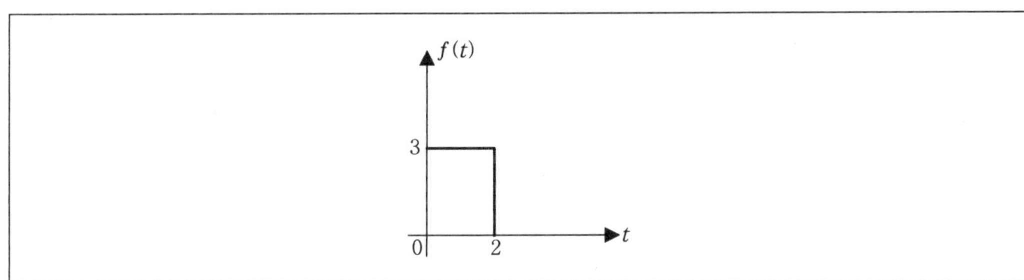

① $3u(t+2)-3u(t)$
② $3u(t)+3u(t-2)$
③ $3u(t)-3u(t-2)$
④ $3-u(t)-u(t-2)$

Answer

41 $f(t)=u(t)-u(t-b)$

$\mathcal{L}[f(t)]=\mathcal{L}[u(t)]-\mathcal{L}[u(t-b)]=\frac{1}{s}-\frac{1}{s}e^{-bs}=\frac{1}{s}(1-e^{-bs})$

42 $f(t)=u(t)-u(t-x)\to f(t)=3u(t)-3u(t-2)$

답 41.② 42.③

43 $\int_0^t f(t)dt$ 를 라플라스 변환한 것은?

① $\frac{1}{s^2}F(s)$ ② $\frac{1}{s}F(s)$

③ $sF(s)$ ④ $s^2F(s)$

44 다음 함수 $f(t)$의 라플라스 변환은?

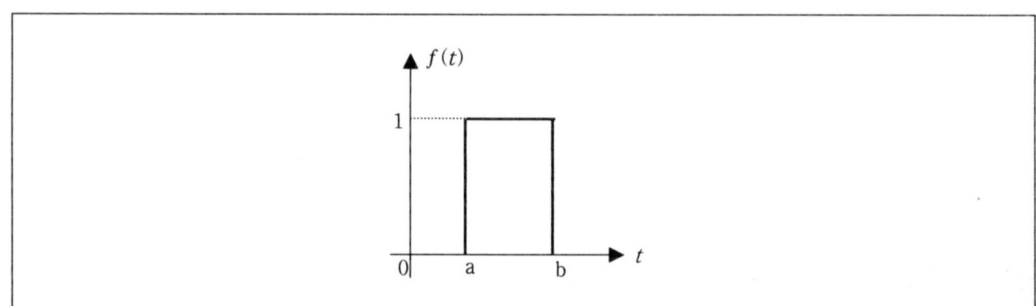

① $\frac{1}{s}(e^{bs}-e^{as})$ ② $\frac{1}{s}(e^{-as}-e^{-bs})$

③ $s(e^{bs}-e^{as})$ ④ $s(e^{-as}-e^{-bs})$

Answer

43 실적분의 정리에 의하여

$\int_0^t f(t)dt = \mathcal{L}[f(t)dt] = \frac{1}{s}F(s)$

44 $f(t)=u(t-a)-u(t-b)$

시간추이정리

$\mathcal{L}[f(t-a)]=e^{-as}f(s)$이다.

$\mathcal{L}[u(t)]=\frac{1}{s}$이다.

$\mathcal{L}[u(t-a)]=e^{-as}\cdot\frac{1}{s}$이다.

$\therefore \mathcal{L}[u(t-a)-u(t-b)]=\frac{1}{s}(e^{-as}-e^{-bs})$

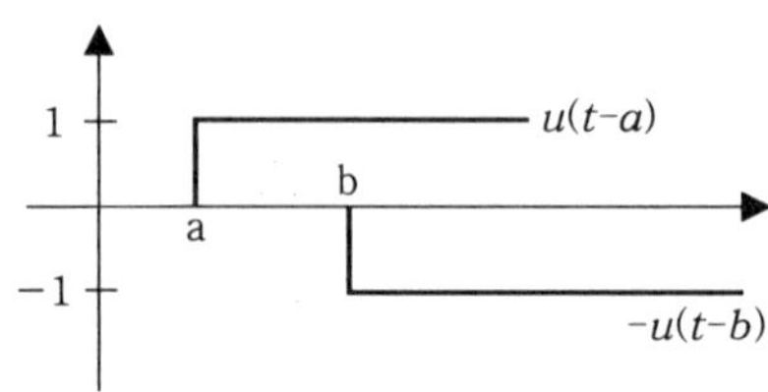

답– 43.② 44.②

45 다음과 같은 파형의 라플라스 변환으로 옳은 것은?

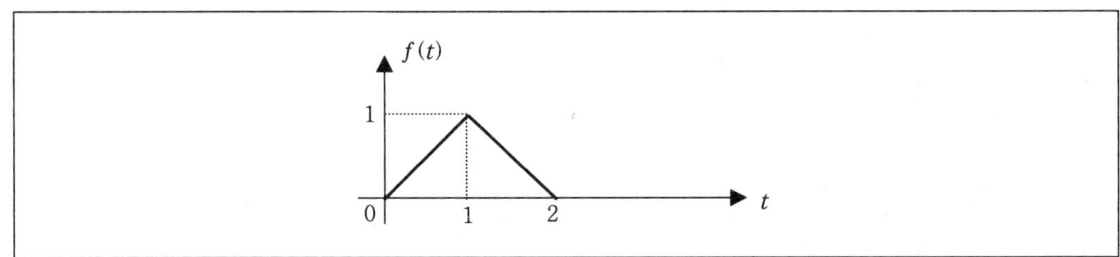

① $\frac{1}{s^2}(1-2e^{-s}+e^{-2s})$ ② $1-2e^{-s}+e^{-2s}$

③ $s(1-2e^{-s}+e^{-2s})$ ④ $\frac{1}{s}(1-2e^{-s}+e^{-2s})$

46 $\mathcal{L}^{-1}\left[\frac{1}{s^2+2s+5}\right]$의 결과로 옳은 것은?

① $e^{-t}\sin t$ ② $\frac{1}{2}e^{-t}\sin 2t$

③ $\frac{1}{2}e^{-t}\sin t$ ④ $e^{-t}\sin 2t$

Answer

45 $0 \le t \le 1$에서 $f_1(t)=t$이고, $1 \le t \le 2$에서 $f_2(t)=2-t$이므로

$$\mathcal{L}[f(t)]=\int_0^1 te^{-st}dt+\int_1^2(2-t)e^{-st}dt$$

$$=\left[t\frac{e^{-st}}{-s}\right]_0^1+\frac{1}{s}\int_0^1 e^{-st}dt+\left[(2-t)\frac{e^{-st}}{-s}\right]_1^2-\frac{1}{s}\int_1^2 e^{-st}dt$$

$$=\frac{1}{s^2}(1-2e^{-s}+e^{-2s})$$

46 $F(s)=\frac{1}{s^2+2s+5}+\frac{1}{(s+1)^2+4}=\frac{1}{2}\times\frac{2}{(s+1)^2+2^2}$이므로

$$\mathcal{L}^{-1}[F(s)]=\frac{1}{2}e^{-t}\sin 2t$$

답 45.① 46.②

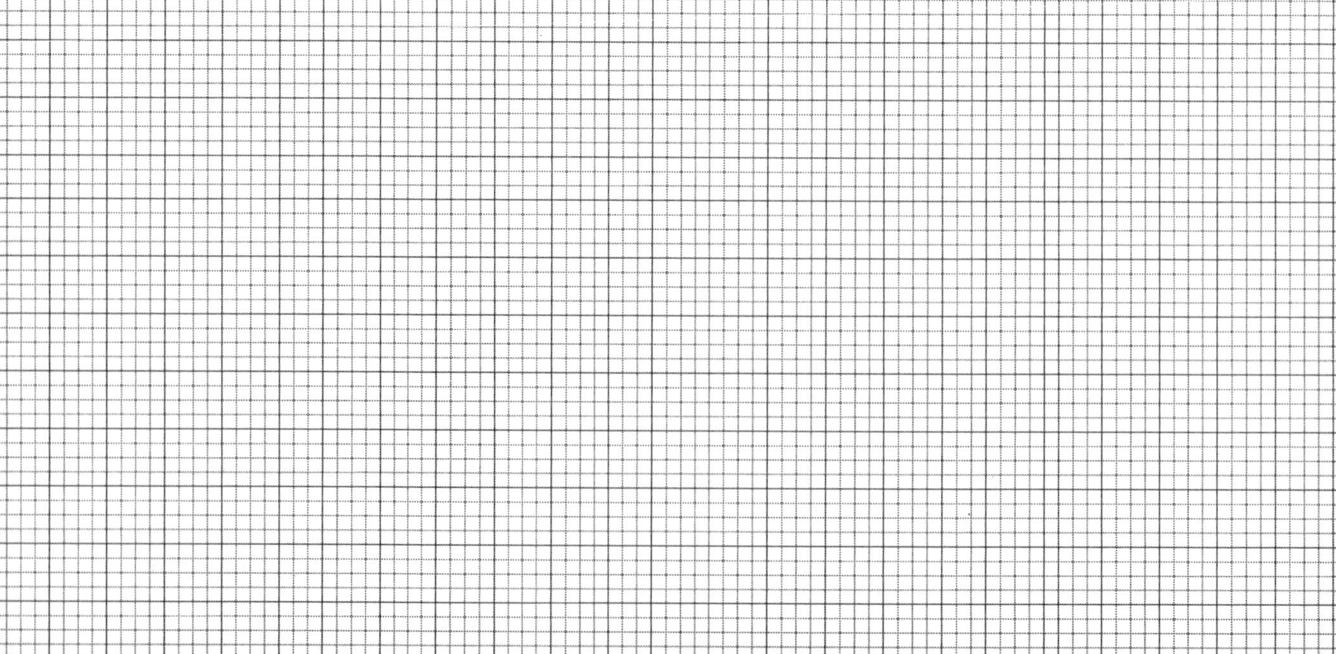

실력평가모의고사

제1회 실력평가모의고사

정답 및 해설 P.304

1 자체 인덕턴스가 4.5[H]의 코일에 2[A]의 전류를 흘리면 얼마만큼 에너지가 축적되는가?

① 9[J]　② 10[J]
③ 15[J]　④ 20[J]

2 변압기의 2차측에 흐르는 전류는 얼마인가? (단, I_1 = 1차 전류, I_2 = 2차 전류, N_1 = 1차측 코일의 권수, N_2 = 2차측 코일의 권수)

① $I_2 = \frac{N_1}{N_2} I_2$　② $I_2 = \frac{N_2}{N_1} I_1$
③ $I_2 = \frac{N_1}{N_2} I_1$　④ $I_2 = \frac{N_1}{N_2 I_1}$

3 길이 0.5[m]의 쇠막대가 자속밀도 1[Wb/m^2]인 자기장과 직각방향으로 25[m/s]로 이동할 때 발생되는 유기 기전력은?

① 1.25[V]　② 50[V]
③ 12.5[V]　④ 125[V]

4 쇠막대에 자기장을 가할 때 자기장의 방향으로 늘어나거나 줄어드는 것을 무엇이라 하는가?

① 빌라리 효과　② 자기줄 효과
③ 압전기 효과　④ 톰슨 효과

5 반지름이 3[cm]이고, 권수 2회인 원형 코일에 1[A]의 전류가 흐르고 있다. 코일의 중심에서 축위 4[cm]인 점의 자장의 세기는 얼마인가?

① 72[AT/m]
② 27[AT/m]
③ 7.2[AT/m]
④ 2.7[AT/m]

6 5[AT/m]의 자기장 속에 3×10^{-5}[Wb]의 자극을 놓았을 때 작용하는 힘의 크기는?

① 1.5×10^{-4}[N]
② 1.5×10^{4}[N]
③ 1.5×10^{-5}[N]
④ 5×10^{5}[N]

7 다음 중 전기력선의 성질에 대한 설명으로 옳지 않은 것은?

① 진공 중에서 전기력선은 단위전하당 $\frac{1}{\epsilon_0}$[개]가 출입한다.
② 전기력선은 도체내부에 존재한다.
③ 전기력선은 전하가 없으면 연속적이다.
④ 전기력선은 도체표면에 수직이다.

8 플레밍의 왼손 법칙에서 엄지손가락이 가리키는 방향은?

① 자기장
② 힘
③ 전류
④ 기전력

9 다음 회로에서 전류 I[A]의 값은?

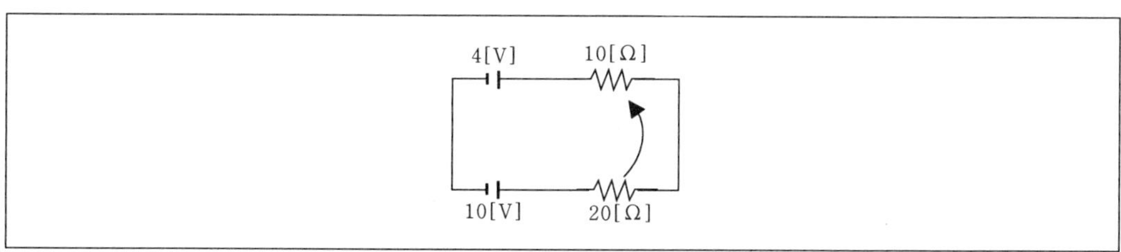

① 0.2[A]
② 0.5[A]
③ 0.1[A]
④ 0.4[A]

10 120[Ω] 저항 3개의 조합으로 얻어지는 가장 작은 합성저항은?

① 10[Ω] ② 80[Ω]
③ 120[Ω] ④ 40[Ω]

11 최대값 10[A]인 교류전류의 평균값은 얼마인가?

① 12[A] ② 6.37[A]
③ 3.77 [A] ④ 3.14[A]

12 최대값이 A 인 정현파의 전파전류의 실효값은 얼마인가?

① 0.5[A] ② 0.67[A]
③ 0.707[A] ④ 0.87[A]

13 우리나라 전등의 전압은 100[V]이다. 전압이 0[V]로부터 $t=\frac{1}{360}$[sec]일 때의 순시값은 얼마인가?

① 86.6[V] ② 100[V]
③ $100\sqrt{2}$ [V] ④ 122[V]

14 다음과 같은 회로에 10[A]의 전류가 흐르게 하려면 a, b 양단에 인가해야 할 전압은 몇 [V] 인가?

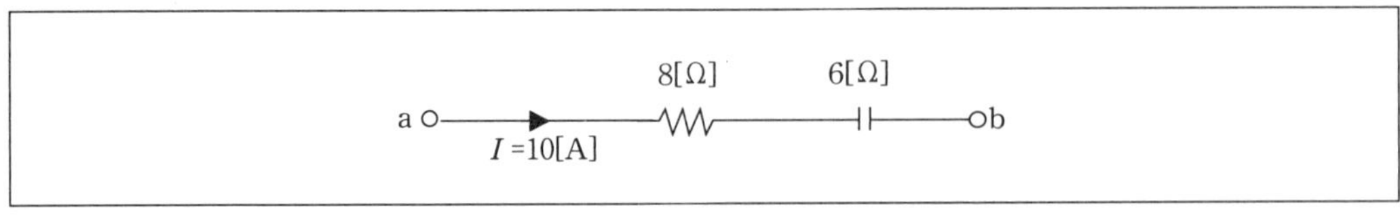

① 60 ② 80
③ 100 ④ 120

15 다음 중 역률이 가장 좋은 부하는?

① 전동기
② 형광등
③ 선풍기
④ 백열전구

16 대칭 3상전압을 공급한 3상 유도 전동기에서 각 계기의 지시가 다음과 같을 때 유도 전동기의 역률은? (단, $W_1 = 2.36$[kW], $W_2 = 5.95$[kW], $V = 200$[V], $A = 30$[A])

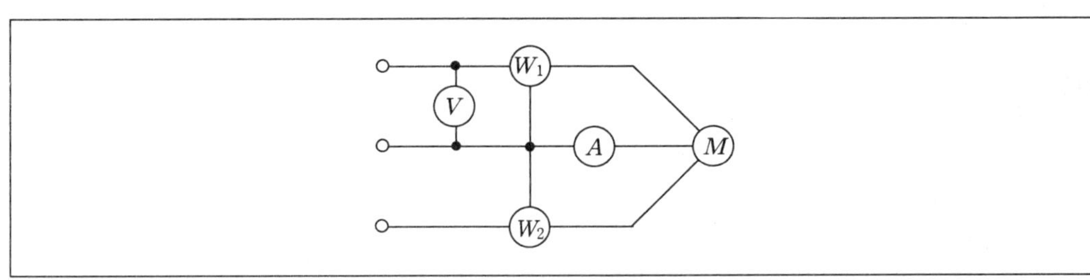

① 0.6
② 0.8
③ 0.65
④ 0.86

17 다상 교류회로에 대한 설명 중 옳지 않은 것은? (단, n : 상수)

① 평형 3상교류에서 Δ 결선의 상전류는 선전류의 $\frac{1}{\sqrt{3}}$과 같다.

② n상 전력 $P = \frac{1}{2\sin\frac{\pi}{n}} V_l I_l \cos\theta$이다.

③ 성형 결선에서 선간전압과 상전압과의 위상차는 $\frac{\pi}{2}\left(1 - \frac{2}{n}\right)$[rad]이다.

④ 비대칭 다상교류가 만드는 회전자계는 타원 회전자계이다.

18 다음과 같은 4단자망에서 존재하지 않는 파라미터는?

(회로: 단자 1–Z–단자 2, 단자 1′–단자 2′)

① Z 행렬
② Y 행렬
③ F 행렬
④ H 행렬

19 $\int_{-\infty}^{\infty} e^{\cos t}\delta(t-\pi)dt$의 값은?

① 0.368
② 0.732
③ 0.632
④ 1

20 $t\sin\omega t$ 의 라플라스 변환은?

① $\dfrac{2\omega s}{(s^2+\omega^2)^2}$
② $\dfrac{\omega^2}{(s^2+\omega^2)^2}$
③ $\dfrac{\omega s}{(s^2+\omega^2)^2}$
④ $\dfrac{\omega}{(s^2+w^2)^2}$

제2회 실력평가모의고사

정답 및 해설 P.343

1 다음과 같은 회로에서 콘덴서의 합성 정전용량의 값은?

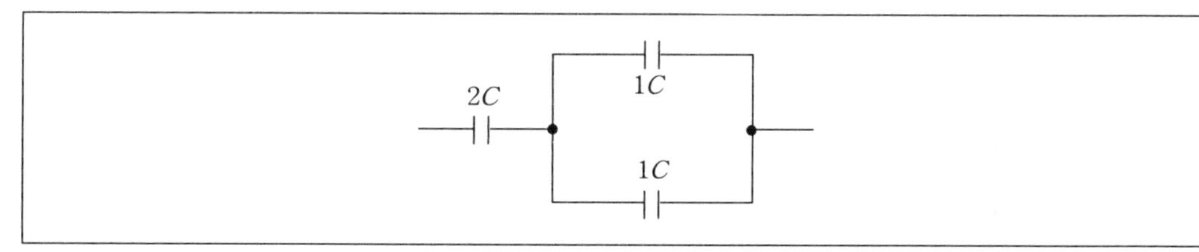

① $1C[\mu F]$ ② $2C[\mu F]$

③ $3C[\mu F]$ ④ $4C[\mu F]$

2 자체 인덕턴스 L_1, L_2, 상호 인덕턴스 M의 코일을 반대방향으로 직렬연결하면 합성 인덕턴스는?

① $L_1 + L_2 + M$ ② $L_1 + L_2 - M$

③ $L_1 + L_2 + 2M$ ④ $L_1 + L_2 - 2M$

3 힘이 최대로 작용할 수 있는 전류의 방향과 자기장 방향의 각도는?

① 30° ② 45°

③ 60° ④ 90°

4 길이 l [m], 단면적 A [m^2], 비투자율 μ_R인 자기회로의 자기저항[AT/Wb]를 구하는 공식은?

① $\dfrac{l}{\mu_0\,\mu_R\,A}$ ② $\dfrac{A}{\mu_0\,\mu_R\,l}$

③ $\dfrac{\mu_0\,\mu_R\,l}{A}$ ④ $\dfrac{\mu_0\,\mu_R\,A}{l}$

5 다음 중 누설자속을 이용한 전기기기는?

① 용접기용 변압기 ② 발전기
③ 승압용 변압기 ④ 전동기

6 쿨롱의 법칙을 옳게 나타낸 식은? (단, F : 힘[N], K : 상수, $m_1 \cdot m_2$: 자극의 세기 [Wb], r : 점자극 사이의 거리 [m])

① $F = r^2 \dfrac{m_1 m_2}{K}$ ② $F = K \dfrac{r^2}{m_1 m_2}$
③ $F = K \dfrac{m_1 m_2}{r^2}$ ④ $F = r \dfrac{K^2}{m_1 m_2}$

7 다음 중 1[Newton]을 바르게 나타낸 것은?

① 10^7[dyne] ② 980[dyne]
③ 10^5[dyne] ④ 10^4[dyne]

8 기전력 1.5[V]의 전지의 두 극을 전선으로 연결하였더니 0.5[A]의 전류가 흘렀으며, 두 극의 전위차가 1[V]이었다. 이때 전지의 내부저항은 몇 [Ω]인가?

① 0.5 ② 1
③ 2 ④ 2.5

9 다음과 같은 회로에서 전 전류 I는 몇 [A]인가?

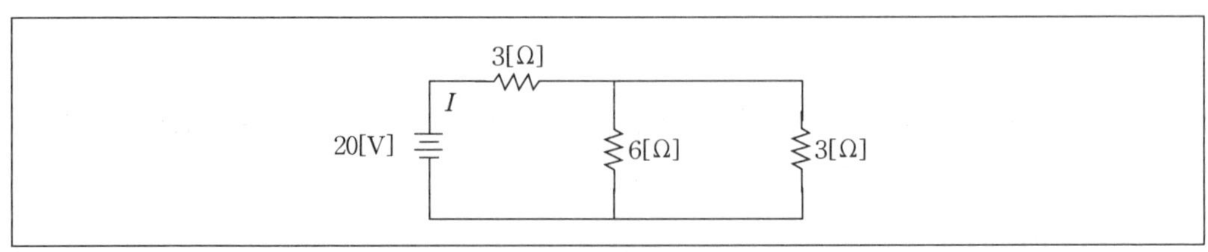

① 2 ② 3
③ 4 ④ 5

10 옴의 법칙을 나타낸 식 중 옳지 않은 것은?

① $E = IR$　　② $I = \frac{E}{R}$

③ $R = \frac{I}{E}$　　④ $R = \frac{E}{I}$

11 π[rad]을 바르게 표현한 것은?

① 0[°]　　② 90[°]

③ 180[°]　　④ 270[°]

12 다음의 교류전압과 전류의 위상차는 어떻게 되는가?

$$V = \sqrt{2}\,sin\left(\omega t + \frac{\pi}{4}\right)[V],\ i = \sqrt{2}\,I\sin\left(\omega t + \frac{\pi}{2}\right)[A]$$

① $\frac{\pi}{2}$[rad]　　② $\frac{\pi}{4}$[rad]

③ $\frac{\pi}{3}$[rad]　　④ $\frac{2\pi}{3}$[rad]

13 1[μF]인 콘덴서의 60[Hz] 전원에 대한 용량 리액턴스[Ω]의 값은?

① 2,453[Ω]　　② 2,563[Ω]

③ 2,653[Ω]　　④ 2,753[Ω]

14 RLC 직렬회로에서 공진시의 전류는 공급전압에 대하여 어떤 위상차를 갖는가?

① −90[°]　　② 0[°]

③ 90[°]　　④ 180[°]

15 전력계의 지시가 100[W]인 3상 전력계의 전력 [W]은?

① $100\sqrt{3}$　　② 200
③ $200\sqrt{3}$　　④ 300

16 선간전압 V [V]의 3상 평형 전원에 대칭 3상 저항부하 R [Ω]이 다음과 같이 접속되었을 때 a, b 두 상간에 접속된 전력계의 지시값이 W [W]라 하면 c상의 전류 [A]는?

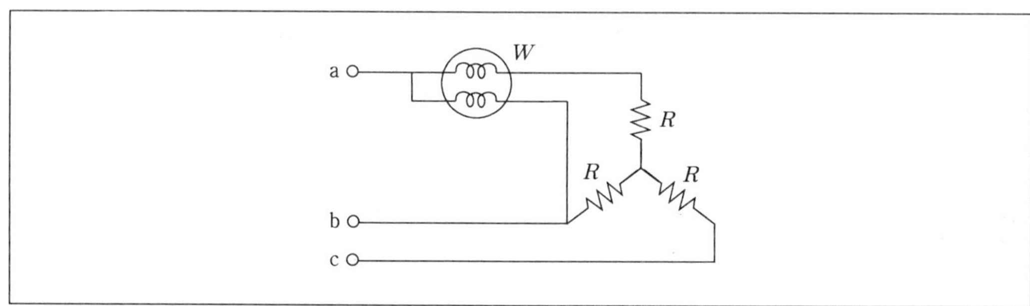

① $\frac{\sqrt{3}\,W}{V}$　　② $\frac{3W}{V}$
③ $\frac{W}{\sqrt{3}\,V}$　　④ $\frac{2W}{\sqrt{3}\,V}$

17 2단자쌍 회로망의 Y 파라미터가 그림과 같을 경우 aa'단자 간에 V_1 = 36[V], bb'단자 간에 V_2 = 24[V]의 정전압원을 연결하였을 때 I_1, I_2의 값은 각각 몇 [A]인가? (단, Y 파라미터는 [℧]단위이다)

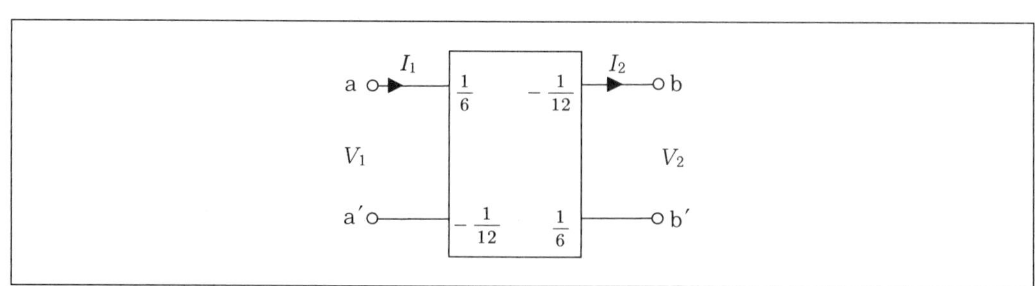

① $I_1 = 4,\ I_2 = 5$　　② $I_1 = 5,\ I_2 = 4$
③ $I_1 = 1,\ I_2 = 4$　　④ $I_1 = 4,\ I_2 = 1$

18 공간적으로 서로 $\frac{2\pi}{n}$[rad]의 각도를 두고 배치한 n개의 코일에 대칭 n상 교류를 흘리면 그 중심에 생기는 회전자계의 모양은?

① 원형 회전자계
② 타원형 회전자계
③ 원통형 회전자계
④ 원추형 회전자계

19 단위 계단 함수 $u(t)$에 대한 설명으로 옳지 않은 것은?

① $u(t)$ 함수를 푸리에 변환하면 1이 된다.
② $u(t)$와 시그늄 함수 $sgn(t)$와는 $u(t)=\frac{1}{2}[1+sgn(t)]$의 관계가 있다.
③ $u(t)$ 함수는 순수한 직류 신호라고 볼 수 없다.
④ $u(t)$ 함수는 $t<0$에 대해서는 0, $t \geqq 0$에서는 1이다.

20 다음 관계식 중 옳지 않은 것은?

① $\mathcal{L}\left[f\left(\frac{t}{a}\right)\right]=aF(as)\ (a>0)$
② $\mathcal{L}\left[e^{-at}f(t)\right]=F(s+a)$
③ $\mathcal{L}\left[f(t-a)\right]=eF(s)$
④ $\mathcal{L}\left[af_1(t)+bf_2(t)\right]=aF_1(s)+bF_2(s)$

제3회 실력평가모의고사

정답 및 해설 P.346

1 1[F]의 정전용량을 갖는 구의 반지름은?

① 9×10^6[km]　② 9×10^3[km]
③ 9×10^3[m]　④ 9[mm]

2 다음 중 발전기의 유도기전력의 방향을 알기 위한 법칙은?

① 패러데이의 법칙　② 렌츠의 법칙
③ 플레밍의 왼손 법칙　④ 플레밍의 오른손 법칙

3 다음 중 [ohm · sec]와 같은 단위는?

① [F]　② [F/m]
③ [H]　④ [H/m]

4 단면적 5[cm^2], 길이 1[m], 비투자율이 10^3인 환상철심에 600회의 권선을 행하고 여기에 0.5[A]의 전류를 흐르게 한 경우의 기자력은?

① 100[AT]　② 200[AT]
③ 300[AT]　④ 400[AT]

5 자장의 세기 $H = 10^3$[AT/m], 투자율 $\mu = \mu_0 \mu_R = 5\pi \times 10^{-4}$[H/m]일 때 단위 부피당 축적되는 에너지 [J/m^2]는?

① 3.65×10^2[J/m^3]　② 4.85×10^2[J/m^3]
③ 5.65×10^2[J/m^3]　④ 7.85×10^2[J/m^3]

6 테슬라(Tesla, [T])는 무엇의 단위인가?

① 투자율
② 자화력
③ 전속밀도
④ 자속밀도

7 유리 중에 2×10^{-5}[C]의 두 전하가 10[cm] 떨어져 있을 때의 정전력 [N]은? (단, 유리의 비유전율 = 5)

① 72
② 46
③ 64
④ 27

8 다음 중 1[J/s]와 동일한 것은?

① 1[W]
② 1[kcal]
③ 1[kg · m]
④ 860[cal]

9 10[Ω]과 15[Ω]의 저항을 병렬로 연결하여 50[A]의 전류를 흘렸을 때 저항 15[Ω]에 흐르는 전류는?

① 10[A]
② 20[A]
③ 30[A]
④ 40[A]

10 다음 중 열전 온도계에 이용하는 현상은?

① 펠티에 효과
② 제베크 효과
③ 줄 효과
④ 피에조 효과

11 $i = 50\sin 314t$[A]의 주기 [sec]는?

① 0.2
② 0.02
③ 0.4
④ 0.04

12 다음 회로의 단자 1-2사이에 1[Ω]의 저항을 접속했을 경우 두 단자 사이에 흐르는 전류는?

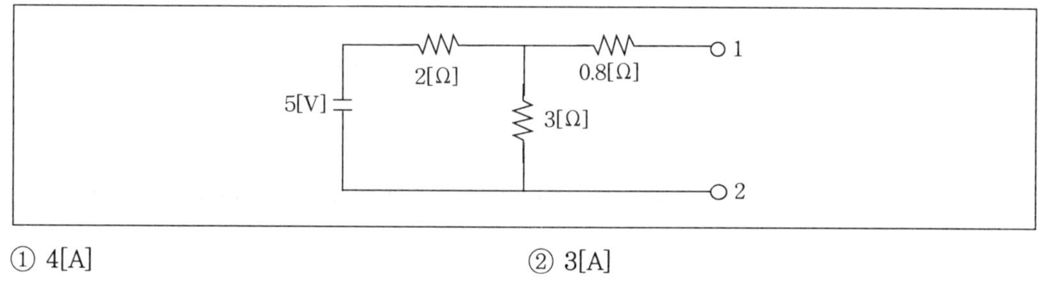

① 4[A] ② 3[A]
③ 2[A] ④ 1[A]

13 콘덴서만의 회로에 교류전압을 인가할 때 전류는 전압보다 위상이 어떻게 되는가?

① 동상이다. ② 180° 앞선다.
③ 90° 앞선다. ④ 45° 앞선다.

14 직렬 공진회로에서 유도 리액턴스 양단의 전압과 전원전압과의 비는?

① ωCR ② $\dfrac{\omega C}{R}$
③ $\dfrac{R}{\omega L}$ ④ $\dfrac{\omega L}{R}$

15 $Z = 8 + j6$[Ω]인 평형 Y부하에 선간전압 200[V]인 대칭 3상전압을 인가할 때 선전류 [A]는?

① 11.5 ② 10.5
③ 7.5 ④ 5.5

16 어떤 회로의 전류를 측정하고자 한다. 전류계의 측정범위를 10배로 하려면 분류기의 저항은 전류계 내부저항의 몇 배로 하여야 하는가?

① $\dfrac{1}{99}$ ② 9
③ $\dfrac{1}{9}$ ④ 99

17 다음과 같은 회로가 정저항회로가 되려면 L의 값[H]은?

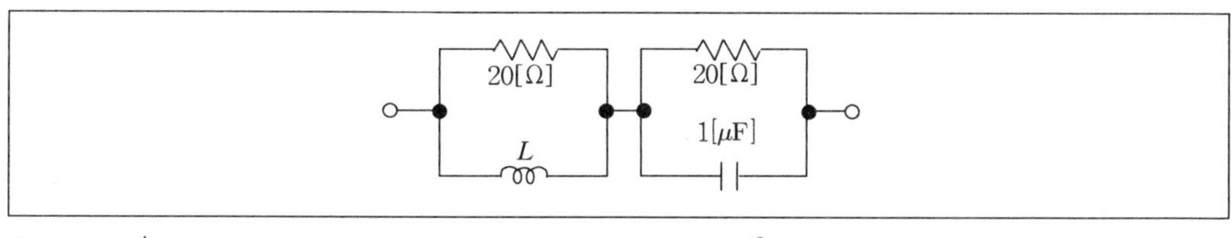

① 3×10^{-4} ② 4×10^{-3}

③ 3×10^{-3} ④ 4×10^{-4}

18 T형 4단자 회로에서 각 소자의 저항이 4[Ω]일 때 4단자 정수 $A=2$, $B=12$, $C=\frac{1}{4}$, $D=2$ 였다면 전달정수는?

① log 1.73 ② log 3.73

③ log 3.15 ④ log 2

19 $\cos t - \cos 2t$ 의 라플라스 변환은?

① $\frac{1}{(s^2-1)(s^2+4)}$ ② $\frac{-3s}{(s^2-1)(s^2-4)}$

③ $\frac{3s}{(s^2+1)(s^2+4)}$ ④ $\frac{3}{(s^2-1)(s^2-4)}$

20 $\mathcal{L}[e^{-at}]$의 값으로 옳은 것은?

① $\frac{1}{s-a}$ ② $\frac{1}{s+a}$

③ $\frac{s}{s^2+a^2}$ ④ $\frac{1}{s^2+a^2}$

제4회 실력평가모의고사

정답 및 해설 P.349

1 면적이 10[cm²]의 금속판을 공기 중에서 10×10^{-4}[m]의 거리에 대립시켜 놓았을 때 평행판 사이의 정전용량[pF]은?

① 8.855
② 8.855×10^{-12}
③ 8.855×10^{-6}
④ 8.855×10^{-9}

2 자속밀도 B [Wb/m²], 자장의 세기 H [AT/m]인 자장 내에 있어서 단위 부피마다 축적되는 에너지 [J/m²]는?

① BH
② $\frac{BH^2}{2}$
③ μH
④ $\frac{B^2}{2\mu}$

3 5[A]의 전류를 흘리고 있는 도체가 매 초당 40[Wb]의 자속을 끊을 때 이 기계의 전력[W]은?

① 5
② 20
③ 80
④ 200

4 5회 감은 코일에 지나는 자속이 $\frac{1}{50}$[sec] 동안 0.5[Wb]에서 0.3[Wb]로 감소하였다면 유도되는 기전력 [V]은?

① 25[V]
② 50[V]
③ 75[V]
④ 100[V]

5 공기 중에서 m [Wb]의 자극으로부터 나오는 자속 수는 몇 [Wb]인가?

① $\frac{m}{\mu}$ ② $\frac{1}{m}$

③ $\frac{m}{\mu_0}$ ④ m

6 3[V]의 기전력으로 300[C]의 전기량이 이동할 때 몇 [J]의 일을 할 수 있는가?

① 150 ② 300

③ 600 ④ 900

7 쿨롱의 법칙에 대한 설명 중 옳지 않은 것은?

① 쿨롱의 법칙에 있어 진공 중의 유전율은 8.855×10^{-12}[F/m]이다.

② MKS 단위계에서의 $\frac{1}{4\pi\epsilon_0}$은 9×10^{-12}이다.

③ CGS 단위계에서의 진공 중에 $Q_1 = Q_2 = 1$[esu]의 전하를 1[cm]의 위치에 놓았을 때 작용하는 힘을 1[dyne]이라 한다.

④ MKS 단위계에서의 진공 중에 $Q_1 = Q_2 = 1$[C]의 전하를 1[m]의 위치에 놓았을 때 작용하는 힘은 1[N]이라 한다.

8 다음과 같은 Y 결선과 등가인 Δ 결선의 각 변의 저항값[Ω]은? (단, $r = 2$[Ω])

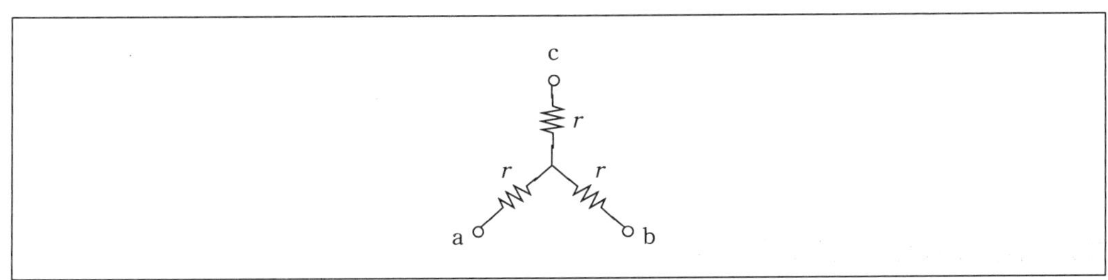

① 2 ② 6

③ 8 ④ $\frac{2}{3}$

9 기전력 E, 내부저항 r 인 건전지가 n 개 직렬로 연결되었을 때 내부저항과 기전력의 크기는?

① nE, $\frac{r}{n}$
② nr, $\frac{E}{n}$
③ nE, nr
④ nE, $\frac{n}{r}$

10 도선의 단면적 반지름을 2배로 늘리면 그 저항은 몇 배가 되는가?

① 2배로 늘어난다.
② $\frac{1}{2}$ 로 줄어든다.
③ 4배로 늘어난다.
④ $\frac{1}{4}$ 로 줄어든다.

11 RLC 직렬회로에 100[V]의 전압을 가하였더니 30[°] 늦은 17.3[A]의 전류가 흘렀다. 이 전류의 무효분은 몇 [A]인가?

① 8.65[A]
② 10[A]
③ 15[A]
④ 17.3[A]

12 다음과 같은 회로에서 전전류 I 의 값은?

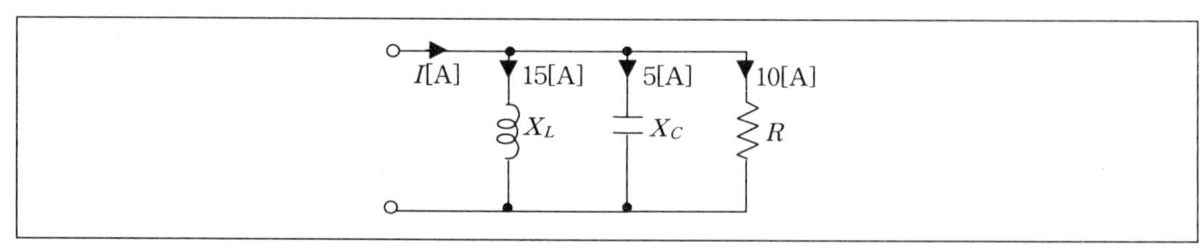

① $10\sqrt{2}$[A]
② $10\sqrt{3}$[A]
③ 20[A]
④ 35[A]

13 다음 중 용량 리액턴스를 나타내는 것은?

① $\omega^2 C$
② ωC
③ $2\pi f L$
④ $\frac{1}{2\pi f C}$

14 RL 병렬회로의 임피던스로 옳은 것은?

① $\dfrac{R}{\sqrt{R^2+X_L{}^2}}$

② $\dfrac{1}{\sqrt{R^2+X_L{}^2}}$

③ $\dfrac{RX_L}{\sqrt{R^2+X_L{}^2}}$

④ $\dfrac{L}{\sqrt{R^2+X_L{}^2}}$

15 V 결선 변압기의 이용률 [%]은?

① 57.7
② 86.6
③ 80
④ 100

16 다음 Δ 결선된 부하를 Y 결선으로 바꾸면 소비전력의 크기는? (단, 선간전압은 일정하다)

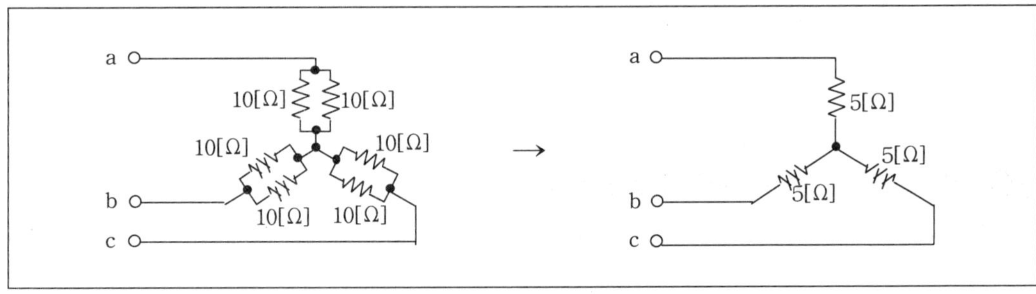

① 3배
② 9배
③ $\dfrac{1}{9}$배
④ $\dfrac{1}{3}$배

17 인덕턴스 L 및 커패시턴스 C를 직렬로 연결한 임피던스가 있다. 정저항 회로를 만들기 위하여 L 및 C에 서로 같은 저항 R을 병렬로 연결할 경우 R [Ω]은 얼마인가? (단, L =4[mH], C =0.1[μF])

① 100
② 200
③ 2×10^{-5}
④ 0.5×10^{-2}

18 다음과 같은 T형 회로의 영상 파라미터는?

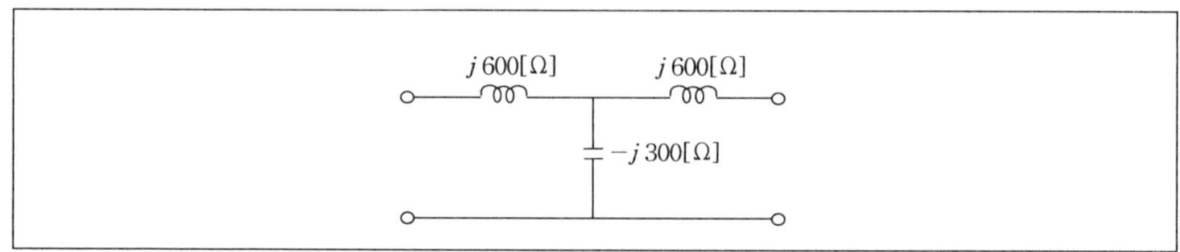

① 0　　② +1
③ −3　　④ −1

19 $e^{-2t}\cos 3t$ 의 라플라스 변환은?

① $\dfrac{s}{(s-2)+3^2}$　　② $\dfrac{s}{(s+2)^2+3^2}$
③ $\dfrac{s-2}{(s-2)^2+3^2}$　　④ $\dfrac{s+2}{(s+2)^2+3^2}$

20 다음과 같이 표시되는 파형을 함수로 바르게 표시한 것은?

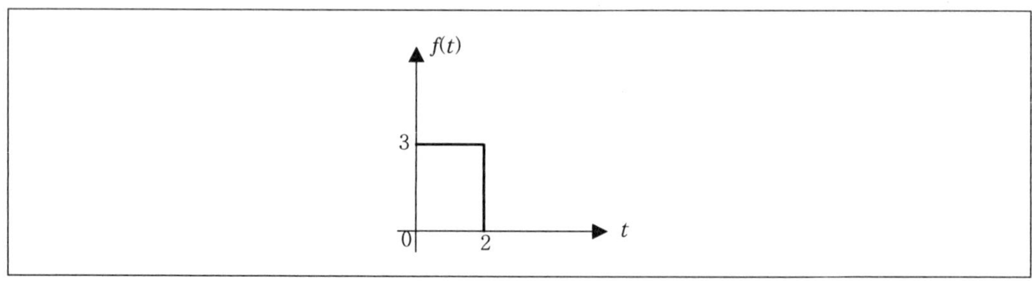

① $3u(t+2)-3u(t)$　　② $3u(t)+3u(t-2)$
③ $3u(t)-3u(t-2)$　　④ $3-u(t)-u(t-2)$

제5회 실력평가모의고사

정답 및 해설 P.352

1 다음과 같은 1, 2, 3[μF]의 콘덴서를 직렬로 연결하고 60[V]의 전압을 가할 때 1[μF]의 콘덴서에 걸리는 전압은?

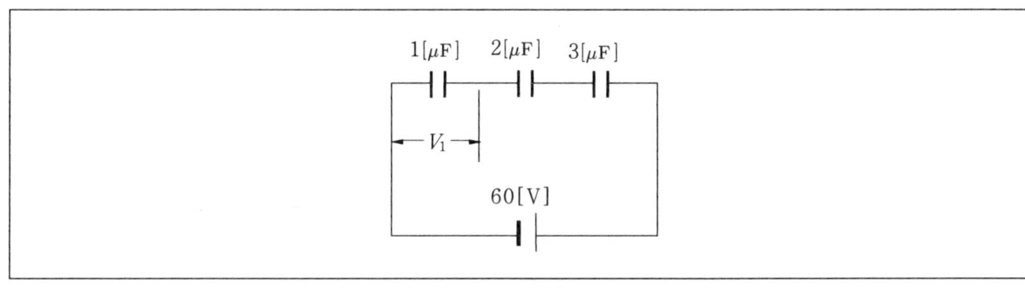

① 49.9[V]
② 16.4[V]
③ 20[V]
④ 32.7[V]

2 자기장 속에 직각으로 놓인 도체에 I[A]의 전류를 흘릴 때 F[N]의 힘이 작용하였다면 이 도체를 V[m/s]의 속도로 운동시킬 때의 기전력은 몇 [V]인가?

① $\frac{IV}{F}$
② $\frac{IF}{V}$
③ $\frac{FV}{I}$
④ IVF

3 동일한 크기의 전류가 흐르고 있는 간격이 20[cm]인 왕복 평행 도선에 1[m]당 4×10^{-6}[N]의 힘이 작용한다면 도선에 흐르는 전류[A]는?

① 1[A]
② $\sqrt{2}$[A]
③ 2[A]
④ 4[A]

4 무한장 직선도체에 전류 1[A]가 흐를 때 이 도체에서 $\frac{1}{4}\pi$[m] 떨어진 점의 자계의 세기 [AT/m]는?

① 2 ② 1
③ 2π ④ π

5 MKS 단위계에서 자기장의 세기의 단위는?

① [AT/m] ② [Wb/m]
③ [Wb/m^2] ④ [AT]

6 다음 중 5[μF], 10[μF], 15[μF] 콘덴서가 병렬로 접속되었을 경우 합성용량은 몇 [μF]인가?

① 5 ② 10
③ 20 ④ 30

7 수은이나 유체금속과 같이 변형이 가능한 도체에 전류를 흘리면, 이것에 작용하는 전자력에 의하여 도체의 어느 곳인가에 단면이 좁아진 부분이 생겨 도체가 수축되어 유체금속이 끊어지는 현상은?

① 제베크 효과 ② 빌라리 효과
③ 핀치 효과 ④ 홀 효과

8 내부저항이 18,000[Ω]인 150[V]용 직류전압계가 있다. 이 전압계를 직류 600[V]용으로 사용하려면 필요한 직렬저항의 개수는?

① 7,200 ② 54,000
③ 6,000 ④ 4,500

9 다음 회로에서 단자 a, b에서 본 합성저항은?

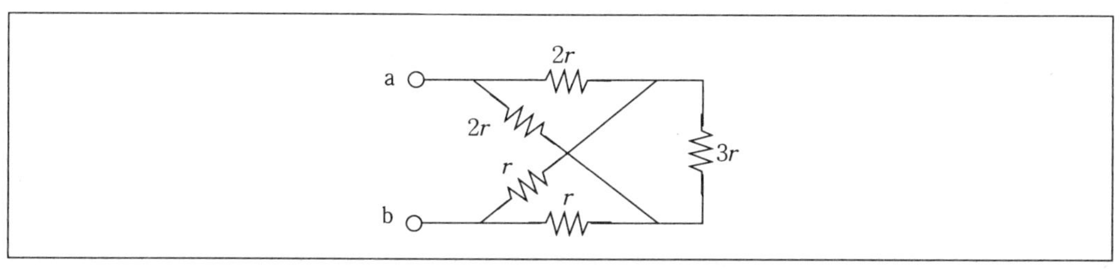

① r
② $\frac{3}{2}r$
③ $2r$
④ $3r$

10 다음 중 물체의 도전율의 단위로 옳은 것은?

① [Ω · m]
② [Ω/m]
③ [℧ · m]
④ [℧/m]

11 위상차가 $\frac{\pi}{3}$[rad]인 60[Hz]의 교류발전기가 2개 있다. 이 위상차를 시간으로 표시하면 몇 초인가?

① $\frac{1}{120}$
② $\frac{1}{240}$
③ $\frac{1}{360}$
④ $\frac{1}{720}$

12 RL 병렬회로의 위상차 ϕ는?

① $\phi = \tan^{-1}\frac{\omega L}{R}$
② $\phi = \tan^{-1}\frac{R}{\omega L}$
③ $\phi = \tan^{-1}\frac{1}{\omega LR}$
④ $\phi = \tan^{-1}\omega LR$

13 어떤 회로 소자에 $v = 141\sin 377t$[V]의 전압을 가했더니 $i = 47\sin 377t$[A]의 전류가 흘렀다. 이 회로 소자는 무엇인가?

① 순저항 소자　② 리액턴스 소자
③ 용량 리액턴스　④ 유도 리액턴스

14 병렬 공진회로에서 회로의 리액턴스는 공진 주파수 f_r 보다 낮은 주파수에서는 어떻게 변하는가?

① 유도성　② 용량성
③ 무유도성　④ 저항성

15 3상 평형부하에 선간전압 200[V]의 평형 3상 정현파전압을 인가했을 때 선전류는 8.6[A]가 흐르고 무효전력이 1,788[Var]이었다면 역률은 얼마인가?

① 0.6　② 0.7
③ 0.8　④ 0.9

16 한 상의 임피던스가 $6+j8[\Omega]$인 Δ 부하에 대칭 선간전압 200[V]를 가한 경우의 3상전력은 몇 [W]인가?

① 2,400　② 4,157
③ 7,200　④ 12,470

17 다음과 같은 4단자망의 영상 임피던스는 얼마인가?

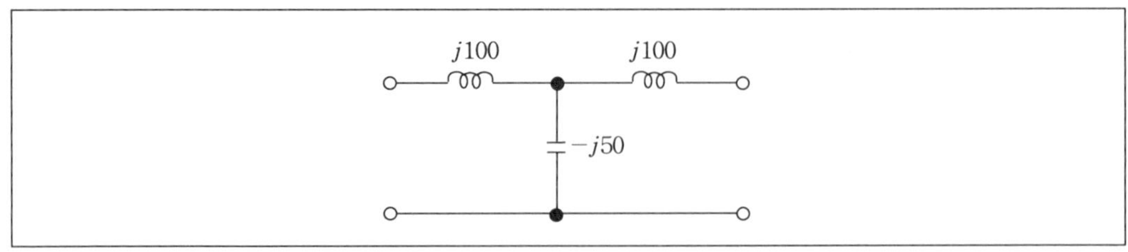

① $j\frac{1}{50}$　② -1
③ 1　④ 0

18 다음과 같은 4단자망의 영상 전달정수 θ 는?

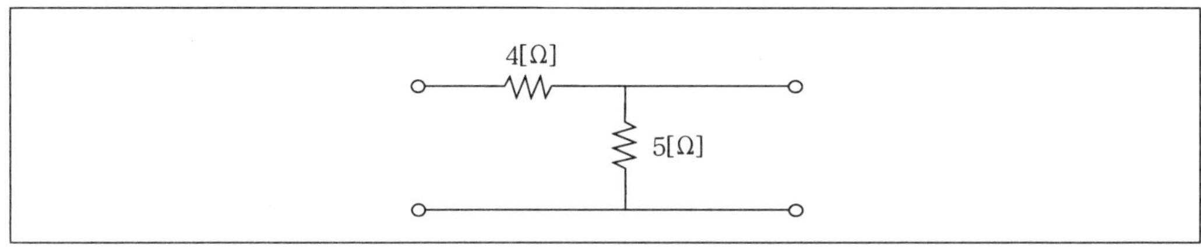

① $\sqrt{5}$
② $\log_e \sqrt{5}$
③ $\log_e \frac{1}{\sqrt{5}}$
④ $5\log_e \sqrt{5}$

19 대칭 3상교류에서 순시값의 합 및 벡터의 합은?

① 0
② 0.4
③ 0.577
④ 0.866

20 다음과 같은 램프(ramp) 함수의 라플라스 변환을 구하면?

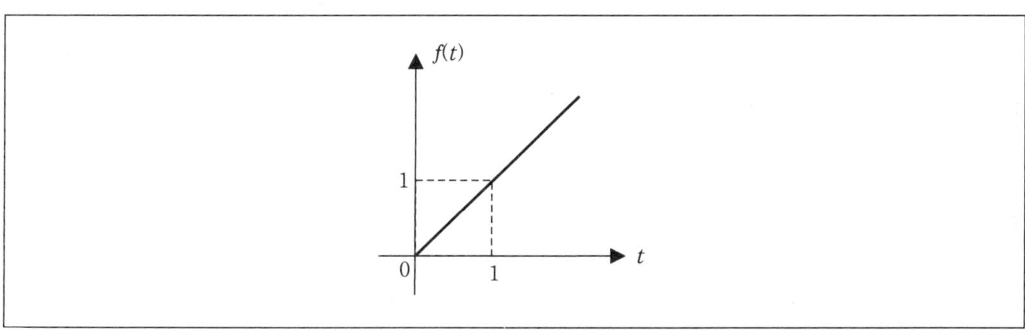

① $\frac{1}{s^2}$
② $\frac{e^t}{s}$
③ $\frac{k}{s}$
④ $\frac{1}{s}$

정답 및 해설

Answer 제1회

1.	①	2.	③	3.	③	4.	②	5.	③	6.	①	7.	②	8.	②	9.	①	10.	④
11.	②	12.	③	13.	④	14.	③	15.	④	16.	②	17.	②	18.	①	19.	①	20.	①

1 $W=\frac{1}{2}LI^2=\frac{1}{2}\times 4.5\times 2^2=9[\mathrm{J}]$

2 권수비 $a=\frac{I_2}{I_1}=\frac{N_2}{N_1}$

$I_2\,N_2=I_1\,N_1$

$I_2=\frac{N_1}{N_2}I_1$

3 전압 $V=Blv$ (속도)$\times\sin\theta=1\times 0.5\times 25\times 1=12.5[\mathrm{V}]$

4 ① 응력을 기하면 자기장이 발생한다.

③ 결정판에 압력을 가하면 판의 양면에 외력에 비례하는 전하가 발생한다.

④ 금속도선의 각부에 온도차가 발생할 때 전류를 흘리면 부분적으로 전자의 운동에너지의 차이로 온도가 변하는 곳에 열이 발생한다.

5 $H=\frac{NIr^2}{2(a^2+r^2)^{\frac{3}{2}}}=\frac{2\times 1\times(0.03)^2}{2(0.04^2+0.03^2)^{\frac{3}{2}}}=7.2[\mathrm{AT/m}]$

6 $F=mH=3\times 10^{-5}\times 5=15\times 10^{-5}=1.5\times 10^{-4}[\mathrm{N}]$

7 도체내부의 전기장은 0이며, 전기력선은 도체표면에 존재한다.

8 플레밍의 왼손 법칙 … 전류와 자기장에 의해 전자력의 방향을 결정하는 법칙으로 엄지는 힘, 검지는 자기장, 중지는 전류의 방향을 가리킨다.

9 키르히호프 제2법칙

$\Sigma E = \Sigma IR$

$10-4 = \Sigma I(20+10)$

$6 = I(30)$

$I = \dfrac{6}{30} = 0.2[\mathrm{A}]$

10 병렬 합성저항 $= \dfrac{\text{한 개의 저항}}{\text{병렬개수}} = \dfrac{120}{3} = 40[\Omega]$

11 $V_a = \dfrac{2}{\pi} V_m = \dfrac{2}{\pi} \times 10 \fallingdotseq 6.37[\mathrm{A}]$

12 $I = \dfrac{A}{\sqrt{2}} = 0.707[\mathrm{A}]$

13 $v = V_m \sin\omega t = 100\sqrt{2}\sin 2\pi \mathrm{ft}$

$= 100\sqrt{2}\sin 2\pi \times 60 \times \dfrac{1}{360}$

$= 100\sqrt{2}\sin \dfrac{120\pi}{360}$

$= 100\sqrt{2}\sin \dfrac{\pi}{3}$

$= 100\sqrt{2}\sin 60°$

$= 100\sqrt{2} \times \dfrac{\sqrt{3}}{2} \fallingdotseq 122[\mathrm{V}]$

14 $Z = \sqrt{R^2 + {X_C}^2} = \sqrt{8^2 + 6^2} = 10[\Omega]$

$v = iZ = 10 \times 10 = 100[\mathrm{V}]$

15 역률 … 전원에서 공급되는 전력이 부하에서 유효하게 이용되는 비율이다.
역률은 0 ~ 100[%]의 값을 가진다.

16 전유효전력 $P = W_1 + W_2 = 2,360 + 5,950 = 8,310[\text{W}]$

전피상전력 $P_a = \sqrt{3}\,VI = \sqrt{3} \times 200 \times 30 = 10.392[\text{VA}]$

$\therefore \cos\theta = \dfrac{P}{P_a} = \dfrac{8,310}{10,392} ≒ 0.8$

17 n상의 전력 $P = \dfrac{n}{2\sin\dfrac{\pi}{n}} V_l I_l \cos\theta\,[\text{W}]$

18 폐로가 없이 개방되어 있으므로 임피던스 파라미터는 존재하지 않는다. Z 행렬은 임피던스 파라미터이다.

19 $t = \pi$에서 π가 구간 $(-\infty, \infty)$에 속하므로

$\displaystyle\int_{-\infty}^{\infty} e^{\cos t}\delta(t-\pi)dt = e^{\cos\pi} = e^{-1} = 0.368$

20 $F(s) = (-1)\dfrac{d}{ds}[\mathcal{L}(\sin\omega t)] = (-1)\dfrac{d}{ds} \cdot \dfrac{\omega}{s^2+\omega^2} = \dfrac{2\omega s}{(s^2+\omega^2)^2}$

Answer 제2회

1. ①	2. ④	3. ④	4. ①	5. ①	6. ③	7. ③	8. ②	9. ③	10. ③
11. ③	12. ②	13. ③	14. ②	15. ④	16. ④	17. ④	18. ①	19. ①	20. ③

1 $C_0 = \dfrac{2C \cdot 2C}{2C+2C} = \dfrac{4C^2}{4C} = 1C\,[\mu\mathrm{F}]$

2 반대방향의 접속이므로 $L_1 + L_2 - 2M$

3 $F = BlI\sin\theta$

$\sin\theta$가 90°일 때 최대가 된다.

4 $R = \dfrac{\text{길이}}{\text{투자율} \times \text{단면적}} = \dfrac{l}{\mu_0\, \mu_R\, A}$

μ(투자율)$= \mu_0\, \mu_R =$ 진공투자율 × 비투자율

5 누설자속 … 자기회로에 기자력을 가하면 자로 내부를 통과하는 자속이 흐르는데 이 자로외의 부분을 통과하는 자속을 말한다.

※ 누설자속을 이용한 기기

㉠ 용관등접기용 변압기
㉡ 전자레인지
㉢ 네온
㉣ 방전등

6 두 점자극 사이에 작용하는 힘 F= 비례상수 $K \times \dfrac{\text{점자극} \times \text{점자극}}{\text{거리}^2}$

7 $1[\mathrm{N}] = 1[\mathrm{kg} \cdot \mathrm{m/sec}] = 1{,}000 \times 100[\mathrm{g} \cdot \mathrm{cm}/s^2] = 10^5[\mathrm{dyne}]$

8 전지의 전압강하 = 기전력 − 두 극의 전위차 $= 1.5 - 1 = 0.5[\mathrm{V}]$

전지의 내부저항 $= \dfrac{0.5}{0.5} = 1[\Omega]$

9 합성저항 $R_0 = 3 + \frac{6 \times 3}{6+3} = 5[\Omega]$

$I = \frac{\text{전압}}{\text{합성저항}} = \frac{20}{5} = 4[\text{A}]$

10 옴의 법칙

㉠ $E = IR$

㉡ $I = \frac{E}{R}$

㉢ $R = \frac{E}{I}$

11 $\pi[\text{rad}] = \pi \times \frac{180°}{\pi} = 180[°]$

12 위상차 $\phi = \phi_1 - \phi_2$

$= \frac{\pi}{4} - \frac{\pi}{2} = \frac{\pi}{4}[\text{rad}]$

13 $X_C = \frac{1}{2\pi f C} = \frac{1}{2\pi \times 60 \times 1 \times 10^{-6}} \fallingdotseq 2,653[\Omega]$

14 RLC 직렬회로의 직렬공진 … 전류와 전압이 동상이 되는 상태이므로 임피던스는 최소, 전류는 최대가 된다. 즉, 전류, 전압이 동상이므로 위상차는 0이다.

15 3상 전력 $P=3P_1$

$P=3P_1 \rightarrow 3\times 100=300[\mathrm{W}]$ (P = 3상전력, P_1 = 전력계 지시값)

16 전원 및 부하가 모두 대칭이므로 $V_{ab}=V_{bc}=V_{ca}=V$, $I_a=I_b=I_c=I$라 하면 소비전력 P는

$P=2W=\sqrt{3}\,VI \quad \therefore\ I=\dfrac{2W}{\sqrt{3}\,V}$

17

$$\begin{bmatrix} I_1 \\ I_2 \end{bmatrix}=\begin{bmatrix} Y_{11} & Y_{12} \\ Y_{21} & Y_{22} \end{bmatrix}\begin{bmatrix} V_1 \\ V_2 \end{bmatrix}=\begin{bmatrix} \dfrac{1}{6} & -\dfrac{1}{12} \\ -\dfrac{1}{12} & \dfrac{1}{6} \end{bmatrix}\begin{bmatrix} 36 \\ 24 \end{bmatrix}=\begin{bmatrix} 4 \\ 1 \end{bmatrix}$$

18 대칭 다상 교류회로가 만드는 회전자계의 모양은 원형이다.

19 $u(t)=\dfrac{1}{2}[1+sgn(t)]$

$F[u(t)]=\dfrac{1}{2}\{F[1]+F[sgn(t)]\}=\pi\delta(\omega)+\dfrac{1}{j\omega}$

$u(t)$의 푸리에 변환은 $\dfrac{1}{s}$이다.

20 시간추이정리에 의해

$\mathcal{L}[f(t-a)]=e^{-as}F(s)$

Answer 제3회

1. ①	2. ④	3. ③	4. ③	5. ④	6. ④	7. ①	8. ①	9. ②	10. ②
11. ②	12. ④	13. ③	14. ④	15. ①	16. ③	17. ④	18. ②	19. ③	20. ②

1 $C = 4\pi\epsilon_0 r = \dfrac{1}{9\times10^9}r$

$r = 9\times10^9[\mathrm{m}] = 9\times10^6[\mathrm{km}]$

2 플레밍의 왼손 법칙은 전동기의 원리, 플레밍의 오른손 법칙은 발전기의 원리이다.

3 $e = \dfrac{\text{전압}\times\text{시간의 변화량}}{\text{전류의 변화량}} = \dfrac{[\mathrm{V}]\times[\mathrm{s}]}{[\mathrm{A}]} = [\mathrm{Ohm}\cdot\mathrm{sec}]\left(R = \dfrac{V}{I}\text{이므로}\right)$

4 $F = NI = 600\times0.5 = 300[\mathrm{AT}]$

5 $W = \dfrac{1}{2}\mu H^2 = \dfrac{1}{2}\times5\pi\times10^{-4}\times(10^3)^2 = 785 = 7.85\times10^2[\mathrm{J/m^3}]$

6 ① 투자율의 단위는 [H/m]이다.
② 자기회로에서 단위 길이당 기자력을 말하며 단위는 [AT/m]이다.
③ 단면을 통과하는 전속의 수로 단위는 [C/m^2]이다.

7 $F = 9\times10^9\times\dfrac{Q_1 Q_2}{\epsilon_R r^2} = 9\times10^9\times\dfrac{2\times10^{-5}\times2\times10^{-5}}{5\times(10\times10^{-2})^2} = 72[\mathrm{N}]$

8 $\dfrac{\text{에너지}}{\text{초}}$인 초[J/s]는 전력을 나타내므로 [W]와 동일하다.

9 $I_2 = \dfrac{R_1}{R_1+R_2}I = \dfrac{10}{10+15}\times50 = 20[\mathrm{A}]$

10 제베크 효과 … 두 종류의 금속을 고리모양으로 연결하고 한 접점은 고온 다른 쪽은 저온으로 했을 때 회로에 전류가 생기는 현상이다.

① 두 종류의 금속을 접속하여 전류가 흐를 때 두 금속의 접합부에 열이 발생하는 현상이다.

③ 자기장을 금속에 가하면 진동이 발생하는 현상이다.

④ 압전소자의 특수한 결정에 외력을 가해 변형을 주면 표면에 전압이 발생하고 결정에 전압을 걸면에 변위나 힘이 발생하는 현상을 말한다.

11 $f=\dfrac{314}{2\pi}=50[\text{Hz}]$

$\therefore T=\dfrac{1}{f}=\dfrac{1}{50}=0.02[\text{sec}]$

12 개방 단자전압 $V_o=\dfrac{5}{2+3}\times 3=3[\text{V}]$

전압원을 단락시키고, 단자 1-2에서 본 저항 R

$R=0.8+\dfrac{2\times 3}{2+3}=2[\Omega]$

$\therefore I=\dfrac{3}{2+1}=1[\text{A}]$

13 콘덴서만의 회로에서 전류 i는 전압 v보다 $\dfrac{\pi}{2}$[rad]만큼 위상이 앞선다.

14 전원전압 E, 유도 리액턴스 양단의 전압 E_L에서

$$\frac{E_L}{E}=\frac{\frac{\omega L}{R}E}{E}=\frac{\omega L}{R}$$

15

$$I_P=\frac{V_P}{Z}=\frac{\frac{V_l}{\sqrt{3}}}{\sqrt{Z}}=\frac{\frac{200}{\sqrt{3}}}{\sqrt{8^2+6^2}}=\frac{200}{10\sqrt{3}}=11.5[\text{A}]$$

16 $I_0 = I\left(1+\dfrac{R_A}{R_S}\right)$

- R_A : 전류계 내부저항
- R_S : 분류기저항
- I : 전류최대눈금
- I_0 : 측정전류

예를 들어 측정전류를 10배로 한다면

$10 = I\left(I+\dfrac{R_A}{R_S}\right)$에서

$9 = \dfrac{R_A}{R_S} \rightarrow R_S = \dfrac{R_A}{9}$ 이므로 $\dfrac{1}{9}$ 이다.

17 $R = \sqrt{\dfrac{L}{C}}$ 에서 $L = CR^2 = 1\times10^{-6}\times20^2 = 4\times10^{-4}$[H]

18 $\theta = \log\sqrt{AD} + \sqrt{BC} = \log\left(\sqrt{2\times2} + \sqrt{12\times\dfrac{1}{4}}\right) = \log 3.732$

19 $f(t) = \cos t - \cos 2t$

$\mathcal{L}[\cos t - \cos 2t] = \dfrac{s}{s^2+1} - \dfrac{s}{s^2+4} = \dfrac{3s}{(s^2+1)(s^2+4)}$

20 $F(s) = \mathcal{L}[e^{-at}] = \displaystyle\int_0^\infty e^{-at}e^{-st}dt = \int_0^\infty e^{-(s+a)t}dt = \left[-\dfrac{1}{s+a}e^{-(s+a)t}\right]_0^\infty = \dfrac{1}{s+a}$

Answer 제4회

1. ①	2. ④	3. ④	4. ②	5. ④	6. ④	7. ④	8. ②	9. ③	10. ④
11. ①	12. ①	13. ④	14. ③	15. ②	16. ④	17. ②	18. ①	19. ④	20. ③

1 $C = \dfrac{\epsilon_o \epsilon_R A}{d} = \dfrac{8.855 \times 10^{-12} \times 10 \times 10^{-4}}{10 \times 10^{-4}} = 8.855 \times 10^{-12}[\mathrm{F}] = 8.855[\mathrm{pF}]$

2 $W = \dfrac{1}{2}BH = \dfrac{1}{2}\mu H^2 = \dfrac{B^2}{2\mu}[\mathrm{J/m^3}]$

3 $V(\text{전압}) = \dfrac{\text{자속의 변화량}}{\text{시간의 변화량}} = \dfrac{40}{1} = 40[\mathrm{V}]$

전력 = 전압 × 전류 = 40 × 5 = 200[W]

4 자속의 변화율 $= \dfrac{\Delta\Phi}{\Delta t} = \dfrac{0.2}{\dfrac{1}{50}} = 10[\mathrm{Wb/s}]$

유도기전력 $e = N\dfrac{\Delta\Phi}{\Delta t} = 5 \times 10 = 50[\mathrm{V}]$

5 점자극 = 자속 수

6 $F = EQ = 3 \times 300 = 900[\mathrm{N}] = 900[\mathrm{J}]$

7 $Q_1 = Q_2 = 1[\mathrm{C}]$ 사이의 거리가 1[m]일 때 작용하는 힘은 $9 \times 10^9[\mathrm{N}]$이다.

8 Δ 결선의 저항 = Y 결선의 저항×3, $3 \times 2 = 6[\Omega]$

9 합성 기전력 = 직렬개수×한 개의 기전력

합성 내부저항 = 직렬개수×한 개의 내부저항

10 반지름을 2배로 늘리면 단면적= π(반지름)$^2 = 2^2 \times \pi = 4\pi$, 단면적이 4배가 된다.

전기저항은 단면적에 반비례하므로 $\frac{1}{4}$이 된다.

11 $I = I_m \sin\omega t$

$= 17.3\sin(\omega t - 30°)$

$= 17.3 \times \frac{1}{2} = 8.65[\text{A}]$

12 $I = \sqrt{{I_R}^2 + (I_L - I_C)^2}$

$= \sqrt{10^2 + (15-5)^2} = 10\sqrt{2}\,[\text{A}]$

13 $X_C = \frac{1}{\omega C} = \frac{1}{2\pi f C}[\Omega]$

14 $I = V \cdot \frac{\sqrt{R^2 + {X_L}^2}}{RX_L}[\text{A}]$에서 $Z = \frac{V}{I} = \frac{RX_L}{\sqrt{R^2 + {X_L}^2}}[\Omega]$

15 V 결선 변압기 이용률

$V = \frac{\sqrt{3}\,VI\cos\theta}{2\,VI\cos\theta} = \frac{\sqrt{3}}{2} = 0.866$

16 $P_\Delta = 3I^2R = 3\left(\frac{V}{R}\right)^2 R = 3 \cdot \frac{V^2}{R}$

Y 결선시 상전압의 $\frac{1}{\sqrt{3}}$ 이므로

$$P_Y = 3 \cdot \frac{\left(\frac{V}{\sqrt{3}}\right)^2}{R} = \frac{V^2}{R}$$

$\therefore\ P_Y = \frac{1}{3}P_\Delta$

17 $R = \sqrt{\frac{L}{C}} = \sqrt{\frac{4\times10^{-3}}{0.1\times10^{-6}}} = 200[\Omega]$

18 $\begin{bmatrix} A & B \\ C & D \end{bmatrix} = \begin{bmatrix} 1 & j600 \\ 0 & 1 \end{bmatrix} \begin{bmatrix} 1 & 0 \\ \frac{1}{j300} & 1 \end{bmatrix} \begin{bmatrix} 1 & j600 \\ 0 & 1 \end{bmatrix} = \begin{bmatrix} -1 & 0 \\ \frac{1}{j300} & -1 \end{bmatrix}$

$\therefore\ \theta = \cosh^{-1}\sqrt{AD} = \cosh^{-1}1 = 0$

19 $\mathcal{L}[e^{-at}f(t)] = F(s+a)$

$\mathcal{L}[e^{-at}\cos\omega t] = \frac{s+a}{(s+a)^2+\omega^2}$ 이므로 $\mathcal{L}[e^{-2t}\cos 3t] = \frac{s+2}{(s+2)^2+3^2}$

20 $f(t) = u(t) - u(t-x) \rightarrow f(t) = 3u(t) - 3u(t-2)$

Answer 제5회

1. ④ 2. ③ 3. ③ 4. ① 5. ① 6. ④ 7. ③ 8. ② 9. ② 10. ④
11. ③ 12. ② 13. ① 14. ① 15. ③ 16. ③ 17. ④ 18. ② 19. ① 20. ①

1 $V_1 : V_2 : V_3 = 1 : \frac{1}{2} : \frac{1}{3} = 6 : 3 : 2$

$V_1 = \frac{6}{11} \times 60 = 32.7[\mathrm{V}]$

2 $F = BlI\sin\theta$

$Bl = \frac{F}{I\sin\theta} = \frac{F}{I \times \sin 90°} = \frac{F}{I \times 1} = \frac{F}{I}$

$E = \frac{F}{I} V\sin\theta$

$E = \frac{FV}{I}$

3 $F = \frac{2I_1 I_2}{r} \times 10^{-7}$ $(I_1 = I_2) = \frac{2I^2}{r} \times 10^{-7}$ 이 식을 전류 I로 놓으면

$I = \sqrt{\frac{Fr}{2} \times 10^7} = \sqrt{\frac{4 \times 10^{-6} \times 20 \times 10^{-2}}{2} \times 10^7} = 2[\mathrm{A}]$

4 $H = \frac{I}{2\pi r} = \frac{1}{2\pi \times \frac{1}{4\pi}} = 2[\mathrm{AT/m}]$

5 ② 자기장의 단위
③ 자속밀도의 단위
④ 기자력의 단위

6 콘덴서의 병렬접속

$C = \frac{Q}{V} = \frac{C_1 V + C_2 V + C_3 V}{V} = C_1 + C_2 + C_3 = 5 + 10 + 15 = 30[\mu\mathrm{F}]$

7 ① 두 종류의 금속을 고리형태로 연결한 후 한 쪽 접점에는 고온, 다른 쪽 접점에는 저온으로 가했을 때 회로에 전류가 흐르는 현상이다.

② 금속에 응력을 가하면 자기장이 발생하는 현상이다.

④ 금속을 자기장 내에 놓고 자기장의 방향에 직각으로 고체에 전류를 흘릴 경우 두 방향에 직각방향으로 전기장이 나타나는 현상이다.

8 R_m(배율기) = 전압계의 내부저항(배율−1)

$$=18{,}000\left(\frac{600}{150}-1\right)=54{,}000$$

9 $$R_0=\frac{(2r+r)\times(2r+r)}{(2r+r)+(2r+r)}=\frac{9r^2}{6r}=\frac{3}{2}r$$

10 도전율은 단위길이당 저항의 역수이다.
[℧/m]

11 $\theta=\omega t$ 에서

$$t=\frac{\theta}{\omega}=\frac{\frac{\pi}{3}}{2\pi f}=\frac{\frac{\pi}{3}}{2\pi\times 60}=\frac{1}{360}[\mathrm{sec}]$$

12 $$\phi=\tan^{-1}\frac{I_L}{I_R}=\tan^{-1}\frac{\frac{V}{\omega L}}{\frac{V}{R}}=\tan^{-1}\frac{R}{\omega L}[\mathrm{rad}]$$

13 전압과 전류의 위상차가 없으므로 순저항 소자에 해당한다.

14 $f<f_r$ 은 유도성으로 뒤진 전류이며, $f>f_r$ 은 용량성으로 앞선 전류, $f=f_r$ 은 무유도로 전류와 전압은 동상이다.

15 피상전력을 P_a, 무효전력을 P_r 이라면

$P_a = \sqrt{3}\,VI = \sqrt{3} \times 200 \times 8.6 \fallingdotseq 2{,}980[\text{VA}]$

$P_r = P_a \sin\theta$ 에서

$\sin\theta = \dfrac{P_r}{P_a} = \dfrac{1{,}788}{2{,}980} = 0.6$

$\therefore\ \cos\theta = \sqrt{1-\sin^2\theta} = \sqrt{1-0.6^2} = 0.8$

16 Δ결선이므로 $V_l = V_P = 200[\text{V}]$에서 한 상의 임피던스는 200[V]의 전압이 인가된다.

이 상에 흐르는 전류는 $I_P = \dfrac{V_P}{Z} = \dfrac{200}{\sqrt{6^2+8^2}} = 20[\text{A}]$

한 상에 유효전력은 $I_P{}^2 \cdot R = 20^2 \cdot 6 = 2{,}400[\text{W}]$

따라서 $P = 3 \times 2{,}400 = 7{,}200[\text{W}]$

17 $\begin{bmatrix} A & B \\ C & D \end{bmatrix} = \begin{bmatrix} 1 & j100 \\ 0 & 1 \end{bmatrix} \begin{bmatrix} 1 & 0 \\ \dfrac{1}{-j50} & 1 \end{bmatrix} \begin{bmatrix} 1 & j100 \\ 0 & 1 \end{bmatrix} = \begin{bmatrix} 1 & 0 \\ j\dfrac{1}{50} & 1 \end{bmatrix}$

$\therefore\ Z_0 = \sqrt{\dfrac{B}{C}} = \sqrt{\dfrac{0}{j\dfrac{1}{50}}} = 0$

18

$$\begin{bmatrix} A & B \\ C & D \end{bmatrix} = \begin{bmatrix} 1+\frac{4}{5} & 4 \\ \frac{1}{5} & 1 \end{bmatrix}$$

$$\therefore \theta = \log_e(\sqrt{AD} + \sqrt{BC}) = \log_e\left(\sqrt{\frac{9}{5}\times 1} + \sqrt{4\times\frac{1}{5}}\right) = \log_e\sqrt{5}$$

19 크기가 같고 위상이 $\frac{2}{3}\pi$[rad] 차이나는 것이 대칭 3상교류이므로 순시값은 0이다.

대칭 3상교류의 벡터의 합은 $\overline{V_a} + \overline{V_b} + \overline{V_c} = 0$이다.

20 $f(t) = tu(t)$

$$F(s) = \mathcal{L}[f(t)] = \mathcal{L}[tu(t)] = \int_0^\infty te^{-st}dt$$

$$\int f'(t)g(t)dt = f(t)g(t) - \int f(t)g'(t)dt$$

$$f'(t) = e^{-st},\ g(t) = t,\ f(t) = -\frac{1}{s}e^{-st},\ g'(t) = 1$$

$$F(s) = \int_0^\infty te^{-st}dt = \left[t\left(-\frac{1}{s}e^{-st}\right)\right]_0^\infty - \int_0^\infty\left(-\frac{1}{s}e^{-st}\right)dt = \frac{1}{s^2}$$

최근기출문제분석

2016. 4. 9 인사혁신처 시행

2016. 6. 18 제1회 지방직 시행

2016. 6. 25 서울특별시 시행

2016. 4. 9 인사혁신처 시행

1 다음 회로에서 3Ω에 흐르는 전류 i_o[A]는?

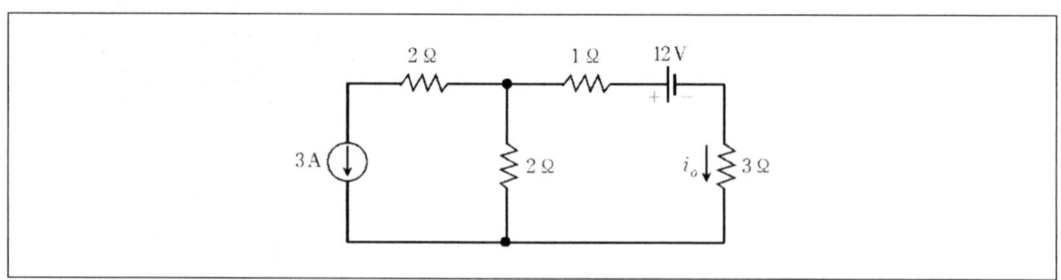

① −3 ② 3

③ −4 ④ 4

TIP 중첩의 원리를 적용하여 푼다. 전류원 적용시에는 전압원을 단락시키고, 전압원 적용시에는 전류원을 개방시킨다.

- 전류원을 적용할 경우 회로도는 다음과 같다.

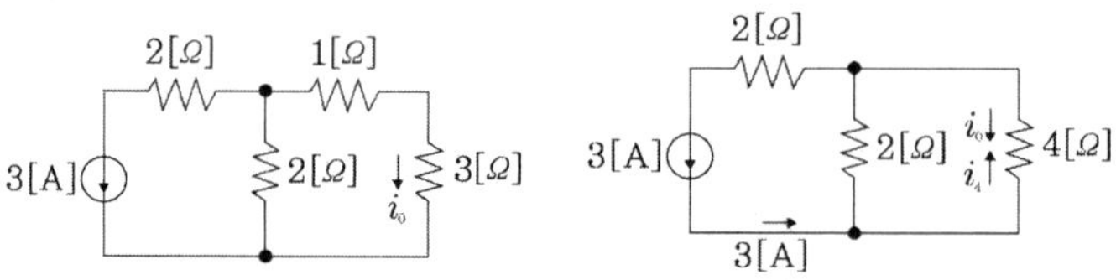

4[Ω]에 흐르는 전류 : $i_4 = \frac{2}{2+4} \cdot 3 = 1[A]$

i_0과 i_4는 서로 반대방향이므로 $i_0 = -i_4 = -1[A]$

- 전압원을 적용할 경우 회로도는 다음과 같다.

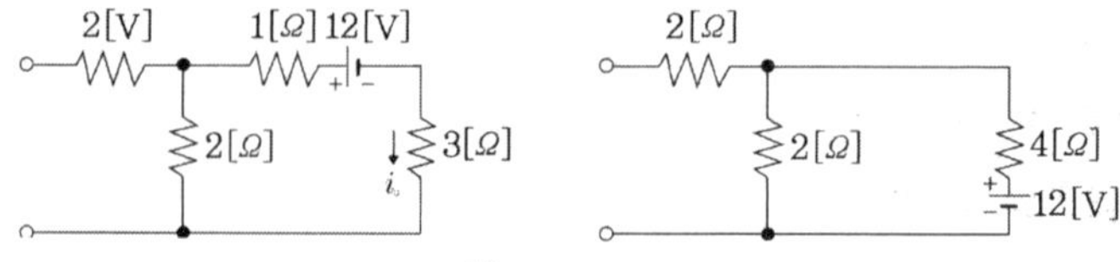

4[Ω]에 흐르는 전류 : $i_{12} = \frac{12}{6} = 2[A]$

i_o과 i_{12}는 서로 반대방향이므로 $i_o = -i_{12} = -2[A]$

그러므로, 전체전류 $i_{all} = -1[A] - 2[A] = -3[A]$

2 다음 회로에서 정상상태에 도달하였을 때, 인덕터와 커패시터에 저장된 에너지[J]의 합은?

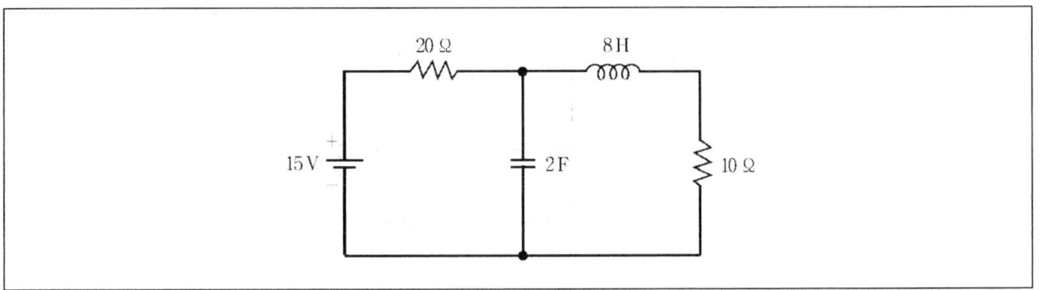

① 2.6 ② 26

③ 260 ④ 2,600

TIP 직류의 경우 정상상태에서는 인덕턴스는 단락시키고 커패시터는 개방시킨다.

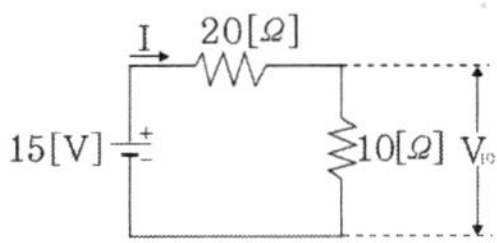

정상상태 도달 시 커패시터의 전압은

$\frac{15}{20+10} \cdot 10 = 5[V]$

커패시터의 저장에너지는

$\frac{1}{2}CV^2 = \frac{1}{2} \cdot 2 \cdot 5^2 = 25[J]$

인덕터의 전류는 $\frac{15}{20+10} = 0.5[A]$

인덕터의 저장에너지는 $\frac{1}{2}Li^2 = \frac{1}{2} \cdot 8 \cdot 0.5^2 = 1[J]$

따라서 합은 26[J]이 된다.

Answer | 1.① 2.②

3 다음 회로에서 전압 V_o[V]는?

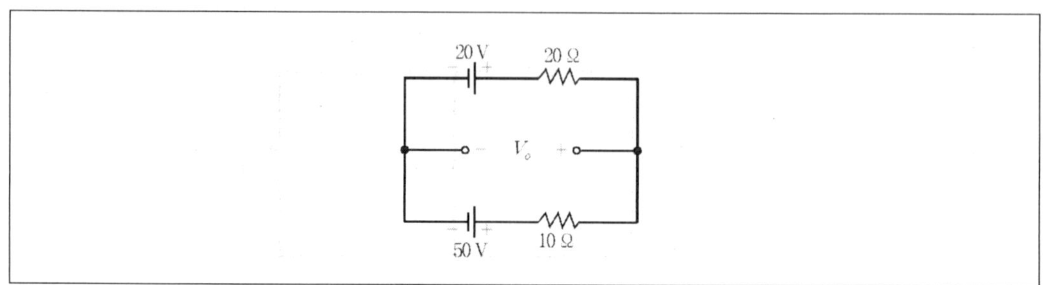

① −60　　② −40
③ 40　　④ 60

TIP ‖ 밀만의 정리를 적용하여 푼다.

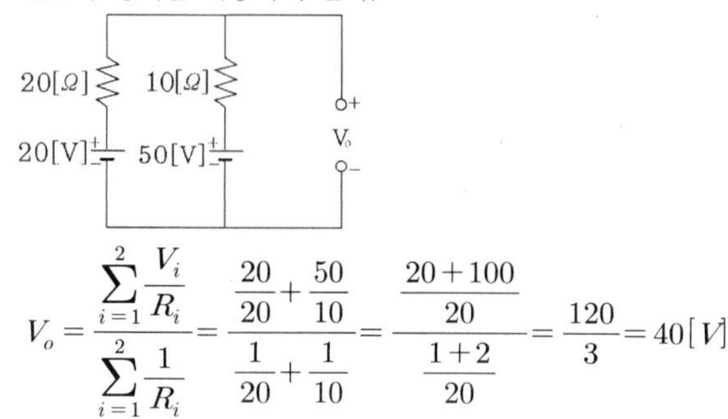

$$V_o = \frac{\sum_{i=1}^{2} \frac{V_i}{R_i}}{\sum_{i=1}^{2} \frac{1}{R_i}} = \frac{\frac{20}{20} + \frac{50}{10}}{\frac{1}{20} + \frac{1}{10}} = \frac{\frac{20+100}{20}}{\frac{1+2}{20}} = \frac{120}{3} = 40[V]$$

4 히스테리시스 특성 곡선에 대한 설명으로 옳지 않은 것은?

① 히스테리시스 손실은 주파수에 비례한다.
② 곡선이 수직축과 만나는 점은 잔류자기를 나타낸다.
③ 자속밀도, 자기장의 세기에 대한 비선형 특성을 나타낸다.
④ 곡선으로 둘러싸인 면적이 클수록 히스테리시스 손실이 적다.

TIP ‖ 히스테리시스 곡선에서 곡선으로 둘러싸인 면적이 클수록 히스테리시스 손실이 커진다.

5 **이상적인 변압기에서 1차측 코일과 2차측 코일의 권선비가 $\frac{N_1}{N_2}=10$ 일 때, 옳은 것은?**

① 2차측 소비전력은 1차측 소비전력의 10배이다.

② 2차측 소비전력은 1차측 소비전력의 100배이다.

③ 1차측 소비전력은 2차측 소비전력의 100배이다.

④ 1차측 소비전력은 2차측 소비전력과 동일하다.

TIP 이상적인 변압기에서는 1차측 소비전력은 2차측 소비전력과 동일하다. (이상적인 변압기는 변압기 손실 즉 변압기 소비전력이 없다.) 1차에 인가된 전력이 그대로 2차로 출력되는 전력이 같다. 단지 전압과 전류가 반비례하여 나올 뿐이다. 예로 1000V-1A가 1차로 인가되면, 2차에서 100V-10A로 출력이 된다. 권선비와는 상관없이 소모되는 손실이 없기 때문에 입력 및 출력의 전력량은 같게 된다.

변압기의 권선비 $n=\frac{N_1}{N_2}=\frac{V_1}{V_2}=\frac{I_2}{I_1}=\sqrt{\frac{Z_1}{Z_2}}$ 가 되며

$N_1 : N_2 = 1 : 10$ 이므로 다음이 성립한다.

구분	1차	2차
권선비(N)	1	10
전압(V)	1	10
전류(I)	10	1
임피던스(Z)	1	100
전력(P)	1	1

Answer | 3.③ 4.④ 5.④

6 비투자율 100인 철심을 코어로 하고 단위길이당 권선수가 100회인 이상적인 솔레노이드의 자속밀도가 0.2Wb/m²일 때, 솔레노이드에 흐르는 전류[A]는?

① $\frac{20}{\pi}$　　② $\frac{30}{\pi}$

③ $\frac{40}{\pi}$　　④ $\frac{50}{\pi}$

TIP 자기장의 세기 $H = n_o I[AT/m]$

자속밀도 $B = \mu H = \mu_o \mu_s H[W/m^2]$

비투자율 $\mu_s = 4\pi \times 10^{-7}[H/m]$

$H = \frac{B}{\mu_o \mu_s}$ 이므로 $n_o I = \frac{B}{\mu_o \mu_s}$ 이고, 전류 $I = \frac{B}{n_o \mu_o \mu_s}$ 이므로

전류값은 $I = \frac{50}{\pi}$ 이 된다.

7 50V, 250W 니크롬선의 길이를 반으로 잘라서 20V 전압에 연결하였을 때, 니크롬선의 소비전력[W]은?

① 80　　② 100

③ 120　　④ 140

TIP 전력 $P = \frac{V^2}{R}[W]$, 자르기 전의 니크롬선의 저항은

$R = \frac{V^2}{P}[\Omega] = \frac{(50)^2}{250} = \frac{2500}{250} = 10[\Omega]$ 이다.

전선의 고유저항 $R = \rho\frac{l}{A}[\Omega]$에 따라 길이가 1/2이 되면 저항값도 1/2이 된다.

그러므로 저항은 $5[\Omega]$이 된다.

니크롬선의 길이를 반으로 자른 후 20V의 전압에 연결했을 때의 니크롬선의 저항은

$R^2 = \frac{1}{2}R = \frac{1}{2} \cdot 10 = 5[\Omega]$

$P = \frac{V^2}{R}[W] = \frac{20^2}{5} = 80[W]$

8 **정전계 내의 도체에 대한 설명으로 옳지 않은 것은?**

① 도체표면은 등전위면이다.

② 도체내부의 정전계 세기는 영이다.

③ 등전위면의 간격이 좁을수록 정전계 세기가 크게 된다.

④ 도체표면상에서 정전계 세기는 모든 점에서 표면의 접선방향으로 향한다.

TIP 도체표면상에서 정전계 세기는 모든 점에서 표면의 법선방향으로 향한다. (등전위면과 전기력선은 항상 수직이다.)

9 **단상 교류회로에서 80kW의 유효전력이 역률 80%(지상)로 부하에 공급되고 있을 때, 옳은 것은?**

① 무효전력은 50kVar이다.

② 역률은 무효율보다 크다.

③ 피상전력은 $100\sqrt{2}$ kVA이다.

④ 코일을 부하에 직렬로 추가하면 역률을 개선시킬 수 있다.

TIP ① 무효전력 $P_r = P_a \sin\theta [k\,Var] = 100 \cdot 0.6 = 60 [k\,Var]$

③ 피상전력은 $P_a = \dfrac{P}{\cos\theta} = \dfrac{80}{0.8} = 100 [k\,VA]$ 이다.

④ 콘덴서를 부하에 직렬로 추가하면 역률을 개선시킬 수 있다.

Answer | 6.④ 7.① 8.④ 9.②

10 다음 회로에서 $v_s(t) = 20\cos(t)\,V$의 전압을 인가했을 때, 전류 $i_s(t)[A]$는?

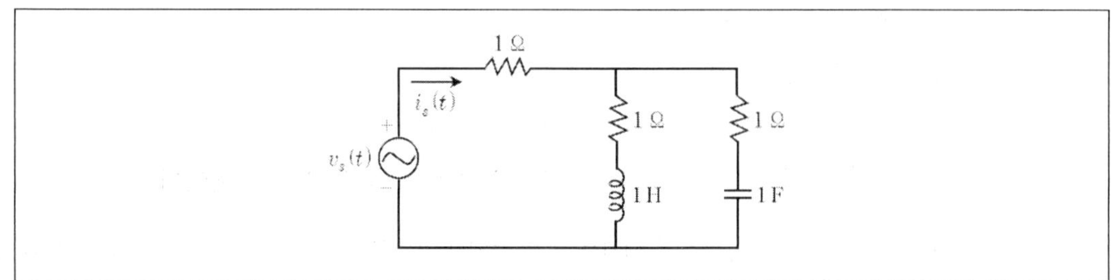

① $10\cos(t)$　　② $20\cos(t)$

③ $10\cos(t-45^\circ)$　　④ $20\cos(t-45^\circ)$

TIP 전압 $v_s(t) = 20\cos(t)[V]$의 각속도는 $w = 1$이다.

유도리액턴스와 용량리액턴스를 구하면,

유도리액턴스 $X_L = jwL[\Omega] = j \times 1 \times 1 = j1[\Omega]$

용량리액턴스 $X_C = \dfrac{1}{jwC}[\Omega] = \dfrac{1}{j \cdot 1 \cdot 1} = -j1[\Omega]$

이후, 등가회로 치환법을 이용하여 풀어나간다.(등가회로를 2회 연속으로 적용하여 풀어나간다.)

• 등가회로 1

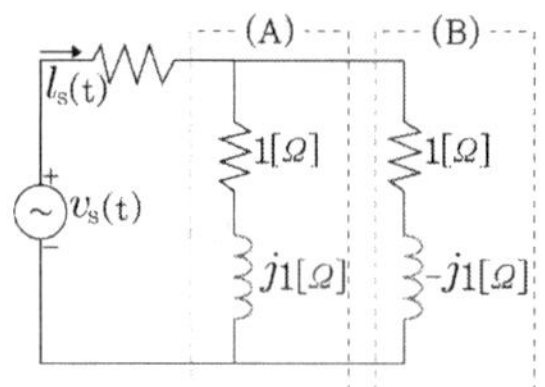

(A)에서 $Z_1 = 1 + j1$, (B)에서 $Z_2 = 1 - j1$이므로

$$Z = \frac{Z_1 \cdot Z_2}{Z_1 + Z_2} = \frac{(1+j1)\cdot(1-j1)}{(1+j1)+(1-j1)} = \frac{1+1}{1+1} = 1[\Omega]$$

• 등가회로 2

$Z = 1 + 1 = 2[\Omega]$

전류 $i_s(t) = \dfrac{v_s(t)}{Z} = \dfrac{20\cos(t)}{2} = 10\cos(t)$가 된다.

11 **커패시터만의 교류회로에 대한 설명으로 옳지 않은 것은?**

① 전압과 전류는 동일 주파수이다.

② 전류는 전압보다 위상이 $\frac{\pi}{2}$ 앞선다.

③ 전압과 전류의 실횻값의 비는 1이다.

④ 정전기에서 커패시터에 축적된 전하는 전압에 비례한다.

TIP 전압과 전류의 비는 1로 정해진 것이 아니라, 용량리엑턴스의 값에 따라 결정된다.

12 **R-L-C 직렬회로에서 $R : X_L : X_C = 1 : 2 : 1$일 때, 역률은?**

① $\frac{1}{\sqrt{2}}$

② $\frac{1}{2}$

③ $\sqrt{2}$

④ 1

TIP 역률 $\cos\theta = \frac{R}{|Z|}$

임피던스 $Z = R + jX_L - jX_C[\Omega] = 1 + j2 - j1 = 1 + j1[\Omega]$

$|Z| = \sqrt{(실수)^2 + (허수)^2} = \sqrt{1^2 + 1^2} = \sqrt{2}$

역률 $\cos\theta = \frac{R}{|Z|} = \frac{1}{\sqrt{2}}$

Answer | 10.① 11.③ 12.①

13 그림 (b)는 그림 (a)의 회로에 흐르는 전류들에 대한 벡터도를 나타낸 것이다. 이러한 조건이 되기 위한 각주파수[rad/sec]는?

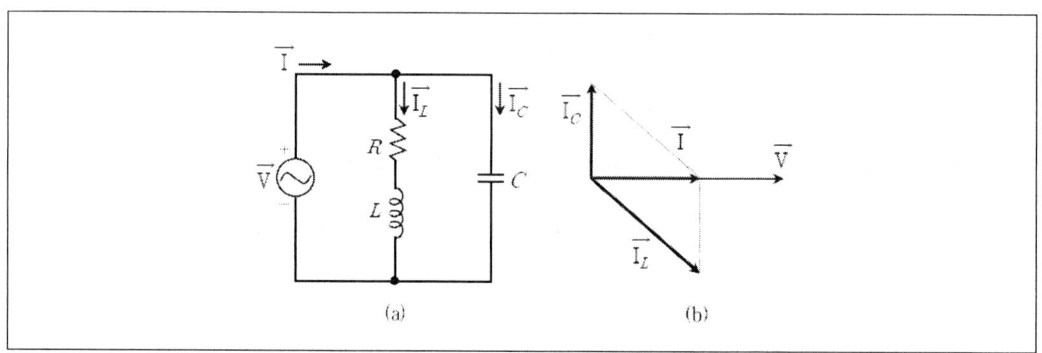

① $\sqrt{\frac{1}{LC}-\frac{R^2}{C^2}}$　　② $\sqrt{\frac{1}{LC}-\frac{R^2}{L^2}}$

③ $\sqrt{\frac{1}{LC}-\frac{L^2}{R^2}}$　　④ $\sqrt{\frac{1}{LC}-\frac{C^2}{R^2}}$

TIP ‖ 전압과 전류의 위상이 동일하므로 공진회로이며, 공진회로의 허수부는 0이 된다.

등가회로도의 (1)에서의 어드미턴스는 $Y_1 = \frac{1}{R+jwL}[\Omega]$

등가회로도의 (2)에서의 어드미턴스는 $Y_2 = jwC[\Omega]$

$Y = Y_1 + Y_2 = \frac{R}{R^2+(wL)^2} - j\left(\frac{wL}{R^2+(wL)^2} - wC\right)$

공진회로이므로 허수부가 0이 되어 $\frac{wL}{R^2+(wL)^2} = wC$

$R^2+(wL)^2 = \frac{L}{C}$가 되며 $(wL)^2 = \frac{L}{C} - R^2$이므로,

$wL = \sqrt{\frac{L}{C} - R^2}$ 가 되어 $w = \sqrt{\frac{1}{LC} - \frac{R^2}{L^2}}$

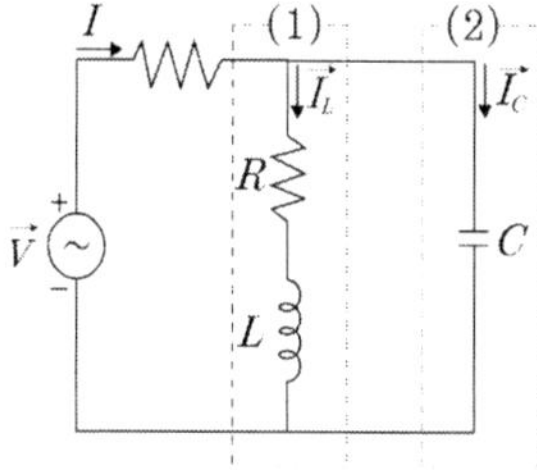

14 한 상의 임피던스가 3+j4Ω인 평형 3상 Δ부하에 선간전압 200V인 3상 대칭전압을 인가할 때, 3상 무효전력[Var]은?

① 600 ② 14,400

③ 19,200 ④ 30,000

TIP △결선은 상전압과 선전압이 동일하며 3상 무효전력의 크기는 $P_r = 3I_p^2X[Var]$가 된다.

△결선은 상전압과 선전압이 동일하므로 $V_P = V_L = 200[V]$이며,

한 상당 임피던스이므로, 상전류는 $I_P = \frac{V_L}{|Z|} = \frac{200}{5} = 40[A]$, 3상 무효전력의 크기는

$P_r = 3I_p^2X[Var] = 3 \cdot (40)^2 \cdot 4 = 19,200[Var]$

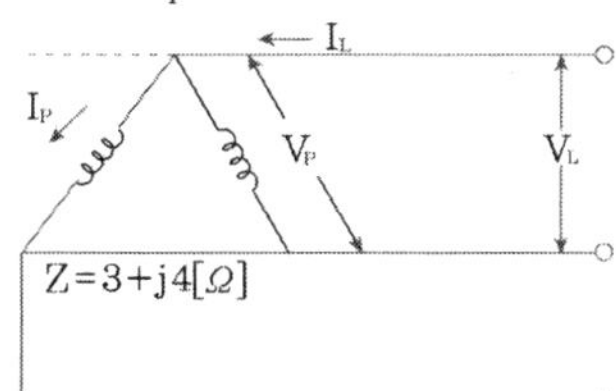

Answer | 13.② 14.③

15 다음 회로에서 전압 V_0[V]는?

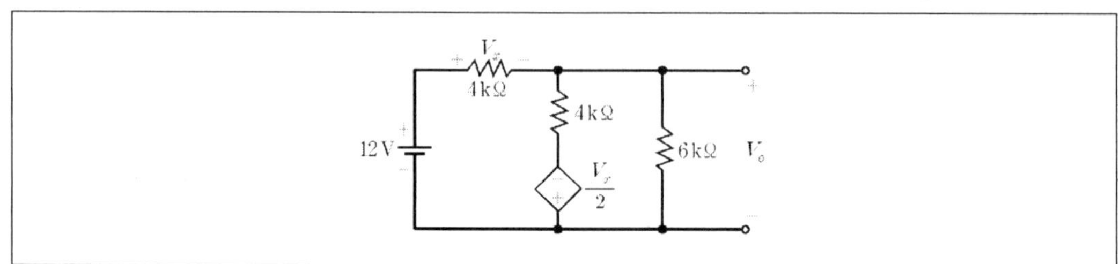

① $\frac{6}{13}$　　② $\frac{24}{13}$

③ $\frac{30}{13}$　　④ $\frac{36}{13}$

TIP A점에서 $\sum I = 0$ $(I_1 + I_2 + I_3 = 0)$이며,

$$I_1 = \frac{V_A - 12}{4},\ I_2 = \frac{V_A - \left(-\frac{V_x}{2}\right)}{4},\ I_3 = \frac{V_A}{6}$$

$I_1 + I_2 + I_3 = 0$의 조건에 위의 각 식을 대입하면,

$$\frac{V_A - 12}{4} + \frac{V_A - \left(-\frac{V_x}{2}\right)}{4} + \frac{V_A}{6} = 0$$

$6(V_A - 12) + 6(V_A + \frac{V_x}{2}) + 4V_A = 0$이며

$V_x = 12 - V_A$이므로 $13V_A = 36$이 되어 $V_A = \frac{36}{13}$이 된다.

"$V_A = V_o$이므로 $V_o = \frac{36}{13}$[V]가 된다."

16 평형 3상 Y결선 회로에서 a상 전압의 순시값이 $v_a = 100\sqrt{2}\,sin(wt + \frac{\pi}{3})\,V$일 때, c상 전압의 순시값 v_c[V]은? (단, 상 순은 a, b, c이다)

① $100\sqrt{2}\,sin(wt + \frac{5}{3}\pi)$

② $100\sqrt{2}\,sin(wt + \frac{1}{3}\pi)$

③ $100\sqrt{2}\,sin(wt - \pi)$

④ $100\sqrt{2}\,sin(wt - \frac{2}{3}\pi)$

TIP 그림을 그려보면 다음과 같다.

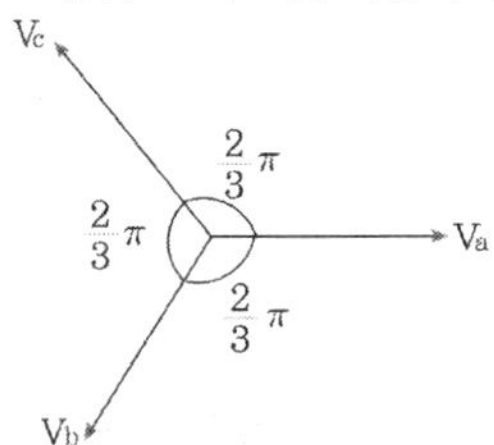

a상 $v_a = 100\sqrt{2}\,sin\left(wt + \frac{\pi}{3}\right)[V]$에서 위상이 $\theta = \frac{\pi}{3}$이며,

c상 $v_c = 100\sqrt{2}\,sin\left(wt - \frac{4}{3}\pi + \frac{\pi}{3}\right)[V]$이므로

c상 전압의 순시값은 $v_c = 100\sqrt{2}\,sin(wt - \pi)[V]$이다.

Answer | 15.④ 16.③

17 다음 R-C 회로에 대한 설명으로 옳은 것은? (단, 입력 전압 v_s의 주파수는 10Hz이다)

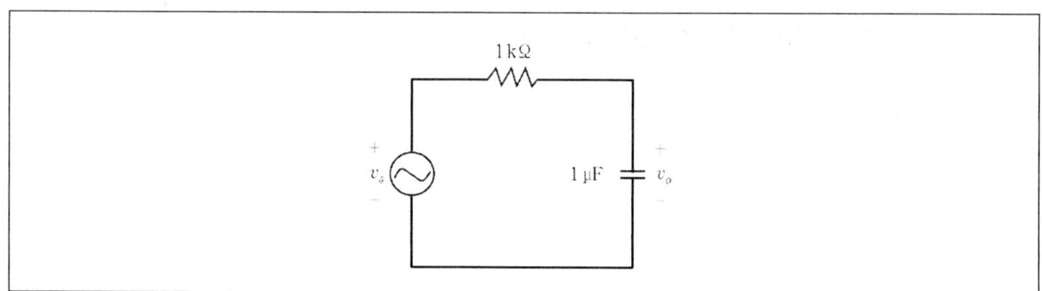

① 차단주파수는 $\frac{1000}{\pi}$ Hz이다.

② 이 회로는 고역 통과 필터이다.

③ 커패시터의 리액턴스는 $\frac{50}{\pi}$ kΩ이다.

④ 출력 전압 v_o에 대한 입력 전압 v_s의 비는 0.6이다.

TIP 용량리액턴스는 $X_C = \frac{1}{wC} = \frac{1}{2\pi fC}[\Omega]$이므로 주어진 조건들을 대입하면

$X_C = \frac{50}{\pi}[k\Omega] \fallingdotseq 16[k\Omega]$이 도출된다.

① 차단주파수는 $f_C = \frac{1}{2\pi RC} = \frac{1}{2000\pi}$ Hz이다.

② RC(resistor-capacitor)회로는 저항과 커패시터로 구성된 회로로서 저주파를 주로 통과시키는 저역 통과 필터(low pass filter)와 고주파를 주로 통과시키는 고역 통과 필터(high pass filter)로 구분할 수 있다.

문제에서 주어진 회로는 저역 통과 필터 회로이다.

V_{in} R $I(s)$ V_{out} C

한편, 고역 통과 필터 회로는 다음과 같다.

V_{in} C $I(s)$ V_{out} R

④ 출력 전압 v_o에 대한 입력 전압 v_s의 비는 약 0.94이다

$$V_o = V_S \cdot \frac{X_C}{R+X_C} = V_S \cdot \frac{16000}{1000+16,000} \fallingdotseq V_S \cdot 0.94$$

18 어떤 인덕터에 전류 $i = 3 + 10\sqrt{2}\,sin50t + 4\sqrt{2}\,sin100t[A]$가 흐르고 있을 때, 인덕터에 축적되는 자기 에너지가 125J이다. 이 인덕터의 인덕턴스[H]는?

① 1　　② 2

③ 3　　④ 4

TIP 실효전류의 값은 다음의 식으로 구하면 $I = \sqrt{125}\,[A]$가 도출된다.

$$I = \sqrt{\text{직류분}^2 + \left(\frac{\text{기본파전류}}{\sqrt{2}}\right)^2 + \left(\frac{\text{고조파전류}}{\sqrt{2}}\right)^2}$$

이 때 코일에 축적되는 에너지는 $W_L = \frac{1}{2}LI^2[J]$이므로

$125 = \frac{1}{2} \times L \times (\sqrt{125})^2$이고, $L = \frac{125}{125} \times 2 = 2[H]$

19 다음 회로와 같이 평형 3상 R-L 부하에 커패시터 C를 설치하여 역률을 100[%]로 개선할 때, 커패시터의 리액턴스[Ω]는? (단, 선간전압은 200V, 한 상의 부하는 12+j9[Ω]이다.)

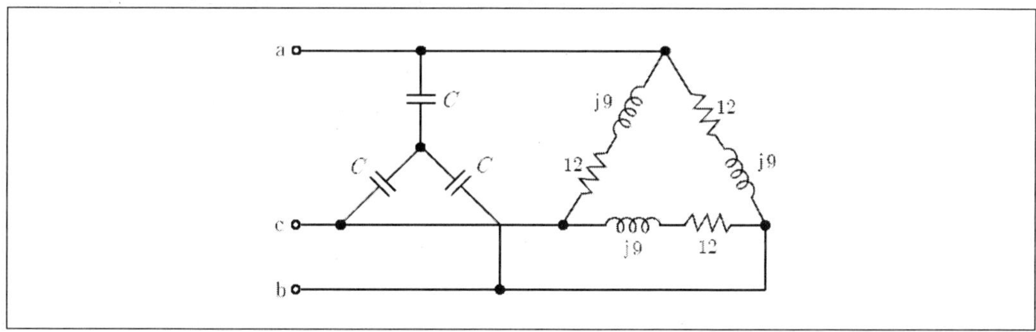

① $\frac{20}{4}$　　② $\frac{20}{3}$

③ $\frac{25}{4}$　　④ $\frac{25}{3}$

TIP 주어진 회로를 Y변환 등가회로로 변환시키면 다음과 같다.

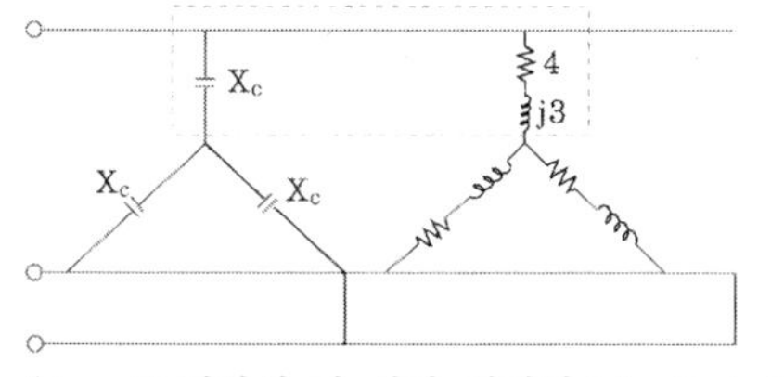

(△→Y 변환시 한 상당 임피던스는 Z=4+j3[Ω])

Answer | 17.③ 18.② 19.④

위의 회로를 병렬등가회로화 시키면 다음과 같다.

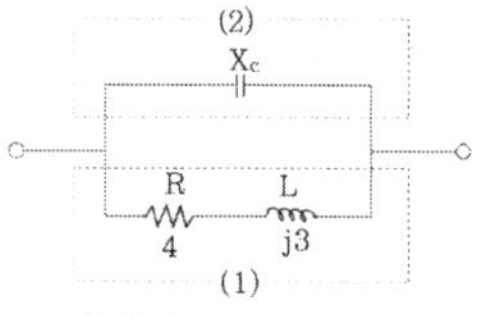

RL직렬에 C병렬연결인 등가회로로 구성된다.

(1)에서 어드미턴스 $Y_1 = \frac{1}{4+j3}[\Omega]$

(2)에서 어드미턴스 $Y_2 = j\frac{1}{X_C}[\Omega]$

$Y = Y_1 + Y_2 = \frac{1}{4+j3} + j\frac{1}{X_C} = \frac{4}{25} - j\frac{3}{25} + j\frac{1}{X_C}$

허수부가 0이므로 $X_C = \frac{25}{3}[\Omega]$이 도출된다.

20 다음 R-L직렬회로에서 t=0일 때, 스위치를 닫은 후 $\frac{di(t)}{dt}$에 대한 설명으로 옳은 것은?

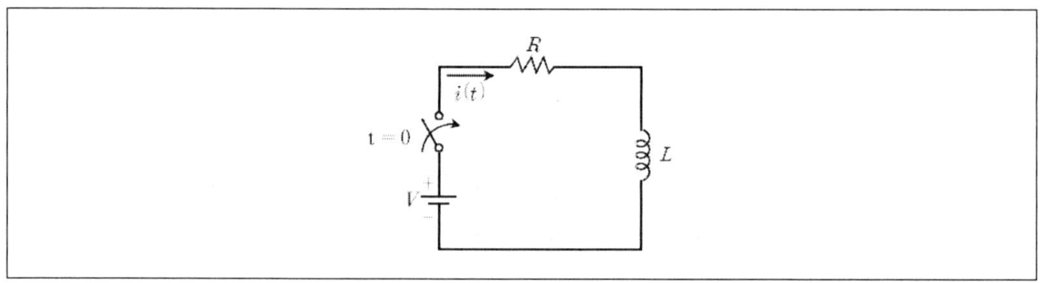

① 인덕턴스에 비례한다.

② 인덕턴스에 반비례한다.

③ 저항과 인덕턴스의 곱에 비례한다.

④ 저항과 인덕턴스의 곱에 반비례한다.

TIP | $v_L = L\frac{di(t)}{dt}[V]$이고, $\frac{di(t)}{dt} = \frac{1}{L}$이므로 스위치를 닫은 후 t=0일 때, 인덕턴스 L에 반비례한다.

2016. 6. 18 제1회 지방직 시행

1 전압원의 기전력은 20[V]이고 내부저항은 2[Ω]이다. 이 전압원에 부하가 연결될 때 얻을 수 있는 최대 부하전력[W]은?

① 200 ② 100
③ 75 ④ 50

TIP 최대전력의 전달조건은 $P_{\max} = \dfrac{E^2}{4R}[W]$이므로 주어진 값을 대입하면 50[W]가 산출된다.

2 다음 회로에서 조정된 가변저항값이 100[Ω]일 때 A와 B 사이의 저항 100[Ω] 양단 전압을 측정하니 0[V]일 경우, R_x[Ω]은?

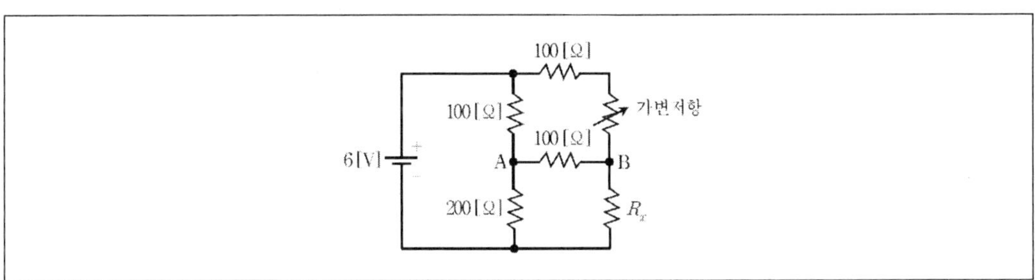

① 400 ② 300
③ 200 ④ 100

TIP 브리지의 평형시에는 AB 양단에는 전류가 흐르지 않아야 한다.

Answer | 20.② / 1.④ 2.①

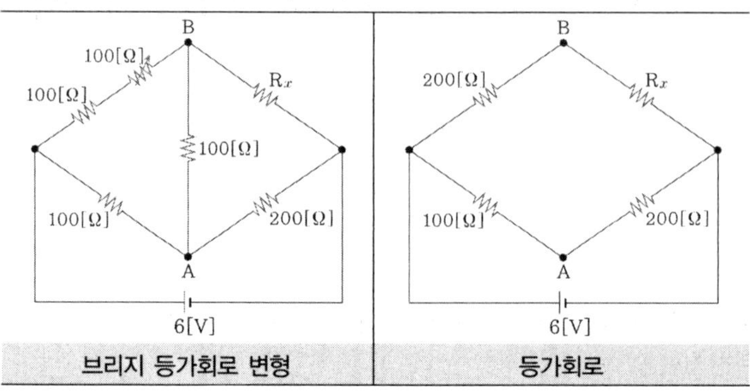

브리지의 평형조건에 의해 $200 \cdot 200 = R_x \cdot 100$가 성립한다.

$$R_x = \frac{40,000}{100} = 400[\Omega]$$

3 **다음 회로와 같이 직렬로 접속된 두 개의 코일이 있을 때, $L_1 = 20[mH]$, $L_2 = 80[mH]$, 결합계수 k=0.8이다. 이 때 상호인덕턴스 M의 극성과 크기[mH]는?**

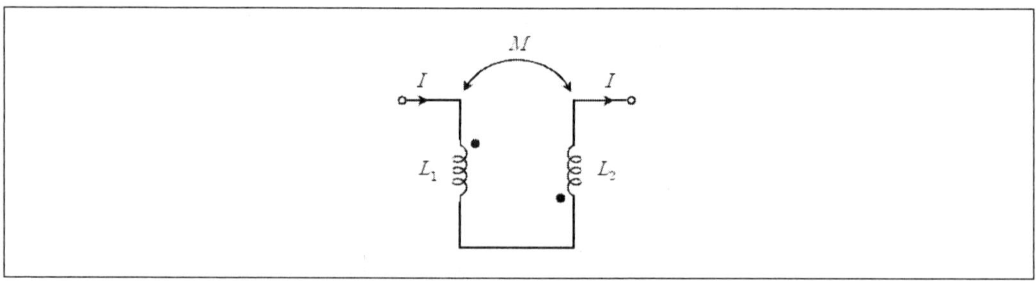

극성	크기
① 가극성	32
② 가극성	40
③ 감극성	32
④ 감극성	40

TIP 코일에 전류가 흐를 경우 모든 점이 코일의 앞쪽에 위치하거나 뒤쪽에 위치하면 가극성을 가지며 그 외의 경우는 감극성을 갖게 된다.

상호인덕턴스의 크기는

$M = k\sqrt{L_1 L_2} = 0.8 \cdot \sqrt{20 \cdot 80} = 0.8 \cdot 40 = 32[mH]$

4 단상 교류전압 $v = 300\sqrt{2}\,coswt$[V]를 전파 정류하였을 때, 정류회로 출력 평균전압[V]은? (단, 이상적인 정류 소자를 사용하여 정류회로 내부의 전압강하는 없다)

① 150
② $\dfrac{300}{2\pi}$
③ $\dfrac{300}{\pi}$
④ $\dfrac{600\sqrt{2}}{\pi}$

TIP 출력평균전압은 최대전압값에 $\dfrac{2}{\pi}$를 곱한 값이므로,

$$V_{avg} = \frac{2V_m}{\pi}[V] = \frac{2}{\pi} \cdot 300\sqrt{2} = \frac{600\sqrt{2}}{\pi}[V]$$

5 다음 회로에서 $V=96$[V], $R=8[\Omega]$, $X_L=6[\Omega]$일 때, 전체전류 I[A]는?

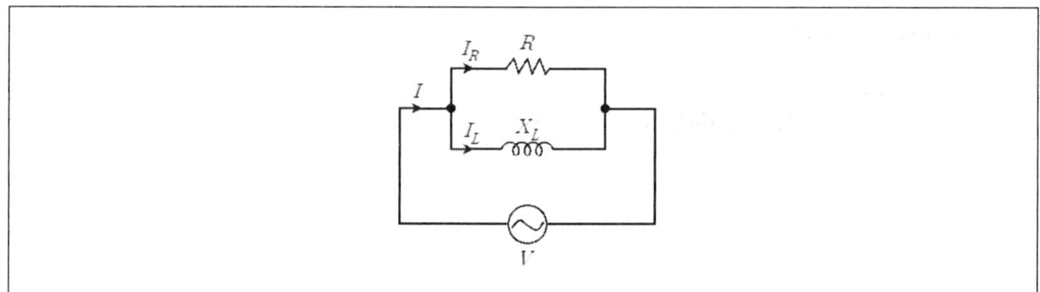

① 38
② 28
③ 9.6
④ 20

TIP RL병렬회로 임피던스 $Z=\dfrac{R \cdot X_L}{\sqrt{R^2+X_L^2}}=4.8[\Omega]$

전체전류는 96/4.8이므로 20[A]가 된다.

Answer | 3.① 4.④ 5.④

6 다음 (a)는 반지름 2r을 갖는 두 원형 극판 사이에 한 가지 종류의 유전체가 채워져 있는 콘덴서이다. (b)는 (a)와 동일한 크기의 원형 극판 사이에 중심으로부터 반지름 r인 영역 부분을 (a)의 경우보다 유전율이 2배인 유전체로 채우고 나머지 부분에는 (a)와 동일한 유전체로 채워 놓은 콘덴서이다. (b)의 정전용량은 (a)와 비교하여 어떠한가? (단, (a)와 (b)의 극판 간격 d는 동일하다.)

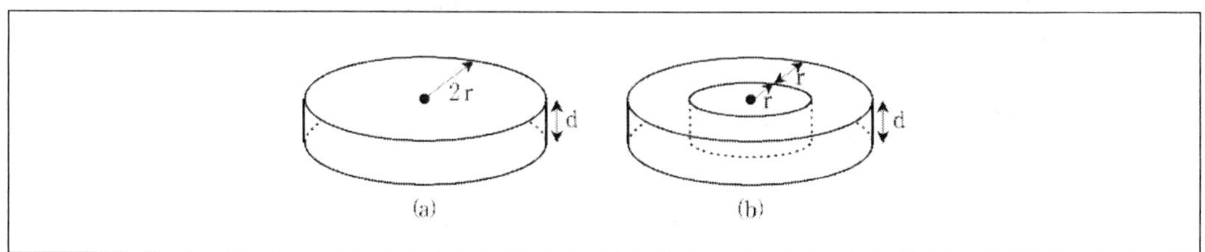

① 15.7% 증가한다.

② 25% 증가한다.

③ 31.4% 증가한다.

④ 50% 증가한다.

TIP 콘덴서의 정전용량 : $C=\frac{\varepsilon_1 A}{d}$ 이며 $A=\pi r^2$ 이다.

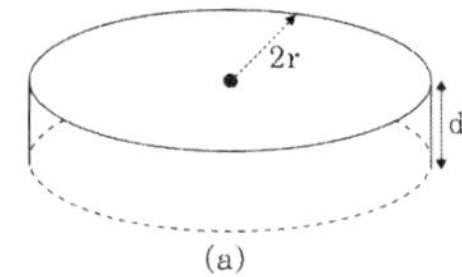

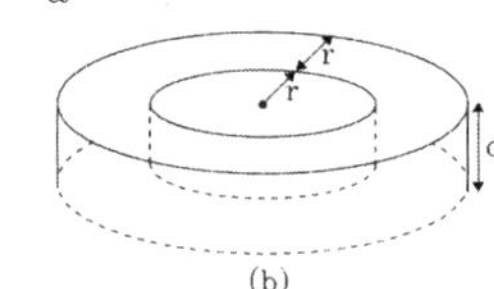

㉠ 그림(a)의 경우 정전용량 : $C_a=\frac{4\varepsilon_1 \pi r^2}{d}$

㉡ 그림(b)의 경우

- 내부의 정전용량 : $C_1=\frac{2\varepsilon_1 \pi r^2}{d}$
- 나머지 부분의 정전용량 : $C_2=\frac{3\varepsilon_1 \pi r^2}{d}$

($C=\frac{\varepsilon_1 A}{d}$ 에 $A=4\pi r^2-\pi r^2=3\pi r^2$ 을 대입)

그림(b)의 경우 정전용량은 내부와 나머지 부분이 서로 병렬로 연결된 것으로 볼 수 있으므로 다음과 같은 식이 성립한다.

$C_b=C_1+C_2=\frac{5\varepsilon_1 \pi r^2}{d}$ 이며 $\frac{C_b}{C_a}=\frac{5}{4}$ 이므로 25%가 증가된다.

7 부하임피던스 $\dot{Z}=jwL[\Omega]$에 전압 V[V]가 인가되고 전류 $2I$[A]가 흐를 때의 무효전력[Var]을 w, L, I로 표현한 것은?

① $2wLI^2$

② $4wLI^2$

③ $4wLI^2$

④ $2wLI$

TIP 무효전력 산정식은 $P_r = I^2X_L[Var]$
주어진 식에 문제에서 주어진 조건을 대입하면,
$P_r=(2I)^2\cdot jwL=4I^2\cdot jwL=4wLI^2[Var]$

8 다음 식으로 표현되는 비정현파 전압의 실효값[V]은?

$$v=2+5\sqrt{2}\,sinwt+4\sqrt{2}\,sin(3wt)+2\sqrt{2}\,sin(5wt)[V]$$

① $13\sqrt{2}$

② 11

③ 7

④ 2

TIP 실효전압은 다음의 식으로 산출한다.

$$V=\sqrt{(\text{직류분})^2+\left(\frac{\text{기본파 전압}}{\sqrt{2}}\right)^2+\left(\frac{\text{고조파 전압}}{\sqrt{2}}\right)^2}$$

$$=\sqrt{2^2+\left(\frac{5\sqrt{2}}{\sqrt{2}}\right)^2+\left(\frac{2\sqrt{2}}{\sqrt{2}}\right)^2}=\sqrt{49}=7$$

Answer | 6.② 7.② 8.③

9 다음 회로 (a), (b)에서 스위치 S1, S2를 동시에 닫았다. 이 후 50초 경과 시 $(I_1 - I_2)$[A]로 가장 적절한 것은? (단, L과 C의 초기전류와 초기전압은 0이다)

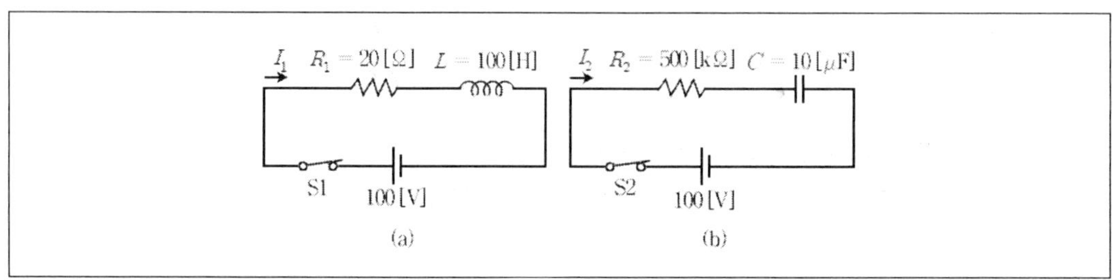

① 0.02
② 3
③ 5
④ 10

TIP 좌측회로 (a)는 R-L직렬회로이며 우측회로 (b)는 R-C직렬회로이다. 이 두 회로의 시정수가 5[s]로 같다.
50초 경과시에는 정상상태이므로 인덕턴스 L은 단락되고 커패시터 C는 개방된 상태이다.
(a)와 (b)의 등가회로를 그리면 다음과 같다.

• (a)의 등가회로(RL직렬)

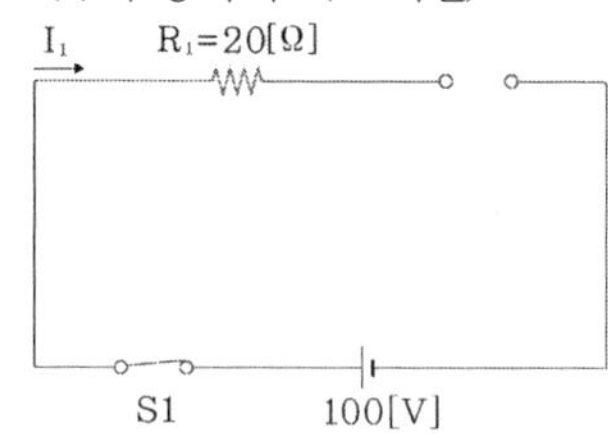

$$I_1 = \frac{V}{R} = \frac{100}{20} = 5[A]$$

• (b)의 등가회로(RC직렬)

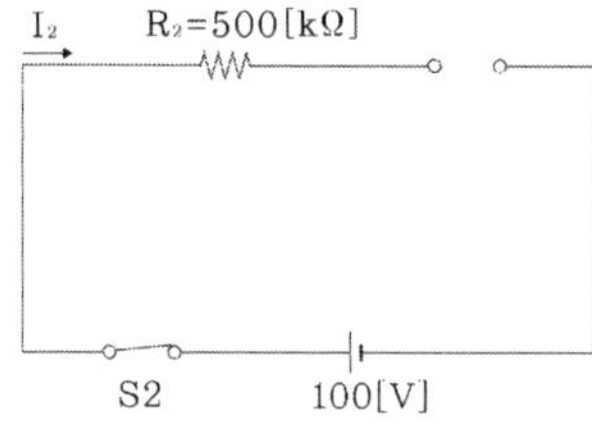

회로는 개방상태이므로 $I_2 = 0$이 된다.

$\therefore I_1 - I_2 = 5 - 0 = 5[A]$

10 다음 회로와 같이 평형 3상 전원을 평형 3상 Δ결선 부하에 접속하였을 때 Δ결선 부하 1상의 유효전력이 P[W]였다. 각 상의 임피던스 Z를 그대로 두고 Y결선으로 바꾸었을 때 Y결선 부하의 총전력[W]은?

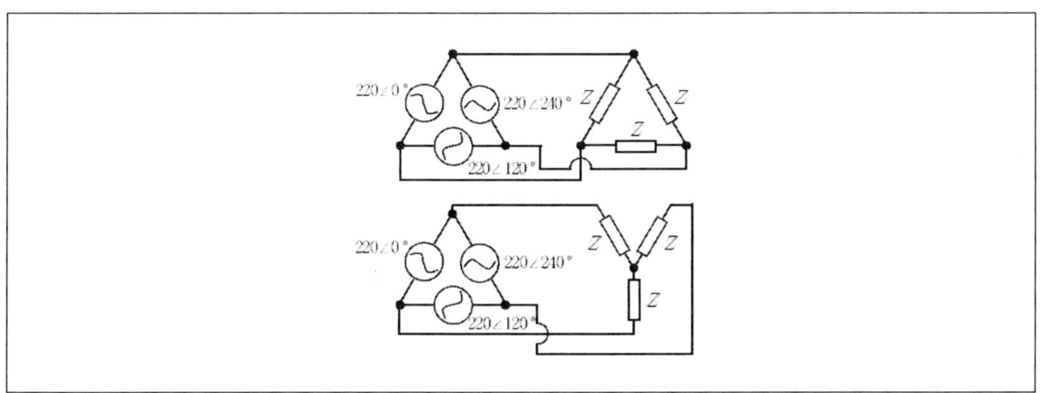

① $\frac{P}{3}$
② P
③ $\sqrt{3}$ P
④ 3P

TIP ‖ 3상 전력은 Y결선과 △결선에 관계없이 모두 같다.

11 다음 회로에서 직류전압 $V_s = 10$[V]일 때, 정상상태에서의 전압 $V_c[V]$와 전류 $I_R[mA]$은?

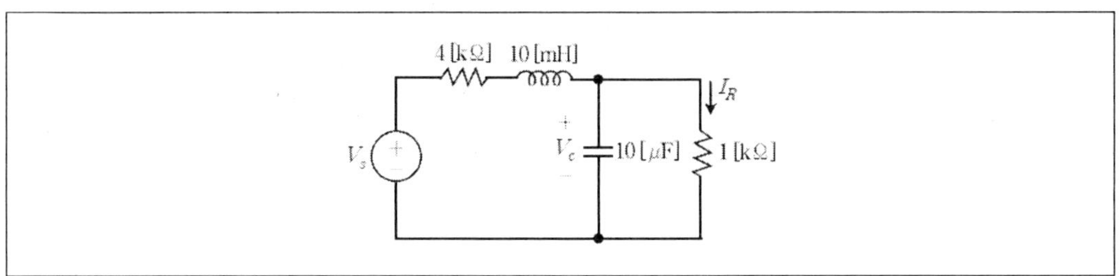

	V_c	I_R
①	8	20
②	2	20
③	8	2
④	2	2

Answer | 9.③ 10.② 11.④

TIP 정상상태(과도현상을 지난 안정된 상태)인 경우, 인덕턴스 L은 단락시키고, 커패시터 C는 개방시킨다. 정상상태의 경우 등가회로를 그리면 다음과 같다.

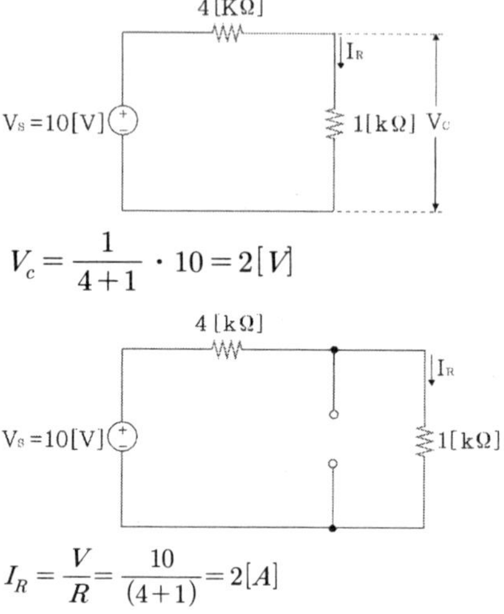

$$V_c = \frac{1}{4+1} \cdot 10 = 2[V]$$

$$I_R = \frac{V}{R} = \frac{10}{(4+1)} = 2[A]$$

12 진공 중의 한점에 음전하 5[nC]가 존재하고 있다. 이 점에서 5[m] 떨어진 곳의 전기장의 세기 [V/m]는? (단, $\frac{1}{4\pi\epsilon_o} = 9 \times 10^9$ 이고, ϵ_o는 진공의 유전율이다.)

① 1.8　② −1.8
③ 3.8　④ −3.8

TIP 전기장의 세기 $E = \frac{1}{4\pi\varepsilon_o} \cdot \frac{Q}{r^2}[V/m] = 9 \times 10^9 \times \frac{Q}{r^2}[V/m]$
위의 식에 주어진 조건을 대입하면 −1.8[V/m]이 산출된다.

13 철심 코어에 권선수 10인 코일이 있다. 이 코일에 전류10[A]를 흘릴 때, 철심을 통과하는 자속이 0.001[Wb]이라면 이 코일의 인덕턴스[mH]는?

① 100　② 10
③ 1　④ 0.1

TIP $LI = N\phi$이므로 $L = \frac{N\phi}{I} = \frac{10 \cdot 0.001}{10} = 0.001[H] = 1[mH]$

14 다음 그림과 같이 자극(N, S) 사이에 있는 도체에 전류 I[A]가 흐를 때, 도체가 받는 힘은 어느 방향인가?

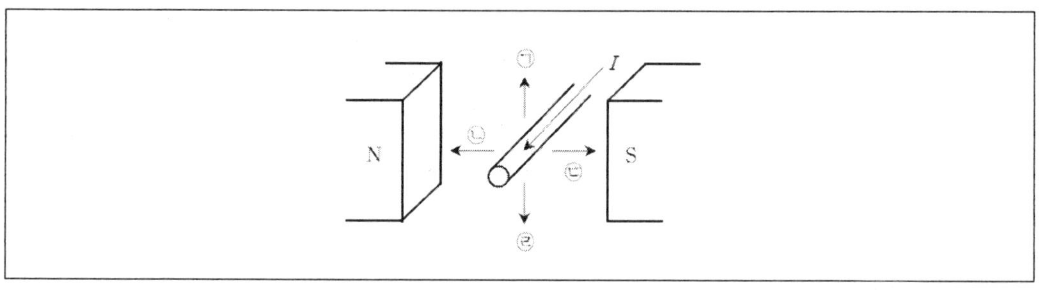

① ㉠ ② ㉡
③ ㉢ ④ ㉣

TIP 플레밍의 왼손법칙에 따라 도체는 ㉠ 방향으로 힘을 받게 된다.

15 이상적인 단상 변압기의 2차측에 부하를 연결하여 2.2[kW]를 공급할 때의 2차측 전압이 220[V], 1차측 전류가 50[A]라면 이 변압기의 권선비 $N_1 : N_2$는? (단, N_1은 1차측 권선수이고 N_2는 2차측 권선수이다)

① 1 : 5 ② 5 : 1
③ 1 : 10 ④ 10 : 1

TIP 2차측의 전력은 $P_2 = V_2 I_2$이므로 $I_2 = \frac{P_2}{V_2} = \frac{2200}{220} = 10[A]$

$\frac{V_1}{V_2} = \frac{I_2}{I_1}$ 이므로 $\frac{V_1}{220} = \frac{10}{50}$ 이 된다.

$V_1 = \frac{220 \times 10}{50} = 44[V]$이므로 $N_1 : N_2 = 1 : 5$가 된다.

(권수비 $n = \frac{V_1}{V_2} = \frac{N_1}{N_2} = \frac{I_2}{I_1} = \sqrt{\frac{Z_1}{Z_2}}$)

Answer | 12.② 13.③ 14.① 15.①

16 교류회로의 전압 $\dot{V}$와 전류 $\dot{I}$가 다음 벡터도와 같이 주어졌을 때, 임피던스 $\dot{Z}[\Omega]$는?

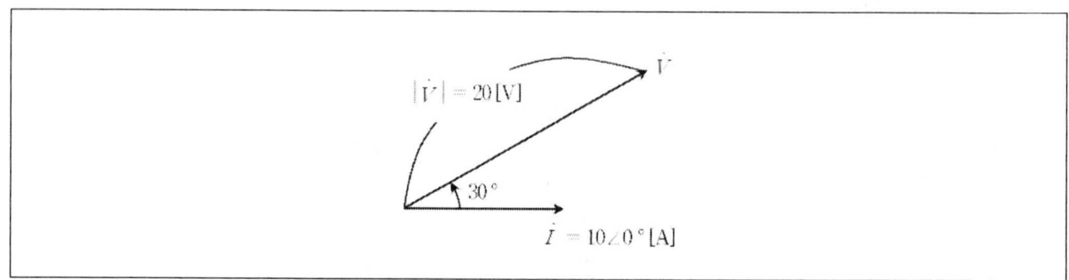

① $\sqrt{3}-j$
② $\sqrt{3}+j$
③ $1+j\sqrt{3}$
④ $1-j\sqrt{3}$

TIP 임피던스 $Z=\dfrac{V}{I}[\Omega]=\dfrac{20\angle 30^\circ}{10\angle 0^\circ}=2\angle 30^\circ$

극좌표 표시 $2\angle 30^\circ = 2(\cos 30^\circ + j sin 30^\circ) = 2\left(\dfrac{\sqrt{3}}{2}+j\dfrac{1}{2}\right) = \sqrt{3}+j1$

17 다음과 같은 정현파 전압 v와 전류 i로 주어진 회로에 대한 설명으로 옳은 것은?

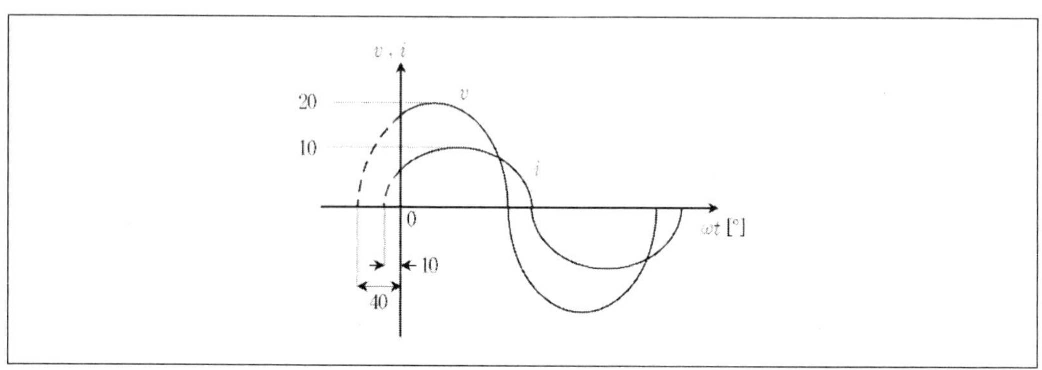

① 전압과 전류의 위상차는 40°이다.
② 교류전압 $v = 20\sin(wt - 40^\circ)$이다.
③ 교류전류 $i = 10\sqrt{2}\,sin(wt + 10^\circ)$이다.
④ 임피던스 $\dot{Z} = 2\angle 30^\circ$ 이다.

TIP ① 전압과 전류의 위상차는 30°이다.
② 교류전압 $v = 20\sin(wt + 40^\circ)$이다.
③ 교류전류 $i = 10\sin(wt + 10^\circ)$이다.

18 다음 회로에서 $\dot{V}_{Th} = 12\angle 0°[V]$이고 $\dot{Z}_{Th} = 600 + j150[\Omega]$일 때, 최대전력을 전달하기 위한 부하임피던스 $\dot{Z}_L[\Omega]$과 부하임피던스에 소비되는 전력 $P_L[W]$은?

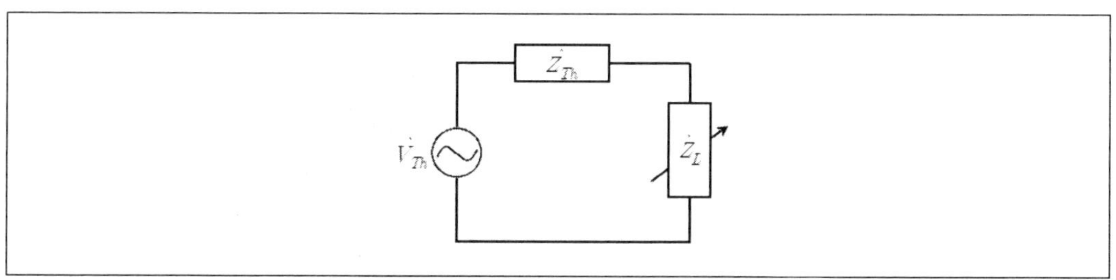

	$\dot{Z}_L$	P_L
①	600−j150	0.06
②	600+j150	0.6
③	600−j150	0.6
④	600+j150	0.06

TIP ‖ 부하임피던스 Z_L은 내부임피던스의 켤레복소수이므로 600−j150가 된다.

최대전력을 전달하기 위해서는 $P_{\max} = \frac{E^2}{4R}[W]$이어야 하므로

$$P_{\max} = \frac{E^2}{4R}[W] = \frac{12^2}{4 \cdot 600} = 0.06[W]$$

Answer | 16.② 17.④ 18.①

19 다음 평형 3상 교류회로에서 선간전압의 크기 $V_L = 300[V]$, 부하 $\dot{Z}_P = 12 + j9[\Omega]$일 때, 선전류의 크기 $I_L[A]$는?

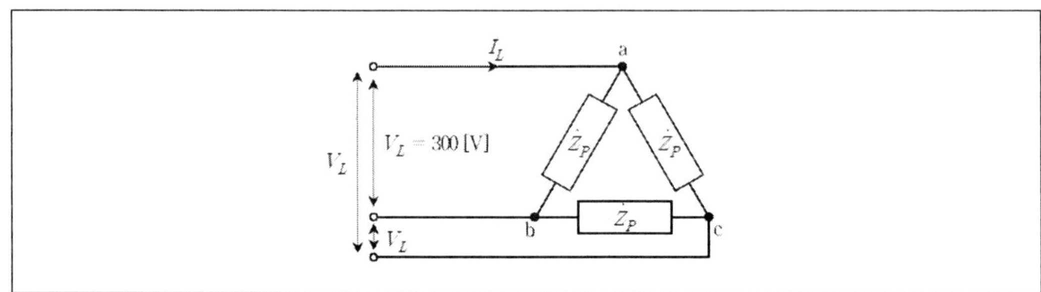

① 10　　② $10\sqrt{3}$

③ 20　　④ $20\sqrt{3}$

TIP 임피던스 $Z = \sqrt{12^2 + 9^2} = \sqrt{225} = 15[\Omega]$

상전류 $I_P = \dfrac{V_P}{Z_P} = \dfrac{300}{15} = 20[A]$

선전류 $I_L = \sqrt{3}\,I_P = \sqrt{3} \times 20 = 20\sqrt{3}[A]$

20 다음 회로가 정상상태를 유지하는 중, $t = 0$에서 스위치 S를 닫았다. 이 때 전류 i의 초기전류 $i_{(0+)}[mA]$는?

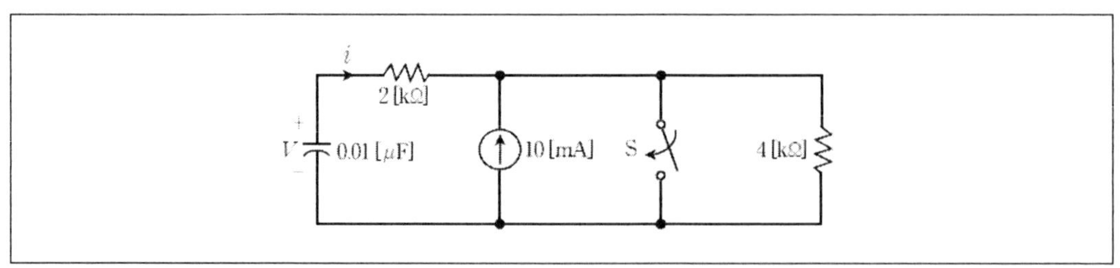

① 0　　② 2

③ 10　　④ 20

TIP 콘덴서를 개방시키고 스위치를 Open하면 다음과 같은 회로도가 성립한다.

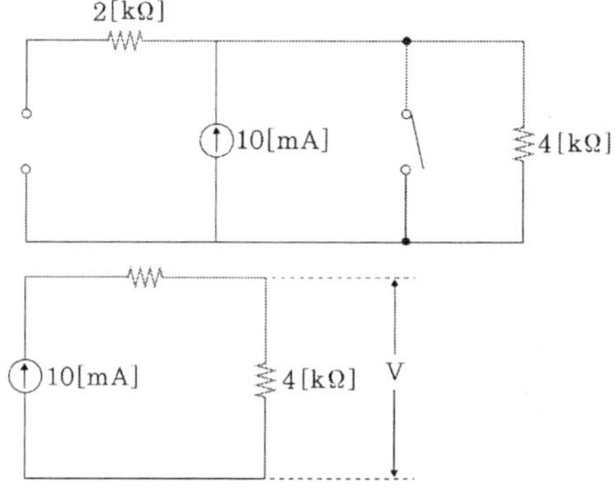

이 때 4[kΩ] 양단의 전압강하는 $V = IR = 10 \cdot 10^{-3} \cdot 4 \cdot 10^{3} = 40[V]$가 된다.

스위치만 닫으면 다음과 같은 회로도가 성립한다.

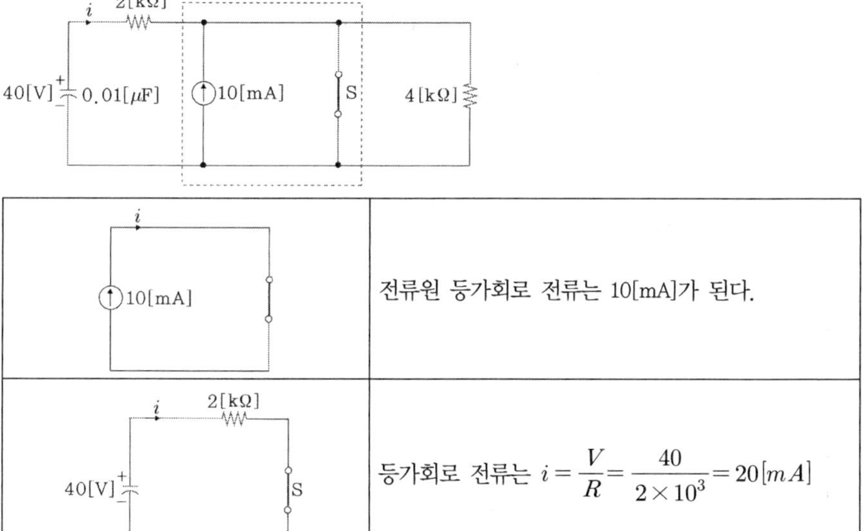

i, 10[mA]	전류원 등가회로 전류는 10[mA]가 된다.
i, 2[kΩ], 40[V], S	등가회로 전류는 $i = \dfrac{V}{R} = \dfrac{40}{2 \times 10^{3}} = 20[mA]$

즉, 초기전류 $i_{(0+)} = 20[mA]$가 흐른다.

Answer | 19.④ 20.④

2016. 6. 25 서울특별시 시행

1 **4[μF]과 6[μF]의 정전용량을 가진 두 콘덴서를 직렬로 연결하고 이 회로에 100[V]의 전압을 인가할 때 6[μF]의 양단에 걸리는 전압[V]은?**

① 40 ② 60

③ 80 ④ 100

TIP 두 개의 콘덴서를 직렬로 연결하고 이 회로에 100[V]의 전압을 가하면 4[μF]콘덴서에는 60[V], 6[μF]콘덴서에는 40[V]가 걸리게 된다. (콘덴서의 직렬 연결인 경우, 콘덴서에 걸리는 전압의 크기와 정전용량은 서로 반비례 관계를 갖는다.)

2 **그림과 같은 회로에서 a, b에 나타나는 전압[V]값은?**

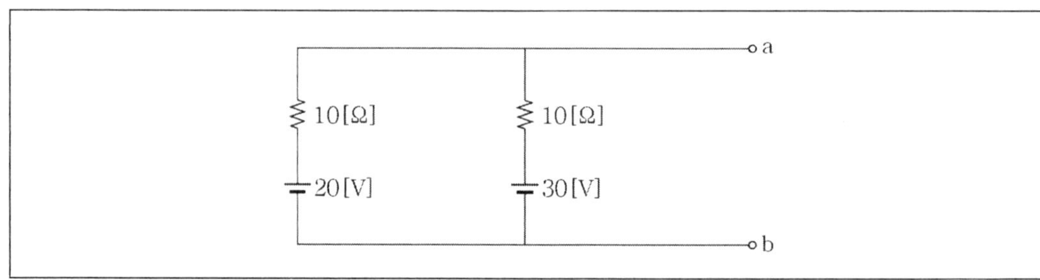

① 15 ② 20

③ 25 ④ 30

TIP 밀만의 정리에 따라서 푼다.

$$V_{ab}=\frac{\frac{V_1}{R_1}+\frac{V_2}{R_2}}{\frac{1}{R_1}+\frac{1}{R_2}}=\frac{\frac{20}{10}+\frac{30}{10}}{\frac{1}{10}+\frac{1}{10}}=25$$

3 **자체 인덕턴스가 L=0.1[H]인 코일과 R=1[Ω]인 저항을 직렬로 연결하고 교류전압 $v = 100\sqrt{2}\,sin(10t)$[V]인 정현파를 가할 때, 코일에 흐르는 전류의 실횻값[A]과 전류와 전압의 위상차는 각각 어떻게 되는가?**

① $\frac{100}{\sqrt{2}}[A]$, 90°　　② $100[A]$, 90°

③ $100[A]$, 45°　　④ $\frac{100}{\sqrt{2}}[A]$, 45°

TIP R−L 직렬회로이며 교류전압을 가하는 경우이다.

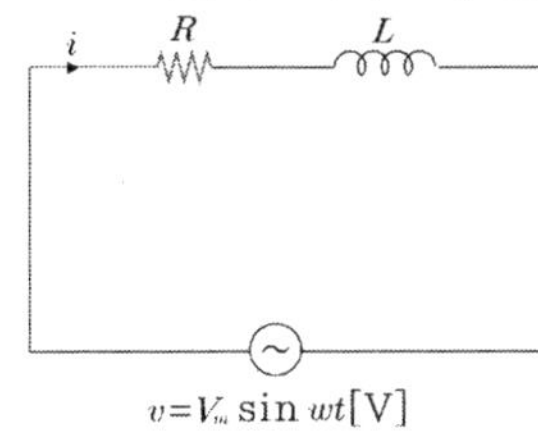

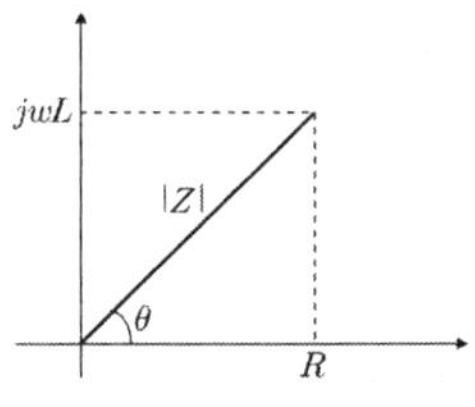

Y축(허수축)의 wL값과 X축(실수축)의 R이 서로 같으므로

$\theta = \frac{\pi}{4} = \tan^{-1}\frac{wL}{R}$ 가 된다. 그러므로 전류의 위상은 전압의 위상보다 45° 뒤지게 된다.

$$i = \frac{v}{Z} = \frac{V_m}{\sqrt{R^2 + (wL)^2}}\,sin\left(wt - \tan^{-1}\frac{wL}{R}\right)$$

또한, 코일에 흐르는 전류의 실효값은 100[V]가 된다.

자체 인덕턴스가 L=0.1[H]인 코일과 R=1[Ω]인 저항이며 $w = 10$이므로

$$i = \frac{v}{Z} = \frac{100\sqrt{2}}{\sqrt{1^2 + (1)^2}}\,sin\left(10t - \frac{\pi}{4}\right) = 100\sin\left(10t - \frac{\pi}{4}\right)$$ 가 되며

이 전류의 실효값은 $\frac{100}{\sqrt{2}}$ 가 된다.

Answer | 1.① 2.③ 3.④

4 **다음 전력계통 보호계전기의 기능에 대한 설명 중 옳은 것만을 모두 고르면?**

> 가. 과전류 계전기(Overcurrent Relay) : 일정값 이상의 전류(고장전류)가 흘렀을 때 동작하고 보호협조를 위해 동작시간을 설정할 수 있다.
> 나. 거리 계전기(Distance Relay) : 전압, 전류를 통해 현재 선로의 임피던스를 계산하여 고장여부를 판단하고 주로 배전계통에 사용된다.
> 다. 재폐로기(Recloser) : 과전류계전기능과 차단기능이 함께 포함된 보호기기로 고장전류가 흐를 경우, 즉각적으로 일시에 차단을 하게 된다.
> 라. 차동 계전기(Differential Relay) : 전류의 차를 검출하여 고장을 판단하는 계전기로 보통 변압기, 모선, 발전기 보호에 사용된다.

① 가, 나, 다, 라 ② 가, 라
③ 나, 다 ④ 다, 라

TIP 나. 거리 계전기(Distance Relay) : 송전선에 사고가 발생했을 때 고장구간의 전류를 차단하는 작용을 하는 계전기이다. 실제로 전압과 전류의 비는 전기적인 거리, 즉 임피던스를 나타내므로 거리계전기라는 명칭을 사용하며 송전선의 경우는 선로의 길이가 전기적인 길이에 비례하므로 이 계전기를 사용 용이하게 보호할 수 있게 된다. 거리계전기에는 동작특성에 따라 임피던스형, 모우(MHO)형, 리액턴스형, 오옴(OHM)형, 오프셋모우(off set mho)형 등이 있다. 전압이 큰 송전계통에 주로 사용하지만 배전계통은 오동작이 많아서 잘 사용하지 않는다.

다. 재폐로기(Recloser) : 고장이 감지될 경우 회로를 자동으로 차단하는 기기이다. 일시적 고장의 경우 자동적으로 수 차례 폐로를 시행하여(보통 3회) 반복적으로 자체적인 고장해소 기회를 부여하며, 고장이 해소되지 않으면 최종적으로 회로를 개로(open)하고 분리시킨다.

5 **그림은 이상적인 연산증폭기(Op Amp)이다. 이에 대한 설명으로 옳은 것은?**

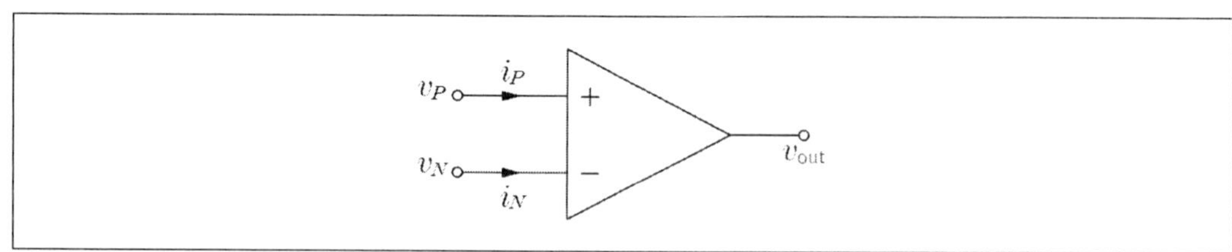

① 입력 전압 v_p와 v_N은 같은 값을 갖는다.
② 입력 저항은 0의 값을 갖는다.
③ 입력 전류 i_p와 i_N은 서로 다른 값을 갖는다.
④ 출력 저항은 무한대의 값을 갖는다.

TIP ∥ 이상적인 연산증폭기의 특징

- 입력 전압 v_p와 v_N은 같은 값을 갖는다.
- 입력 저항은 무한대의 값을 갖는다.
- 입력 전류 i_p와 i_N은 서로 같은 값을 갖는다.
- 출력 저항은 0의 값을 갖는다.
- 개방전압이득이 무한대이다.
- 대역폭이 무한대이다.
- 오프셋 전압이 0이다.

※ 기본적인 연산증폭기의 특징

- 입력 임피던스가 크며 출력 임피던스는 작다.
- 정부(+, -) 2개의 전원을 필요로 한다.
- 증폭도가 매우 크다.

6 **평형 상회로에 대한 설명 중 옳은 것을 모두 고르면? (단, 전압, 전류는 페이저로 표현되었다고 가정한다.)**

가. Y결선 평형 상회로에서 상전압은 선간전압에 비해 크기가 $1/\sqrt{3}$ 배이다. 나. Y결선 평형 상회로에서 상전류는 선전류에 비해 크기가 $\sqrt{3}$ 배이다. 다. Δ결선 평형 상회로에서 상전압은 선간전압에 비해 크기가 $\sqrt{3}$ 배이다. 라. Δ결선 평형 상회로에서 상전류는 선전류에 비해 크기가 $1/\sqrt{3}$ 배이다.

① 가, 나　　② 가, 라

③ 나, 라　　④ 다, 라

TIP ∥ 나. Y결선 평형 상회로에서 상전류는 선전류와 동일하다.
다. Δ결선 평형 상회로에서 상전압은 선간전압과 동일하다.

Answer | 4.② 5.① 6.②

7 다음의 합성저항의 값으로 옳은 것은?

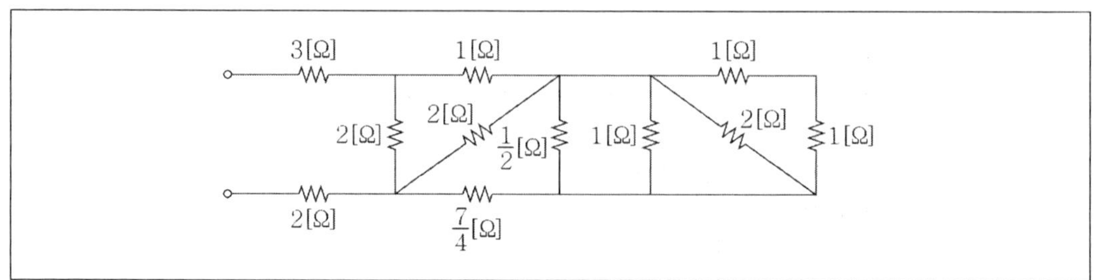

① 9[Ω]

② 8[Ω]

③ 7[Ω]

④ 6[Ω]

TIP‖ 회로에서 대칭성을 잘 살펴보고, 전위(potential)가 같은 점들을 물리학의 기본적인 원리를 활용해서 처리한다면 쉽게 답을 구할 수 있다.

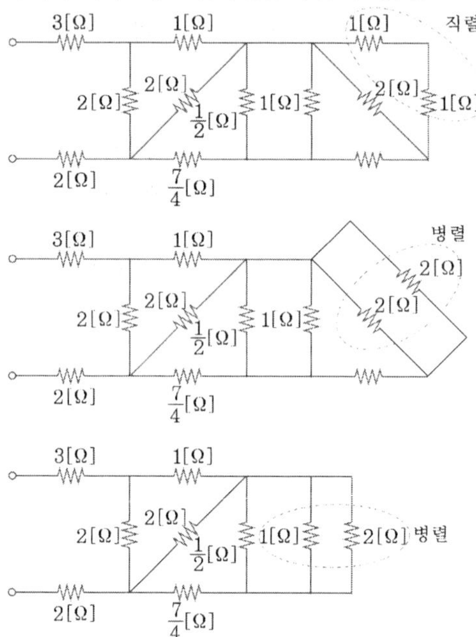

병렬연결방식이 연속된 것으로 해석할 수 있으므로, 위와 같은 순서대로 풀어나가면 최종적으로 합성저항은 6[Ω]이 도출된다.

8 다음 설명 중 옳은 것은 무엇인가?

① 전원회로에서 부하(load) 저항이 전원의 내부저항보다 커야 부하로 최대 전력이 공급된다.

② 코일의 권선수를 2배로 하면 자체 인덕턴스도 2배가 된다.

③ 같은 크기의 전류가 흐르고 있는 평행한 두 도선의 거리를 2배로 멀리하면 그 작용력은 반(1/2)이 된다.

④ 커패시터를 직렬로 연결하면 전체 정전용량은 커진다.

TIP ① 전원회로의 부하저항과 내부저항이 같을 때 최대 전력이 공급된다.
② 권선수를 2배로 하면 인덕턴스는 4배가 된다.
④ 커패시터는 병렬로 연결해야 정전용량이 커진다.

9 자극의 세기가 2×10^{-6}[Wb], 길이가 10[cm]인 막대자석을 120[AT/m]의 평등 자계 내에 자계와 30°의 각도로 놓았을 때 자석이 받는 회전력은 몇[N · m]인가?

① 1.2×10^{-5} ② 2.4×10^{-5}
③ 1.2×10^{-3} ④ 2.4×10^{-3}

TIP $T = MHsin\theta = mlHsin\theta = 2 \times 10^{-6} \times 10 \times 10^{-2} \times 120 \times \sin 30^\circ = 1.2 \times 10^{-5} [N \cdot m]$

10 정격 100[V], 2[kW]의 전열기가 있다. 소비전력이 2,420[W]라 할 때 인가된 전압은 몇 [V]인가?

① 90 ② 100
③ 110 ④ 120

TIP $P = \frac{V^2}{R}$ 이며 전열기의 저항값은 고정이고 전력이 2420[W]이므로
$V = \sqrt{\frac{2420\,W}{2000\,W}} \times 100[V] = 110[V]$가 된다.

Answer | 7.④ 8.③ 9.① 10.③

11 현재 부하에 유효전력은 1[MW], 무효전력은 $\sqrt{3}$[MVar], 역률 cos60°로 전력을 공급하고 있다. 이때, 커패시터를 투입하여 역률을 cos45°로 개선했을 경우의 유효전력 값[MW]으로 옳은 것은?

① $\sqrt{2}$
② $\sqrt{3}$
③ 2
④ $2\sqrt{3}$

TIP 유효전력 : $VIcos\theta = 1[MW]$
$\cos 60° = 0.5$이므로 $VI = 2$
$2 \cdot \cos 45° = 1.414$이므로 답은 $\sqrt{2}$가 된다.

12 $e = 100\sqrt{2}sinwt + 50\sqrt{2}sin3wt + 25\sqrt{2}sin5wt[V]$인 전압을 $R = 8[\Omega]$, $wL = 2[\Omega]$의 직렬회로에 인가할 때 제3고조파 전류의 실횻값[A]은?

① 2.5
② 5
③ $5\sqrt{2}$
④ 10

TIP
$$I_3 = \frac{V_3}{Z_3} = \frac{V_3}{R + j3wL} = \frac{V_3}{\sqrt{R^2 + (3wL)^2}} = \frac{50}{\sqrt{8^2 + (3 \times 2)^2}} = 5[A]$$

13 정재파비(S, standing wave ratio)에 대한 설명으로 옳은 것은?

① 정재파비 $S = \frac{1 + 반사계수}{1 - 반사계수}$로 나타내며, ∞에 가까울수록 정합 상태가 좋다.

② 전압 정재파비와 저항 정재파비가 있다.

③ 데시벨[dB]로 나타내면 $S = 20\log_{10}\frac{1 - 반사계수}{1 + 반사계수}[dB]$이다.

④ 전송 선로에서 최대 전압과 최소 전압의 비로 구한다.

TIP 정재파 … 자유공간에서 전계와 자계는 모든 z에 대해 90°의 위상차를 가지고 있으며, 파형은 일정한 채로 진행하지 않고 시간에 따라 변화하고 있는 것처럼 보이는데 이와 같은 파를 정재파라고 한다.
정재파비 … 정재파의 최소값과 최대값의 비이다.
① 정재파비 $S = \frac{1 + 반사계수}{1 - 반사계수}$로 나타내며, 0에 가까울수록 정합 상태가 좋다.
② 전압 정재파비는 있으나 저항 정재파비는 없다.
③ 데시벨[dB]로 나타내면 $S = 20\log_{10}\frac{1 + 반사계수}{1 - 반사계수}[dB]$이다.

14 그림과 같은 회로에서 저항 R의 양단에 걸리는 전압을 V라고 할 때 기전력 E[V]의 값은?

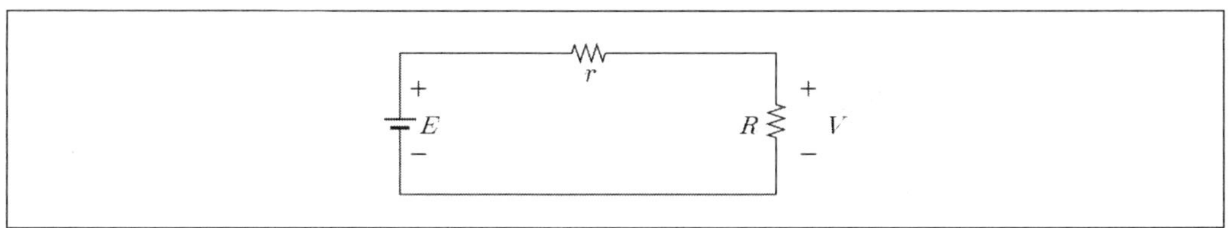

① $V(1-\frac{R}{r})$
② $V(1+\frac{r}{R})$
③ $V(1-\frac{r}{R})$
④ $V(1+\frac{2R}{r})$

TIP 주어진 회로의 저항 R의 양단에 걸리는 전압을 V라고 할 때 기전력 E[V]의 값은 $E=V(1+\frac{r}{R})$가 된다.

15 그림과 같은 회로에서 저항 R_1에서 소모되는 전력[W]은 얼마인가?

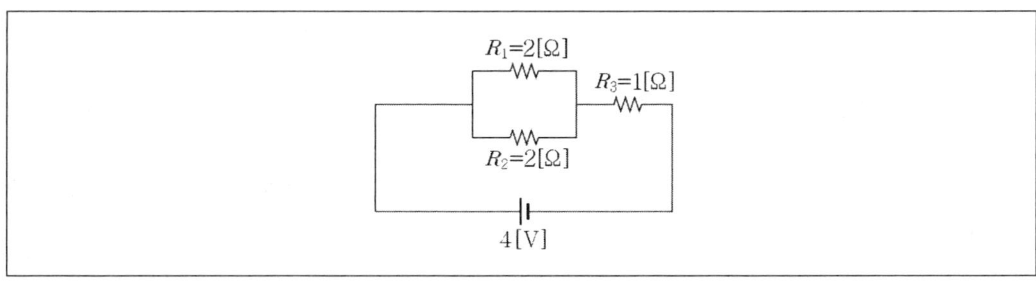

① 0.5
② 1
③ 2
④ 4

TIP R_1과 R_2의 합성저항은 1[Ω]이 된다. 따라서 회로전체에 흐르는 전류는 2[A]가 된다. 2[A]가 병렬회로에서 분기되므로 R_1과 R_2 각각에는 1[A]의 전류가 흐르게 된다. 전력은 전류의 제곱에 저항을 곱해주면 되므로 1[A]의 제곱에 2[Ω]을 곱한 값이므로 2[W]가 된다.

Answer | 11.① 12.② 13.④ 14.② 15.③

16 $e = E_m \sin(wt + 30°)[V]$**이고** $i = I_m \cos(wt - 60°)[A]$**일 때 전류는 전압보다 위상이 어떻게 되는가?**

① $\frac{\pi}{6}$[rad]만큼 앞선다.

② $\frac{\pi}{6}$[rad]만큼 뒤선다.

③ $\frac{\pi}{3}$[rad]만큼 뒤선다.

④ 전압과 전류는 동상이다.

TIP $e = E_m \sin(wt + 30°)[V]$이고 $i = I_m \cos(wt - 60°)[A]$일 때 전압과 전류는 동일한 위상으로 볼 수 있다.
$(\sin\theta = \cos\left(\theta - \frac{\pi}{2}\right))$

17 **다음 설명 중 옳은 것을 모두 고르면?**

가. 부하율 : 수용가 또는 변전소 등 어느 기간 중 평균 수요 전력과 최대 수요전력의 비를 백분율로 표시한 것
나. 수용률 : 어느 기간 중 수용가의 최대 수요전력과 사용전기설비의 정격용량[W]의 합계의 비를 백분율로 표시한 것
다. 부등률 : 하나의 계통에 속하는 수용가의 각각의 최대 수요전력의 합과 각각의 사용전기설비의 정격용량[W]의 합의 비

① 가, 나
② 가, 다
③ 나, 다
④ 가, 나, 다

TIP **수용률** : 총부하 설비용량에 대한 최대수용전력의 비를 백분율로 표시한 값이다.
부등률 : 수용설비 각각의 최대수용전력의 합을 합성최대수용전력으로 나눈 값이다.

18 아래 그림과 같은 RLC 병렬회로에서 a, b 단자에 $v = 100\sqrt{2}\,sin(wt)[V]$인 교류를 가할 때, 전류 I의 실횻값[A]은 얼마인가?

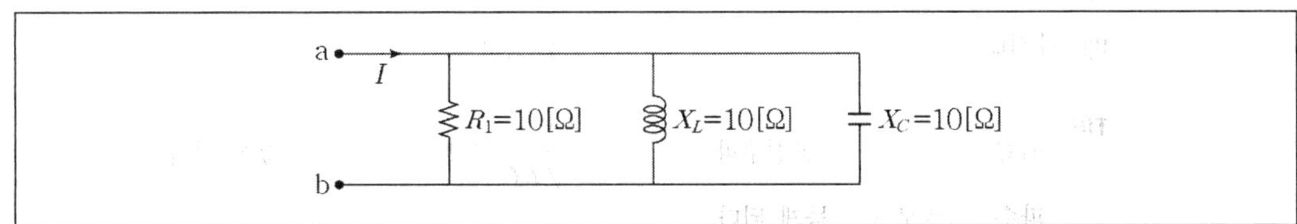

① $\dfrac{100}{\sqrt{3}}$　　② 10

③ $10\sqrt{2}$　　④ $100\sqrt{2}$

TIP 일반적으로 교류에서의 전압과 전류의 계산은 실횻값으로 한다. 다음 회로의 전류값 산정식에 따르면, 주어진 회로의 교류전압 정현파의 실횻값은 100[V]가 산출된다.

$$I = I_R + I_L + I_C = \frac{V}{R} - j\frac{V}{wL} + j\frac{V}{\frac{1}{wC}} = \frac{V}{R} + j\left(\frac{V}{X_C} - \frac{V}{X_L}\right)$$

$$I = \frac{100}{10} + j\left(\frac{100}{10} - \frac{100}{10}\right) = 10[A]$$

Answer | 16.④ 17.① 18.②

19 RLC 직렬회로에서 R, L, C 값이 각각 2배가 되면 공진 주파수는 어떻게 변하는가?

① 변화 없다.
② 2배 커진다.
③ $\sqrt{2}$ 배 커진다.
④ 1/2로 줄어든다.

TIP RLC 직렬회로에서 공진주파수 $f_r = \dfrac{1}{2\pi\sqrt{LC}}$ 이므로 R, L, C 값이 각각 2배가 되면 공진주파수는 1/2로 줄어들게 된다.

RLC 직렬회로	RLC 병렬회로
i R L C v	R L C
공진주파수 $f_r = \dfrac{1}{2\pi\sqrt{LC}}$	공진주파수 $f_r = \dfrac{1}{2\pi\sqrt{LC}}$

20 기본파의 실효값이 100[V]라 할 때 기본파의 3[%]인 제3고조파와 4[%]인 제5고조파를 포함하는 전압파의 왜형률[%]은?

① 1
② 3
③ 5
④ 7

TIP 왜형률은 고조파만의 실효치를 기본파의 실효치로 나눈 값으로서 기본파를 1로 보고 고조파의 [%]를 적용한다.
기본파의 실효값이 100[V]라 할 때 기본파의 3[%]인 제3고조파와 4[%]인 제5고조파를 포함하는 전압파의 왜형률은 $\dfrac{\sqrt{3^2+4^2}}{100} \times 100 = 5[\%]$가 된다.

Answer | 19.④ 20.③